国家"十二五"规划重点图书

中国地质调查局
地质调查专报 A 第 10 号

中华人民共和国
区域地质调查报告

比例尺 1：250 000

曲柔尕卡幅

I46C002003

项目名称：1：25 万曲柔尕卡幅区域地质调查
项目编号：200113000058
项目负责：邓中林
图幅负责：邓中林
报告编写：邓中林　安勇胜　王青海　安守文　史连昌
　　　　　　陈　健　庄永成　任晋祁　杨延兴　韩海臣
编写单位：青海省地质调查院
单位负责：杨站君（院长）
　　　　　　李世金（总工程师）

中国地质大学出版社
ZHONGGUO DIZHI DAXUE CHUBANSHE

内 容 提 要

1∶25万曲柔尕卡幅区域地质调查项目是中国地质调查局为"加快青藏高原空白区基础地质调查与研究"而下达实施的一个工作项目,该项目工作内容是西金乌兰湖—金沙江缝合带的重要组成部分。

成果报告共分为7个章节,从地层、岩石、构造、矿产及新生代地质环境等方面阐述了调查的主要内容和最新成果。工作区经历了基底演化、古特提斯洋的发展—消亡、中生代陆内俯冲、新生代高原隆升等不同的地史演化阶段。晋宁期宁多群为唐古拉地层分区的结晶基底;晚古生代乌丽群那益雄组属相对活动型沉积,开心岭群扎日根组、九十道班组及乌丽群扎卜查日组属相对稳定的浅海陆棚相沉积类型;中晚三叠世巴颜喀拉山群具有海相复理石沉积特征,晚三叠世巴塘群为海相活动类型沉积,三叠纪结扎群展布于通天河蛇绿构造混杂岩带以南,早期具有磨拉石沉积特点,而波里拉组属浅海陆棚环境;白垩纪以来为陆相红盆演化历史,沉积了河湖相风火山群、沱沱河组、雅西措组、五道梁组、磨拉石相的曲果组以及第四纪各种成因类型的沉积物。区内划分出印支期、燕山期和喜马拉雅期3个岩浆旋回,圈定出不同大小的侵入体16个,建立了6个单元,并划分出1个为独立侵入体,归并为3个超单元。结合新生代沉积学、年代学与新构造运动的资料,分析了长江水系在区内的形成与演化。

成果报告阐述了区内矿产资源特征,并综合已有矿(化)点和不同矿产信息的空间分布规律,划分了冬布里铜、铅、锌、金、银多金属找矿远景区和扎日根—乌丽煤、铁、石膏两个找矿远景区。

图书在版编目(CIP)数据

中华人民共和国区域地质调查报告 · 曲柔尕卡幅(I46C002003):比例尺1∶250 000/邓中林等著.
—武汉:中国地质大学出版社,2014.6

ISBN 978-7-5625-3387-0

Ⅰ.①中…

Ⅱ.①邓…

Ⅲ.①区域地质调查-调查报告-中国②区域地质调查-调查报告-青海省

Ⅳ.①P562

中国版本图书馆CIP数据核字(2014)第113030号

中华人民共和国区域地质调查报告
曲柔尕卡幅(I46C002003)   比例尺1∶250 000

邓中林 等著

责任编辑:舒立霞 刘桂涛	责任校对:张咏梅
出版发行:中国地质大学出版社(武汉市洪山区鲁磨路388号)	邮政编码:430074
电 话:(027)67883511 传 真:67883580	E-mail:cbb@cug.edu.cn
经 销:全国新华书店	http://www.cugp.cug.edu.cn
开本:880毫米×1 230毫米 1/16   字数:444千字   印张:13.375   图版:9   附图:1
版次:2014年6月第1版   印次:2014年6月第1次印刷
印刷:武汉市籍缘印刷厂   印数:1—1 500册
ISBN 978-7-5625-3387-0   定价:460.00元

如有印装质量问题请与印刷厂联系调换

前　言

青藏高原包括西藏自治区、青海省及新疆维吾尔自治区南部、甘肃省南部、四川省西部和云南省西北部，面积达 260 万 km^2，是我国藏民族聚居地区，平均海拔 4 500m 以上，被誉为"地球第三极"。青藏高原是全球最年轻、最高的高原，记录着地球演化最新历史，是研究岩石圈形成演化过程和动力学的理想区域，是"打开地球动力学大门的金钥匙"。

青藏高原蕴藏着丰富的矿产资源，是我国重要的战略资源后备基地。青藏高原是地球表面的一道天然屏障，影响着中国乃至全球的气候变化。青藏高原也是我国主要大江大河和一些重要国际河流的发源地，孕育着中华民族的繁生和发展。开展青藏高原地质调查与研究，对于推动地球科学研究、保障我国资源战略储备、促进边疆经济发展、维护民族团结、巩固国防建设具有非常重要的现实意义和深远的历史意义。

1999 年国家启动了"新一轮国土资源大调查"专项，按照温家宝总理"新一轮国土资源大调查要围绕填补和更新一批基础地质图件"的指示精神。中国地质调查局组织开展了青藏高原空白区 1∶25 万区域地质调查攻坚战，历时 6 年多，投入 3 亿多，调集 25 个来自全国省（自治区）地质调查院、研究所、大专院校等单位组成的精干区域地质调查队伍，每年近千名地质工作者，奋战在世界屋脊，徒步遍及雪域高原，实测完成了全部空白区 158 万 km^2 共 112 个图幅的区域地质调查工作，实现了我国陆域中比例尺区域地质调查的全面覆盖，在中国地质工作历史上树立了新的丰碑。

青海 1∶25 万 I46C002003（曲柔尕卡幅）区域地质调查项目，由青海省地质调查院承担，工作区位于青藏高原唐古拉山北坡沱沱河地区。目的是通过对调查区进行全面的区域地质调查，在充分收集研究区及邻区已有的基础地质调查资料和成果的基础上，按照《1∶25 万区域地质调查技术要求（暂行）》和《青藏高原艰险地区 1∶25 万区域地质调查要求（暂行）》及其他相关的规范、指南，辅以造山带填图的新方法、新技术、合理划分测区的构造单元，对测区内构造、地层、岩石及其相关环境方面进行详细调查，最终通过盆地建造、岩浆作用、变质变形及盆-山耦合关系研究，建立构造模式，反演区域演化历史。查明测区内地层、岩石、构造以及其他各种地质体的特征、分布、属性及相互之间的时空关系及演化。采用综合地层学方法，对沉积岩系进行划分、对比，确定不同地质时期的沉积岩相、古地理环境；对西金乌兰湖—金沙江缝合带的物质组成、结构及其构造演化等进行系统研究；对风火山白垩纪沉积盆地充填序列、沉积环境及沉积型铜矿床成矿地质背景进行分析。加强区内已发现的二道沟铜、银和藏麻西孔斑岩型铜矿等多金属成矿带地质背景调查，为本区经济发展提供基础资料。

I46C002003（曲柔尕卡幅）地质调查工作时间为 2002—2004 年，累计完成地质填图面积为 15 284km^2，实测地质剖面 51km。地质路线 2 196.2km，采集各类样品 1 452 件，全面完成了设计工作量。主要成果有：①对测区原划分的中三叠统地层体进行了详细的调查，大量的古生物化石资料揭示出该地层为晚三叠世（T_2^3），地层最高层位为诺利克期，从而澄清了该地质体的时代归属及地层划分方案。②三叠纪结扎群波里拉组中建立了 *Koninckina - Yidunella - Zeilleria lingulata* 组合，并在甲丕拉组玄武岩中获取了 Rb - Sr 等时线同位素年龄为 231±28Ma，单颗粒锆石 U - Pb 法获得了上交点年龄为 234±161Ma。③在莫曲新发现了三级河流阶地（17.46～25.91ka BP），古植物与古气候演化经历了早期以蒿属、藜科、禾本科等草本植物花粉占优势的针叶林草原植被景观，气候温凉较干；中期以针叶植物花粉云杉、松属木本植物花粉占优势的针叶林植被景观,气候温凉较湿;晚期以针叶植物花粉云杉、松属为主,还有冷杉属和柏科为主木本植物花粉占优势的针阔混交林植被类型,气候温和较湿的演变特征。④通过对长江水系演化研究,将测区及邻区水系演化划分为3个阶段,即Ⅰ阶段:水系走向为南西-北东向,切割地层为新生代中更新世冲洪积物、全新世冲积物,获得ESR测年138.5ka→110.5ka→75ka BP(ESR);Ⅱ阶段:水系流向为近东西向,切割最新地质体为全新世冲洪积物,莫曲河流阶地测年43.4ka→61.3kaBP(ESR);Ⅲ阶段:水系走向为南东向,切割的地质体主要为晚更新世冲洪积物,现代河流阶地地貌,地质时代为17.46ka→25.91ka BP。从沱沱河水系沿途切穿晚更新世地层的一致性来看,长江水系在测区的成形与外泄地质时期应晚于晚更新世,大致形成于晚更新世末期—早更新世。测区在以构造挤压为主体的应力状态下转化为以走滑为主的应力体制,长江源头不断地发生侧向侵蚀。

2006年4月,中国地质调查局组织专家对项目进行最终成果验收,评审认为,成果报告资料齐全,工作量达到(或超过)设计规定,技术手段、方法、测试样品质量符合有关规范、规定。报告章节齐备,论述有据,在地层、古生物、岩石和构造等方面取得了较突出的进展和重要成果,反映了测区地质构造特征和现有研究程度,经评审委员会认真评议,一致建议项目报告通过评审,曲柔尕尔卡幅成果报告被评为良好级。

参加报告编写的主要有邓中林、安勇胜、王青海、安守文、史连昌、陈健、庄永成、任晋祁、杨延兴、韩海臣。由邓中林、安勇胜、王青海、安守文编纂定稿。地质图由邓中林、安勇胜、王青海编绘。

先后参加野外工作的还有邓中林、安勇胜、王青海、安守文、史连昌、陈健、庄永成、任晋祁、杨延兴、韩海臣、袁立善、李福祥、李社宏、丁玉进、王国良、陈海清、保广谱、常华青、夏友河、尚显。在整个项目实施和报告编写过程中,始终得到了中国地质调查局西安地质调查中心李荣社教授级高级工程师、青海省地质调查院张雪亭高级工程师、阿成业高级工程师、张智勇高级工程师等的大力支持与无私的帮助,对项目进行了全程监督、指导。薄片岩矿鉴定由范桂兰完成。另外野外作业中医生赵鑫,驾驶员张福斌、唐杜阳、崔剑华、周久华、寇瑞才,炊事员井中华等不辞辛劳地协助项目组完成各项野外调查任务,在此表示诚挚的谢意。

为了充分发挥青藏高原1∶25万区域地质调查成果的作用,全面向社会提供使用,中国地质调查局组织开展了青藏高原1∶25万地质图的公开出版工作,由中国地质调查局成都地质调查中心组织承担图幅调查工作的相关单位共同完成。出版编辑工作得到了国家测绘局孔金辉、翟义青及陈克强、王保良等一批专家的指导和帮助,在此表示诚挚的谢意。

鉴于本次区调成果出版工作时间紧、参加单位较多、项目组织协调任务重以及工作经验和水平所限,成果出版中可能存在不足与疏漏之处,敬请读者批评指正。

"青藏高原1∶25万区调成果总结"项目组
2010年9月

目 录

第一章 绪 论 ... (1)
第一节 目标与任务 ... (1)
第二节 位置、交通及自然地理 ... (1)
第三节 工作条件及研究程度概况 ... (3)
一、工作条件 ... (3)
二、地质调查研究历史与研究程度 ... (3)
三、地形图质量评述 ... (5)
第四节 任务完成情况 ... (5)
第五节 工作进程与质量情况 ... (7)
第六节 组织形式及项目组人员分工状况 ... (8)
一、组织形式 ... (8)
二、人员分工 ... (8)

第二章 地 层 ... (10)
第一节 中新元古代地层 ... (11)
第二节 晚古生代地层 ... (12)
一、通天河蛇绿构造混杂岩碳酸盐岩组 ... (12)
二、开心岭群 ... (13)
三、乌丽群 ... (17)
第三节 三叠纪地层 ... (22)
一、巴颜喀拉山群(TB) ... (22)
二、巴塘群 ... (32)
三、结扎群 ... (39)
第四节 白垩纪地层 ... (46)
第五节 古—新近纪盆地沉积 ... (59)
一、古—新近纪地层体系的建立与划分 ... (59)
二、古—新近纪沉积特征 ... (59)
第六节 第四纪沉积 ... (66)
一、第四纪划分及分布 ... (66)
二、第四纪盆地充填及类型分析 ... (67)

第三章 岩浆岩 ... (72)
第一节 侵入岩 ... (72)
一、晚三叠世冬日日纠辉绿玢岩体($T_3\beta\mu$) ... (73)
二、晚三叠世纳吉卡色超单元 ... (76)
三、晚侏罗世白日榨加超单元 ... (83)
四、始新世岗齐曲上游超单元 ... (86)

五、侵入岩与矿产的关系 …………………………………………………………………… (91)
　第二节　火山岩 …………………………………………………………………………………… (92)
　　　一、羌塘陆块晚二叠世火山岩 ……………………………………………………………… (94)
　　　二、羌塘陆块晚三叠世火山岩 ……………………………………………………………… (100)
　　　三、巴颜喀拉边缘前陆盆地构造-岩浆活动区中—晚三叠世火山岩 …………………… (116)
　　　四、通天河蛇绿构造混杂岩带晚三叠世火山岩 …………………………………………… (118)
　　　五、古—新近纪火山岩 ……………………………………………………………………… (128)
　　　六、火山岩与矿产关系 ……………………………………………………………………… (133)
　第三节　脉　岩 …………………………………………………………………………………… (134)
　　　一、相关性岩脉 ……………………………………………………………………………… (134)
　　　二、区域性岩脉 ……………………………………………………………………………… (142)

第四章　变质岩 ………………………………………………………………………………………… (143)
　第一节　区域变质岩 ……………………………………………………………………………… (143)
　　　一、区域动力热流变质岩 …………………………………………………………………… (143)
　　　二、区域低温动力变质岩系 ………………………………………………………………… (150)
　第二节　动力变质岩 ……………………………………………………………………………… (151)
　　　一、韧性动力变质岩 ………………………………………………………………………… (151)
　　　二、脆性动力变质岩 ………………………………………………………………………… (152)
　第三节　接触变质作用 …………………………………………………………………………… (153)
　第四节　变质作用与构造变形的关系 …………………………………………………………… (154)

第五章　地质构造及构造发展史 …………………………………………………………………… (156)
　第一节　区域地球物理、地球化学特征 ………………………………………………………… (156)
　　　一、区域地球物理特征 ……………………………………………………………………… (156)
　　　二、区域性深大断裂 ………………………………………………………………………… (157)
　　　三、地震活动带 ……………………………………………………………………………… (158)
　　　四、壳幔结构 ………………………………………………………………………………… (158)
　　　五、区域地球化学特征 ……………………………………………………………………… (158)
　第二节　构造单元划分及其特征 ………………………………………………………………… (158)
　　　一、构造单元划分 …………………………………………………………………………… (158)
　　　二、各构造单元基本特征 …………………………………………………………………… (160)
　第三节　脆-韧性剪切断裂带 ……………………………………………………………………… (167)
　第四节　断裂构造 ………………………………………………………………………………… (169)
　　　一、近东西向断裂 …………………………………………………………………………… (171)
　　　二、北西-南东向断裂 ………………………………………………………………………… (171)
　　　三、北东-南西向断裂及近南北向断裂 ……………………………………………………… (172)
　　　四、测区其他断裂 …………………………………………………………………………… (173)
　第五节　褶　皱 …………………………………………………………………………………… (173)
　　　一、羌塘陆块各地层单元褶皱 ……………………………………………………………… (174)
　　　二、通天河蛇绿构造混杂岩带中的褶皱 …………………………………………………… (175)
　　　三、巴颜喀拉边缘前陆盆地褶皱 …………………………………………………………… (175)
　　　四、风火山群褶皱 …………………………………………………………………………… (176)
　　　五、古—新近纪地层褶皱 …………………………………………………………………… (176)

六、测区其他褶皱 …………………………………………………………………………(177)
　第六节　新构造运动 ………………………………………………………………………(178)
　第七节　构造变形序列 ……………………………………………………………………(181)
　第八节　构造阶段及其演化 ………………………………………………………………(181)
　　一、元古宙造山前基底形成阶段 …………………………………………………………(182)
　　二、海西期—印支期主造山演化阶段 ……………………………………………………(183)
　　三、陆内构造演化阶段 ……………………………………………………………………(184)
　　四、新生代高原隆升阶段 …………………………………………………………………(185)

第六章　专项地质调查 ………………………………………………………………………(186)
　第一节　矿产地质 …………………………………………………………………………(186)
　　一、概况 ……………………………………………………………………………………(186)
　　二、矿产 ……………………………………………………………………………………(186)
　　三、成矿地质背景分析 ……………………………………………………………………(186)
　　四、找矿远景区的划分 ……………………………………………………………………(188)
　第二节　国土资源状况简介 ………………………………………………………………(188)
　第三节　生态及灾害地质 …………………………………………………………………(191)
　　一、自然地理 ………………………………………………………………………………(191)
　　二、生态地质环境特征 ……………………………………………………………………(191)
　　三、生态环境恶化的主要原因及防治对策 ………………………………………………(194)
　第四节　旅游地质 …………………………………………………………………………(195)

第七章　结　　论 ……………………………………………………………………………(198)
　　一、主要结论及进展 ………………………………………………………………………(198)
　　二、存在的问题 ……………………………………………………………………………(200)

主要参考文献 ………………………………………………………………………………(201)

图版说明及图版 ……………………………………………………………………………(203)

附图　1∶25万曲柔尕卡幅(I46C002003)地质图及说明书

第一章 绪 论

第一节 目标与任务

青藏高原素有世界屋脊之称,被认为是"地球第三极",自然地理条件决定该地区的基础地质调查薄弱,但其地壳结构、构造的特殊性和典型性是研究大陆动力学的重要窗口。特别是青藏高原的隆升作用及其环境效应一直为世人瞩目,随着国民经济生产的需要,适应大调查提速的要求,加快青藏高原空白区的基础地质调查与研究,由中国地质调查局下达,西安地质矿产研究所实施的 1:25 万 I46C002002(沱沱河幅)、I46C002003(曲柔尕卡幅)联测项目,编号:基[2002]001-14,由青海省地质调查院具体承担完成。该项目的工作周期为 3 年(2002 年 1 月—2004 年 12 月),总填图面积为 30 568km^2。2004 年 7 月提交野外验收,2004 年 12 月提供最终成果。预期提交的主要成果为:印刷地质图件及报告、专题,并按中国地质调查局编制的《地质图空间数据库工作指南》提交 ARC/INFO、MAPGIS 图层格式的数据光盘及图幅与图层描述数据、报告文字数据各一套。

根据任务书要求,在充分收集研究区及邻区已有的基础地质调查资料和成果的基础上,按照《1:25万区域地质调查技术要求(暂行)》和《青藏高原艰险地区 1:25 万区域地质调查要求(暂行)》及其他相关的规范、指南,辅以造山带填图的新方法和新技术,合理划分测区的构造单元,对测区内构造、地层、岩石及其相关环境方面进行了详细调查,最终通过盆地建造、岩浆作用、变质变形及盆-山耦合关系研究,建立了构造模式,反演了区域演化历史。

按照任务书,本项目的目标任务是:

(1)查明测区内地层、岩石、构造以及其他各种地质体的特征、分布、属性及相互之间的时空关系及演化。采用综合地层学方法,对沉积岩系进行划分、对比,确定不同地质时期的沉积岩相和古地理环境。

(2)对西金乌兰湖-金沙江缝合带的物质组成、结构及其构造演化等进行系统研究。

(3)对风火山白垩纪沉积盆地的充填序列、沉积环境及沉积型铜矿床成矿地质背景进行分析。加强区内已发现的二道沟铜、银和藏麻西孔斑岩型铜矿等多金属成矿带地质背景调查,为本区经济发展提供基础资料。

第二节 位置、交通及自然地理

测区位于青海省西南部的唐古拉山地区,地理坐标:东经93°00′—94°30′;北纬 34°00′—35°00′。行政区划隶属于青海省玉树藏族自治州治多县和曲麻莱县所管辖(图 1-1)。区内无正规公路可行,大部分地段山高谷深、切割强烈、河流纵横、湖沼发育,一些季节性便道只能靠驮牛、马匹运输方可通行,交通极为不便。

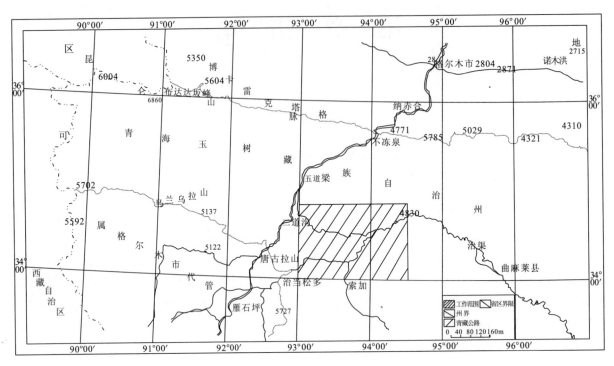

图 1-1 测区交通位置图

测区地处青藏高原北部巴颜喀拉山脉西段南坡,盆岭相间。图区西南部为构造剥蚀地貌类型,冰力地形发育。河流中下游常发育"V"型谷,地形复杂、坡陡谷深,高差多在数百米以上。区内平均海拔多为 4 600～5 000m,最高峰位于测区中部巴音赛诺,海拔为 5 661m,至今保存有小规模的冰川。章岗日松—扎河一带,海拔多在 5 000m 以上,山峰苍劲挺拔,基岩裸露,沟谷深切,极难攀登。

区内河流发育,均属长江水系,金沙江上游通天河蜿蜒横贯全区,其支流日阿尺曲、冬布里曲、桑佰白陇曲、莫曲、夏俄巴曲等构成"枝状"遍布测区。河水源于高山冰雪融化与季节性降水,夏、秋两季河水暴涨暴落,大雨、雪后洪水泛滥。小型咸水湖泊星罗棋布,沿湖沼泽、湖塘及湖积物极为发育,通行不便。

图区属中纬度区,但因海拔高,气温低,降水多,季风较明显,具有半湿润的气候特点,系典型的高原大陆型湿冷气候。测区无四季之分,只有冷暖二季,冷季长达 8～9 个月,暖季仅 3～4 个月;年平均气温为 -2.2℃,极端最高气温为 26℃,极端最低气温为 -42℃,昼夜温差大;年降水量为 380.9～402.6mm,冬季常大雪成灾,夏季多雷电。自然条件决定了野外工作时间为 5 月—8 月。

测区居民稀少,局部为无人区。现居民大多集中于交通较好的乡镇及村落等地,绝大多数为藏族同胞,藏族以游牧为主,仅在县、乡镇所在地有少数汉、回等民族定居。

经济以牧业为主,圈养的牲畜主要为绵羊、山羊、牦牛、马等。由于多数地区海拔高,基岩裸露,寒冻风化碎石流覆盖较广,导致草场不好。牧民帐房分散,一年之中常有 2～3 次搬家,给工作带来很大不便。

测区内土壤类型以高山荒漠土、高山草甸土、亚沙土与沙土为主,植物多为草本,牧草的覆盖率为 20%～25%。野生动物以野驴、藏羚羊为主,另有岩羊、黄羊、鹿、狼、兔、旱獭、猞猁及鼠类等。

区内无工农业,经济落后。近年来,过度放牧使生态环境遭到较大破坏,应适度控制放牧,并合理对自然资源进行分配,使本区保持可持续发展的良好态势。

第三节 工作条件及研究程度概况

一、工作条件

测区距离青海省格尔木市 400～500km,气候条件恶劣,交通状况差,部分地段属无人区,同时也是地质空白区。特别是高寒缺氧的环境,对作业人员身体损耗极大,高原心脏病、肺心病等疾病威胁作业人员,因此,必须具备良好的医疗保健措施,配备输氧设备,并有专职医护人员保障。由于生产物资供给主要来自于青海省西宁市、格尔木市,而生活物资只能来源于格尔木市,顺利从工区往返格尔木要 4～5 天,多则 8～10 天,因此,必须具备良好的通讯设备、运输设备及后勤保障救援能力,并应突出高、精、尖的特色。

二、地质调查研究历史与研究程度

(1)测区解放前为地质空白区,已有的地质调查研究成果始于建国以后,其主要的地质工作量及其成果见表 1-1。

表 1-1 测区研究程度一览表

序号	工作性质	工作时间	工作单位	主要成果	
1	基础地质调查	1966—1968 年	青海省地质局区测队	1:100 万温泉幅地质、矿产图及报告,初步取得了测区地质矿产资料	
2		1974—1975 年	地质科学院秦德余、李岑光,青海省地质局水文一队	沿青藏公路格尔木—安多间进行了地质调查	
3		1975 年	航空物探大队九〇二队	1:50 万航磁测量,编制有航空磁测成果报告及航磁 ΔT 正式图件等	
4		1976 年	青海省第一水文队、地科院地质力学所、水文地质工程地质所	沿青藏公路进行 1:20 万综合水文地质调查,对第四系进行了简单划分,取得了一些零星资料	
5		1977 年	青海省物探队二分队	对沱沱河地区航磁异常进行了检查。写有总结报告	
6		1978 年	青海省物探队二分队	编有 1:50 万Ⅱ、Ⅲ级航磁异常检查报告	
7		20 世纪80 年代中期	青海省地矿局区综队	1:20 万沱沱河幅、章岗日松幅联测,错仁德加幅、五道梁幅联测,扎河幅、曲麻莱县幅,提交了地质矿产报告成果,地质图、地质矿产图	
8	矿产地质调查	1969 年	青海省地质局第一地质队	对二道沟铜矿、八十五道班西煤矿、乌丽煤矿、扎苏煤矿、开心岭煤矿进行了工作,并有总结报告	
9	科考及专项调查	1974 年	地质科学院	沿青藏公路格尔木—拉萨进行 1:50 万地质调查	涉及测区研究范围零星
10		1977 年	中国科学院	沿青藏公路进行了地质考察,对测区地层、构造、岩浆岩作了粗略总结	
11		1978 年	青海省地质科学研究所张以弗等	沿格尔木—唐古拉山口进行了地质调查,对测区地层、构造、岩浆岩作了概要总结	
12		1980—1981 年	青藏高原地调大队	沿格尔木—拉萨进行了地质考察,编写有专业性文字报告	
13		1980—1982 年	中国科学院中法合作队(肖序常、李岑光)	沿格尔木—拉萨线进行了地质考察,在该区测制了地震剖面,并著有相应的文字报告,对测区地层、构造、岩浆岩作了研究	
14		1985 年	中国科学院中英合作队	沿格尔木—拉萨路线进行地质考察,发表了相应地质论文	

(2)1966—1968 年青海省地质局对测区进行了 1:100 万区域地质调查,简单完成了 1:100 万地质编图,对全区出露的地层进行了对比,概略地建立了地层序列,确定了岩浆侵入期次,但地质路

线过于稀疏,精度较差,研究程度很低(图1-2)。

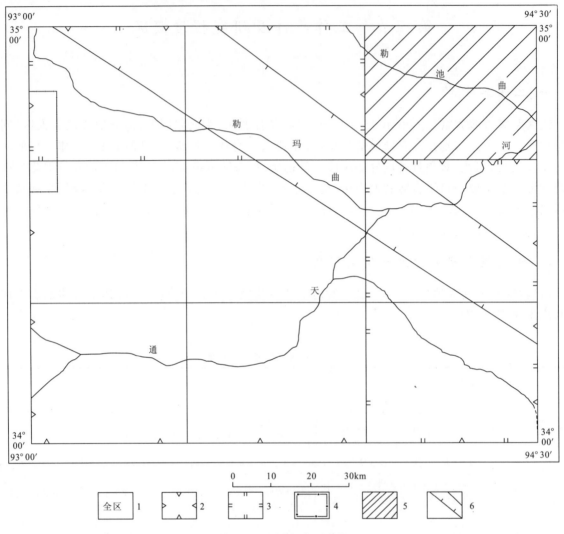

图1-2 测区研究程度图

1.1∶100万区域地质测量及1∶50万航磁测量范围;2.1∶20万区域地质调查覆盖区;3.1∶20万化探扫面区;
4.风火山铜异常检查区;5.1∶20万区域地质调查空白区;6.《西金乌兰—玉树基性超基性岩带地质特征及含
矿性总结》课题组工作区

(3)测区的1∶20万区域地质调查完成于20世纪80年代中期,限于当时的研究水平及装备等原因,其精度较低(约相当于1∶50万精度),地层系统很不完善,地层之间接触关系依据不足,一些重要的地质信息被遗漏,大部分地层缺乏时代依据,特别对中新生代地层以及侵入体的划分缺乏生物学、年代学等资料。

(4)测区的专题调查可能始于1955年(卢振兴),当时仅为粗略的路线踏勘工作。20世纪60年代末—70年代,青海省地质局先后在青藏公路沿线开展了矿点专项调查以及覆盖全区的1∶100万、1∶50万航磁测量,出版了相应的报告及图件。此后于80年代中法合作队、中英综合地质考察队先后沿青藏公路进行了科考,完成了《亚东—格尔木地学断面》的研究,出版了相关的科考报告,但研究区域局限于青藏公路沿线,对远离青藏公路纵深之处的地质问题认识不足。

(5)矿产研究程度:测区内矿产调查工作始于建国以后,50年代—70年代煤炭部(1954)、西北煤田地勘局(1956)、国家地质总局航空物探大队(1975)及青海省地质局(1969,1977,1978)等均派有专业地质队在测区开展工作,但大多局限于专项矿点的调研。80年代末,1:20万区调在测区内共发现铁、铜、金、煤、石膏及石盐6个矿种,对本次工作有一定的利用价值。由于化探工作仅局限于测区北部的小部分地段,加之缺乏与沉积、构造相配套的成矿背景分析,对区域矿化远景评价有着极大的制约。同期于测区内开展的风火山铜、银矿普查及同步开展的1:20万《沱沱河、章岗日松》区域化探扫面工作将为测区进行系统的成矿研究提供思路。

三、地形图质量评述

(一)1:10万地形图(野外手图)

野外采用1:10万地形图作为本次填图工作的基本工作手图,该图由中国人民解放军总参谋部测绘局依据1969年航摄,采用1971年版式,分别于1971年、1972年调绘;于1973年、1974年两次出版。地形图绘制采用了高斯-克吕格投影、克拉索夫基斯参考椭球体、1954年北京坐标系、1956年黄海高程系和1985年国家高程基准,等高距均为20m,共计9幅。野外使用结果认为,该地形图地物准确,精度较高,完全满足1:25万地质制图要求。

(二)1:25万地形图

项目使用的1:25万地形图依据1974年出版的1:10万地形图,于1984年编绘,采用1984年版式,于1985年出版。地形图采用了1954北京坐标系、1956年黄海高程系,地形等高线为100m,地形地势满足1:25万制图要求,可直接作为作者原图的地理底图。

(三)航(卫)片

两幅图配有1969年摄制的、比例尺为1:6.5万的黑白航空像片及1:25万、1:10万分幅假彩色TM图片各一套,航片重叠度基本合乎要求,像片清晰、反差较好,易于判读,实际使用情况效果较好,除部分地段受季节性积雪覆盖外,不同地质体及褶皱断裂系统反映较清楚。

第四节 任务完成情况

经过两年多的野外工作与室内综合整理,按照设计任务书要求,项目组完成了设计要求所规定的主要实物工作量,共测制剖面14条(其中未包括1条路线剖面,见表1-2),完成填图面积15 284km², 实测路线长2 196.195km(表1-3)。野外工作阶段,根据测区出露的地质体实际情况,对部分样品进行了适当调整,加大了对已往实际资料的应用,增大了如部分同位素样品、硅酸盐、稀土元素等的分析,主要实物工作量见表1-3。

表1-2 测区实测与修测地质剖面

序号	剖面名称及代号	剖面长度(m)	备注
1	青海省格尔木市唐古拉山乡通天河北扎苏尼通三叠纪甲丕拉组(Tjp)火山岩地层实测剖面(VQP_1)	3 868	
2	青海省玉树藏族自治州曲麻河乡冬布里曲白垩纪—古近纪风火山群、沱沱河组地层实测剖面(VQP_2)	8 530	
3	青海省玉树藏族自治州曲麻莱县曲麻河乡婆饶丛清拉晚三叠世巴颜喀拉山群(TB)实测地质剖面(VQP_3)	9 330	实测
4	青海省曲麻莱县曲麻河乡斜果贡玛三叠纪巴颜喀拉山群地层构造实测地质剖面(VQP_4)	9 520	
5	青海省玉树藏族自治州治多县索加乡牙涌赛岗老拉巴塘群地层实测剖面(VQP_5)	2 830	

续表 1-2

序号	剖面名称及代号	剖面长度(m)	备注
6	青海省玉树藏族自治州治多县索加乡牙曲大队勒依贡卡曲古近纪沱沱河组地层实测剖面(VQP$_6$)	3 260	实测
7	青海省玉树藏族自治州治多县索加乡牙曲大队巴木曲黑云母花岗岩体实测剖面(VQP$_7$)	1 100	实测
8	青海省玉树藏族自治州治多县索加乡莫曲河流阶地剖面(VQP$_8$)	375	实测
9	青海省玉树藏族自治州治多县扎河乡若侯涌晚三叠世巴塘群上岩组实测地质剖面(VQP$_9$)	1 370	实测
10	青海省曲麻莱县扎河乡尕保锅响石炭纪—二叠纪通天河蛇绿混杂岩碳酸岩组实测地质剖面(VQP$_{10}$)	3 600	实测
11	青海省玉树藏族自治州治多县索加乡采茸俄勒玛南白垩纪错居日组(Kc)实测地质剖面(VQP$_{11}$)	1 080	实测
12	青海省玉树藏族自治州治多县索加乡东日日纠地区晚古生代乌丽群实测剖面(VQP$_{12}$)	3 800	实测
13	青海省玉树藏族自治州治多县扎河乡阿西涌宁多群(Pt$_{2-3}$N)变质岩实测地质剖面(VQP$_{13}$)	360	实测

表 1-3 完成实物工作量

项目		项目总工作量	设计完成工作量	曲柔尕卡幅	单位
地质填图总面积		30 568	15 284	15 284	km^2
实测路线长度		4 000	2 000	2 196.195	km
地质剖面		100	50	49.023	km
路线剖面				3	km
遥感解译		覆盖全区;1:10万TM图像9张,1:25万TM图像1张			
岩石薄片鉴定		1 500	1 151	440	块
利用前人薄片				260	块
定量光谱分析		800	300	264	块
光片		12	2	1	块
大化石鉴定		320	100	98	件
微古分析		240	30	36	件
硅酸盐分析		180	120	134	件
稀土分析		160	100	101	件
化学分析		80	15	4	件
同位素测年	U-Pb	10	5	5	件
	Sm-Nd	20	10	22	件
	Rb-Sr	8	2	1	件
	K-Ar	8	4	3	件
	Ar-Ar	6	2	1	件
	FT	9	6	6	件
	TL、OSL、ESR	38	16	18	件
	^{18}O	20	6	5	件
Sr、Nd 示综		30	20	15	件
Sr/Sr		10	6	6	块
粒度分析(薄片)		150	30	24	件
水样筒分析		20	6	5	件
人工重砂		20	10	3	件
陈列				38	件

对所采样品选择性地进行了成果测试,其类别与测试单位见表1-4。

表1-4 样品类别及测试单位

序号	样品	测试单位
1	薄片	青海省地质调查院岩矿室
2	硅酸盐、化学样、试金样	青海省地质中心实验室
3	定量光谱、稀土分析	武汉综合岩矿测试中心
4	粒度分析	成都理工大学
5	电子自旋共振	中国地质调查局海洋地质实验室、成都理工大学
6	热释光、光释光	中华人民共和国地质矿产部环境地质开放研究实验室
7	^{14}C	中国地质调查局海洋地质实验室
8	裂变径迹	中国地震局地质研究所新构造年代学实验室
9	Ar-Ar	中华人民共和国地质矿产部地质研究所
10	Sm-Nd	中国地质科学院地质研究所、中国地质调查局天津地矿所
11	K-Ar	中国地震局地质研究所
12	U-Pb	中国地质调查局宜昌地质矿产研究所、中国地质调查局天津地质矿产研究所
13	Rb-Sr	中国地质科学院地质研究所
14	化石、微古	中国科学院南京地质古生物所
15	中—古生代孢粉	中国科学院南京地质古生物所
16	新生代孢粉	中华人民共和国地质矿产部水文地质、工程地质研究所第四纪实验室
17	人工重砂、锆石对比	青海省地质调查院岩矿室
18	水样	青海省地质中心实验室

第五节 工作进程与质量情况

根据项目任务书,本项目由中国地质调查局下达,西安地质矿产研究所实施,委托青海省地质调查院具体承担,青海省地质调查院新组建区域地质调查五分队具体运作。野外工作时间达373天,设置基站15站,分站数为8站。

项目组在接到区调部下达的《设计计划通知书》后,着手进行项目"设计编写提纲"的编写,并报区调部审批;之后查阅了大量的资料,广泛收集了测区地形、航卫片及地质资料,于2002年4月份编写了项目设计草稿及2002年度野外工作计划,4月28日—9月10日,按照任务书及设计草稿,对测区重大地质体及存在的问题进行了实地踏勘,于2002年11月5日前完成了项目设计的编写,编制了测区的地质图、遥感解译图等系列图件,完善了项目预算编制。项目设计于2002年11月由青海省地质调查院组织专家组进行初审后,对设计中的不当之处进行修改,最终于2002年12月上报由西安地质矿产研究所组织的设计验收专家小组进行终审,获得了优秀(90分)。

2002年度野外实地踏勘阶段,在完成任务书下达的年度工作任务外,进行了野外试填图,取得了一些实际资料,针对这些资料,在野外共完成填图面积9 000km²,实测地质剖面9条(30.3km)。2002年7月下旬由青海省地质调查院组成的专家组对本项目进行了中期检查,通过实地检查、室内抽查等形式,确认本项目工作质量优秀,进展明显,成果显著。

2003年4—9月全面开展地质填图工作。在野外工作阶段:测制了代表性地层剖面、侵入岩剖面,系统采集了样品,确定了填图单位;按照任务书及设计书的要求,全面采集了各类样品,样品的采集工作程序包括:布样、采样、编号、填写标签、样品登记、包装、填写送样单、送测试单位分析化验及鉴定。年度完成填图面积19 700km^2,野外地质填图路线162条,路线总长1 552.6km,地质点1 240个,实测地质剖面22条(64.2km)。

2003年6月中旬由青海省地质调查院组成的专家组对本项目进行了中期检查,通过实地检查、室内抽查等形式,填写了野外记录地质观察点检查登记表、实测剖面抽样检查记录卡、野外工作阶段质量检查登记卡等,确认本项目工作扎实,各种资料收集齐全,工作到位,符合地调局有关技术规定,评分为92分,为优秀级。2003年9月由青海省地调院组成的专家组对本项目进行了年度野外工作终期检查,通过实地检查、室内抽查、与项目组成员交流等形式确认本项目工作质量优秀,进展明显,成果显著。

2004年度野外工作期间,完成填图面积2 568km^2,针对测区风火山盆地及新生代环境方面,重点测制地质剖面。在此基础上完成野外验收所要求的各种图、文件,在由中国地质调查局专家组进行的野外验收过程中,详细对测区所取得的实际资料与成果进行了室内与野外实地审查,确认本项目进展明显,所取得的实际资料扎实,在最终的项目野外评审中获得了一优一良的成绩(其中1:25万沱沱河幅为优秀级,91.2分;曲柔尕卡幅为良好级,88.1分)。分队在野外验收结束后,对取得的成绩与不足进行了系统的总结,并进行了野外实地补充勘探。

2005年3月项目组完成了报告的编写工作,在由中国地质调查局西安地质调查中心组织的结题验收会上,专家小组对项目成果进行了细致审查,对所取得的成果与不足进行了总结,最终获得了一优一良的成绩(其中1:25万沱沱河幅为优秀级,91.5分;曲柔尕卡幅为良好级,88.1分)。

第六节 组织形式及项目组人员分工状况

一、组织形式

以野外项目组形式编制,设立项目负责1人,技术负责4人,大多具备中、高级职称。项目组下设地测组4个、矿产与资源组2个、构造组2个、岩石组2个、后勤组(兼职)1个,在项目组的统一领导下分工负责,密切配合,开展各项工作。

二、人员分工

具体人员配备与作业分工见表1-5。

最终参加报告编写的人员有邓中林、安勇胜、王青海、安守文、史连昌、陈健,各章节执笔人:第一章、第二章的第五节、第六节,第五章的第八节、第七章为邓中林编写;第二章的第一节至第四节和第四章为王青海编写;第三章的第一、二节、第五章的第二节至第七节为安勇胜编写;任晋祁参加了第三章第一节的编写;第三章的第三节为史连昌编写;第六章为安守文编写;第三章的第三节、第五章的第一节为陈健编写;杨延兴参加了第六章第二节的编写。另外参加本项目工作的技术人员还有庄永成、袁立善、李福祥、李社宏、王国良、陈海清、保广谱、常华青、夏友河、尚显等。野外作业中驾驶员张福斌、唐杜阳、崔剑华、周久华、寇瑞才等,医生赵鑫、炊事员井中华等不辞辛劳地协助项目组完成了各项野外调查任务。

项目运行过程中始终得到张雪亭高级工程师、阿成业高级工程师、张智勇高级工程师等的大力支持与无私帮助,他们对项目进行了全程监督、指导。

表 1-5 项目组成员及分工

项目成员	承担任务	备注
邓中林	调查构造演化史、新生代地质与环境,负责各类图件、报告的统编定稿	
安勇胜	负责岩浆岩、地质构造相关部分的调研与报告的编写	
王青海	负责地层、变质岩的调研与相关报告的编写	2003年任该项目技术负责
安守文	负责矿产资源与相关报告的编写	2004年任该项目技术负责
任晋祁	负责晚古生代—中生代火山岩及蛇绿岩方面的调查,承担相应的报告编写	2002—2003年担任技术负责,2004年调出,完成野外验收报告的编写
杨延兴	负责国土资源现状调查与相关报告的编写,编制相关图件	
史连昌	承担新生代火山岩等方面的调查工作,编写相关报告,编制相关图件	2003年调入
陈 健	负责脉岩的调查	
庄永成	承担2002年度区域遥感地质的调查工作	2002年担任技术负责,2003年调出该项目
韩海臣	参加2002—2003年度野外调查工作,完成地球物理章节的编写工作	2004年调出
丁玉进	参加2002—2003年度野外调查工作	

第二章 地 层

测区以沉积岩为主，沉积地层占测区面积90%以上。除呈岩块分布于西金乌兰湖-金沙江缝合带中的中新元古代宁多群($Pt_{2-3}N$)片岩和石炭纪—二叠纪通天河蛇绿构造混杂岩(CPb)为构造-岩石地层单位以外，总体为成层有序的地层。区内具正常层序的岩石地层由老到新为：晚石炭世—中二叠世开心岭群扎日根组($CP\hat{z}$)、九十道班组(Pj)；晚二叠世乌丽群那益雄组(Pn)、拉卜查日组(Plb)；三叠纪巴颜喀拉山群(TB)、巴塘群(T_3B)及结扎群甲丕拉组(Tjp)、波里拉组(Tb)、巴贡组(Tbg)；白垩纪风火山群错居日组(Kc)、洛力卡组(Kl)、桑恰山组(Ks)。在地层区划上分属玛多—玛尔康、西金乌兰—金沙江、唐古拉—昌都3个地层分区（表2-1）。而古近纪—新近纪沱沱河组(Et)、雅西措组(ENy)、五道梁组(Nw)、曲果组(Nq)及成因类型复杂的第四纪地层等新生代地层体作为盖层跨越了测区不同的地层区划，成为独特的地层体。

表2-1 测区地层序列简表

地质年代	地层区划	玛多—马尔康地层分区	西金乌兰—金沙江地层分区			唐古拉—昌都地层分区	
白垩纪	K_2				砂砾岩段(Ks^2)	桑恰山组(Ks)	风火山群
					砂岩段(Ks^1)		
			洛力卡组(Kl)				
	K_1		错居日组(Kc)				
三叠纪	T_3	巴颜喀拉山群(TB)	砂岩夹板岩组(TB_3)	巴塘群(T_3B)	上组(T_3B_3)	巴贡组(Tbg)	结扎群
			板岩组(TB_2)		中组(T_3B_2) 上段($T_3B_2^b$)	波里拉组(Tb)	
					下段($T_3B_2^a$)	甲丕拉组(Tjp)	
			砂岩组(TB_1)		下组(T_3B_1)		
	T_3						
	T_3						
二叠纪—晚石炭世	P_3					乌丽群(PW)	拉卜查日组(Plb)
							那益雄组(Pn)
	P_2		通天河蛇绿构造混杂岩	碳酸盐岩组(CPb)		开心岭群(CPK)	九十道班组(Pj)
	P_1—C_3						扎日根组($CP\hat{z}$)
新元古代—中元古代	Pt_3—Pt_2		宁多群($Pt_{2-3}N$)				

在充分收集前人资料的基础上,本次1:25万区域地质调查又测制了12条地层剖面,对区内的地层单位重新进行了认识和厘定。

由于本图幅与西侧沱沱河幅为联测区调项目,无论在野外还是室内资料的综合整理方面,都将两图幅的地质情况统一起来考虑、分析,大多数地层在两个图幅中都存在,因此,本章描述中在岩性的横向对比、化石及时代讨论等方面,两个图幅的资料都相互进行了充分的引用。

第一节 中新元古代地层

中新元古代地层仅分布于测区东图边阿西涌一带,东西向断续条带状展布,向东延出图外,呈构造岩块赋存于西金乌兰湖-金沙江缝合带中,是一套以角岩化片岩为主夹浅粒岩组成的中深变质岩系。

1. 剖面描述

青海省玉树藏族自治州治多县扎河乡阿西涌宁多群($Pt_{2-3}N$)变质岩实测地质剖面(VQP_{13})见图2-1。

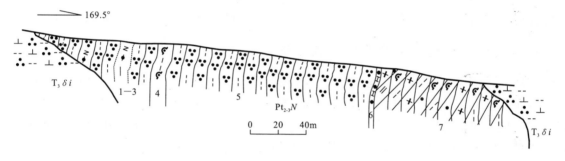

图2-1 青海省玉树藏族自治州治多县扎河乡阿西涌宁多群($Pt_{2-3}N$)变质岩实测地质剖面(VQP_{13})

宁多群($Pt_{2-3}N$)

7. 深灰色细粒含白云母透闪石角岩夹深灰色含石榴黑云堇青石角岩(灰色—灰白色蚀变细粒英云闪长岩侵入,未见顶)
6. 灰黄色细粒含石榴透闪绿帘石角岩
5. 深灰色黑云石英片岩
4. 灰色细粒黑云母堇青石角岩
3. 深灰色黑云石英片岩夹灰色—灰绿色条纹状细粒含阳起石绿帘斜长变粒岩
2. 浅灰色条纹状细粒绿帘斜长石英浅粒岩
1. 深灰色细粒黑云石英片岩(灰白色中粒蚀变英云闪长岩侵入,未见底)

2. 岩石组合

该套地层的岩性为黑云石英片岩、浅粒岩、(含石榴)黑云母堇青石角岩及少量含石榴透闪石绿帘石角岩。岩石明显遭受了至少两次变质作用的影响,是区域动力热流变质作用叠加了热接触变质作用的结果。

3. 区域对比及时代讨论

区域上沿西金乌兰—通天河一线断续有片岩、片麻岩组合出露,沿该带向东南在玉树县小苏莽乡宁多村和西藏江达县面达乡草曲有区域变质岩出露,西藏区调队测制了地层剖面并创名宁多群

(姚忠富1990年命名宁多群,姚忠富1992年介绍,西藏区调队1∶20万邓柯幅区调报告),由黑云斜长片麻岩、含榴黑云斜长片麻岩、二云斜长片麻岩夹黑云石英片岩、二云石英片岩、绿泥石英片岩、辉石变粒岩和条纹状、条痕状混合岩等区域动力热流变质岩与混合岩组成,获得了U-Pb法同位素年龄测定资料,变质年龄为1 680±390Ma、1 870±280Ma、1 780±150Ma,即首次变质时期可能是早元古代末的中条运动,并因此确定其形成于中新元古代。沿西金乌兰湖-金沙江缝合带向西北在明镜湖、赛冒拉昆一带,也有相似地层出露,其岩性以二云石英片岩为主,夹有黑云斜长片麻岩及变粒岩,1∶25万可可西里湖幅区调报告对比后将其归属于宁多群。本测区的变质岩系与上述变质岩进行对比,岩性与宁多群的中上部相近,因此也将其归属于宁多群。

本次工作在阿西涌一带宁多群的角岩化片岩中挑选锆石作U-Pb等时线年龄样,样品由宜昌地质矿产研究所测试,测试结果:谐和线年龄为2 852Ma,上交点年龄为2 852±474Ma,下交点年龄为441±189Ma。上交点年龄反映了宁多群物质来源有古元古代信息,下交点年龄代表宁多群在奥陶纪末经历了强构造热事件影响。通过区域对比,结合测区样品锆石U-Pb表面年龄中1 628±82Ma、1 426±27Ma和1 555±91Ma一组年龄,将该地层时代暂归属到中新元古代。

第二节　晚古生代地层

测区内晚古生代地层分布于西金乌兰构造混杂带中和羌塘陆块北缘晚古生代岛弧带。

一、通天河蛇绿构造混杂岩碳酸盐岩组

该岩组主要分布于西金乌兰湖-金沙江缝合带中尕保锅响处,为构造混杂,基质为巴塘群上组碎屑岩,外来岩块为大小不等的、时代可能为石炭纪—二叠纪或更老的灰岩夹中基性火山岩,基质与块体为构造接触。1959年中国科学院南水北调考察队将通天河两侧的变质岩系命名为通天河群,时代归古生代。1980年青海省地层表编写小组认为,通天河群由一套中浅变质的浅海-滨海相沉积的碎屑岩及火山喷发岩组成,地质时代为二叠纪。刘广才(1984)在清理该群时将通天河群修改为通天河蛇绿构造混杂岩,并赋予新的含义。《青海省岩石地层》(1997)中沿用了通天河蛇绿构造混杂岩,是指沿西金乌兰湖—通天河一线呈带状或断续零星展布的多类岩石混杂的地质体,主要由板岩、千枚岩、片岩、变砂岩、辉长岩、辉绿岩、辉长堆晶岩、枕状玄武岩、硅质岩、大理岩、灰岩及正常碎屑岩组成,各岩片间关系不清或呈断层接触,含放射虫、遗迹、鋌、腕足类及双壳类等化石,并将其地质时代归属为石炭纪早期—早三叠世。

本次工作依据测区内出露的地质实体与构造特征,厘定为碳酸盐岩组(CPb),为通天河蛇绿构造混杂岩的组成部分,该组表现为总体无序、局部有序的特征,以构造块体与周围中生代地层巴塘群之间为断层接触,岩性以结晶灰岩为主夹火山岩。

1. 剖面描述

青海省曲麻莱县扎河乡尕保锅响通天河构造混杂岩(CPb)地层实测地质剖面(VQP$_{10}$)见图2-2。

巴塘群上组(T$_3$B)　灰色片理化细粒岩屑砂岩夹灰黑色粉砂质板岩
══════════断　层══════════
通天河构造混杂岩碳酸盐组(CPb)　　　　　　　　　　　　　　　　　　　　>1 781.09m
6. 灰白色块层状(碎裂)微晶灰岩　　　　　　　　　　　　　　　　　　　　　　>1 008.70m

5.灰黑色蚀变杏仁状玄武岩	26.28m
4.灰白色块层状微晶灰岩	56.40m
3.灰绿色全蚀变杏仁玄武岩	85.25m
2.灰色块层状微晶灰岩	357.00m
1.灰白色块层状碎裂微晶灰岩	>247.45m

============断　层============

巴塘群下组(T_3B)　灰色中层状中细粒岩屑石英砂岩夹灰绿色薄层状板状千枚岩

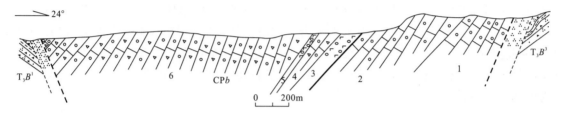

图2-2　青海省曲麻莱县扎河乡尕保锅响通天河构造混杂岩（CPb）地层实测地质剖面（VQP$_{10}$）

2. 岩性组合及时代讨论

该灰岩组岩石组合单调,以大套块状粉晶、微晶灰岩为主夹灰绿色玄武岩。灰岩重结晶明显,未发现大化石痕迹,但在测区西北侧1∶25万可可西里湖幅同一构造带的灰岩中采集到了腕足类和螺类化石 Crurithyris sp.（股窗贝）,Edmondia（卵石蛤）,时代属石炭纪—二叠纪,Microptychis cf. contricra（Martin）（窄小褶螺比较种）时代属早石炭世,通过区域对比,测区内灰岩组沉积时期为石炭纪—二叠纪。区内碳酸盐岩组据《可可西里—巴颜喀拉三叠纪沉积盆地形成和演化》（张以弗等,1997）一文中介绍西金乌兰湖群顶部有厚约150m的灰色块层灰岩及现有的时代依据,推测该岩石组合可能为西金乌兰群的组成部分,是西金乌兰洋打开到俯冲阶段沉积的产物,由于受洋陆俯冲作用和陆陆俯冲的影响破坏了原有地层的层序,呈不规则的块体分布于现代山体之中。

二、开心岭群

开心岭群（CPK）分布于图区南部,是羌塘古陆北缘古特提斯洋岛弧带组成实体之一,地层展布方向为北西西-南东东向,两端延伸出图外。

开心岭群由青海省石油局632队（1957）创名于唐古拉山开心岭,原指:"上部为淡灰色致密块状灰岩,中部为黑灰色砂岩、页岩,局部夹薄层砾岩及泥质砂岩,下部为黑灰色厚层及灰白色薄层—厚层致密状页岩,富含䗴及其化石痕迹,底部为青绿色砂岩夹灰黑色页岩及厚达1m的煤层"。用以代表唐古拉山木鲁乌苏河一带的"下二叠统"。青海省区测队（1970）在1∶100万温泉幅中将"下二叠统"自下而上划为下碎屑岩组、石灰岩组、上碎屑岩组及火山岩组。1980年青海省地层表编写小组沿用开心岭群并引用后3个岩性组。1989年青海省区调综合地质大队在1∶20万沱沱河幅、章岗日松幅中,将开心岭群自下而上分为下碳酸盐岩组、碎屑岩组和上碳酸盐岩组。1993年刘广才将该群的碳酸盐岩组创名扎日根组,碎屑岩组创名诺日巴尕日保组,上碳酸盐岩组另立九十道班组。《青海省岩石地层》（1997）基本沿用刘广才的划分方案,给该群的定义是:"指分布于唐古拉山北坡、于乌丽群之下的地层体。下部为碳酸盐岩、中部为杂色碎屑岩夹灰岩及火山岩,上部为碳酸盐岩夹少许碎屑岩。富含䗴、次为腕足类及珊瑚等化石,未见底界,以本群上部灰岩的顶层面为界与上覆乌丽群含煤碎屑岩为整合接触或与结扎群为平行不整合接触。该群由老至新包括扎日根组、诺日巴尕日保组及九十道班组。沉积时代为晚石炭世晚期—早二叠世"。

本书沿用《青海省岩石地层》的划分方案,仍将其三分,但采用全国地层委员会(2001)新的石炭纪二分、二叠纪三分的划分方案,原被视为晚石炭世的䗴带化石 Sphaeroschwagerina sphaerica, Robustoschwagerina cf. fhura 等,现已作为早二叠世紫松阶的分带化石,下部含 Triticites, Montiparus 化石富集的层位划分为晚石炭世。原认为该群与结扎群之间的为平行不整合关系,经查证,在区内不存在。现将图幅内各组分述如下。

(一) 扎日根组(CP$\hat{z}$)

扎日根组呈断开的窄小条状零星分布于冬日日纠一带,地层总体近东西向展布。

刘广才(1993)创名扎日根组于格尔木市唐古拉山乡扎日根。《青海省岩石地层》(1997)沿用扎日根组,并将其定义为:指分布于唐古拉山北坡,位于诺日巴尕日保组之下的地层体,由灰白色—深灰色碳酸盐岩组成,富含䗴,并有腕足类、珊瑚及少量有孔虫化石,未见顶底。指定层型剖面位置在测区内的诺日巴纳保。

1. 剖面描述

青海省玉树藏族自治州治多县索加乡冬日日纠地区晚古生代扎日根组(CP$\hat{z}$)和那益雄组(Pn)地层实测地质剖面(VQP$_{12}$)见图 2-3。

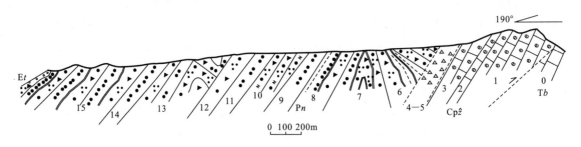

图 2-3 青海省玉树藏族自治州治多县索加乡冬日日纠地区晚古生代扎日根组(CP$\hat{z}$)和那益雄组(Pn)地层实测地质剖面(VQP$_{12}$)

那益雄组(Pn) 灰黄色中细粒岩屑石英砂岩

══════════断　层══════════

扎日根组(CP$\hat{z}$)　　　　　　　　　　　　　　　　　　　　　　　　　　>510.85m
　4. 灰色中层状微晶生物碎屑灰岩(未见顶)　　　　　　　　　　　　　>56.52m
　3. 灰色中—薄层状微晶生物碎屑灰岩　　　　　　　　　　　　　　　　52.14m
　　　含螺:Bellerophon sp.
　2. 深灰色中层状白云石化硅化微晶灰岩,含海百合茎　　　　　　　　　32.92m
　1. 青灰色—灰黑色中—薄层状含生物屑微晶灰岩(未见底)　　　　　　>369.27m

══════════断　层══════════

波里拉组(Tb)　青灰色薄层状灰岩

2. 沉积环境及时代讨论

扎日根组区域上分布局限,仅见于唐古拉山北坡扎日根、诺日巴尕日保、尕日扎仁及大红山沟口西等处,命名、建组位于测区内,其岩性为碳酸盐岩,岩性横向上无变化,化石丰富,时代依据准确,为晚石炭世—早二叠世跨时代的岩石地层。

扎日根组岩性较单一,皆由碳酸盐岩组成。东日日纠一带为灰色、深灰色中层、中—薄层状生物碎屑灰岩。产早二叠世䗴化石 *Sphaeroschwagerina subrotunda* Ciry, *Schwagerina quasiregularis* Sheng, *Quasifusulina* sp. indet., *Eoparafusulina* cf. *concise* Skinner et Wilde,以及螺化石 *Bellerophon* sp.,相当于扎日根组的上部层位(图 2-4)。西侧沱沱河幅中该地层下部为灰白色厚层状粉晶生物碎屑灰岩,产石炭纪䗴类化石 *Rugosofusulina valida* Lee, *Pseudostaffella gorskyi* Dutkevich, *Fusulinella obesa* Sheng。中上部岩性转变为深灰色中—薄层状生物碎屑灰岩,产早二叠世䗴类化石 *Zellia colaniae* Kahler et Kahler, *Triticites* sp., *Eoparafusulina* sp. indet., *Zellia heritschi* Kahler et Kahler, *Triticites plummeri* Dunbar et Skinner。

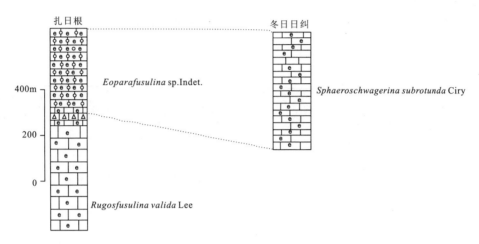

图 2-4 扎日根、冬日日纠两地灰岩层位对比

䗴类适宜生活的环境为温暖、透光性强、氧含量高的较开阔浅海环境,水深一般为 20~100m。因此,扎日根组灰岩为浅海碳酸盐台地边缘浅滩相或弧后的碳酸盐盆地相。

图幅内扎日根组与那益雄组以及三叠纪波里拉组之间皆为断层接触,未见顶、底。从产出的化石可以确定该组地层形成于晚石炭世—早二叠世早期。

冬日日纠一带扎日根组灰岩的微量元素含量见表 2-2。其中 Sr/Ba 比值在 15.70~81.13 之间,远远大于 1,指示其形成于海洋环境。除 Sr 与 Cs 两种元素含量较高外,其他元素都明显低于陆壳和洋壳的泰勒值。

表 2-2 扎日根组微量元素含量($\times 10^{-6}$)

样品编号	Sr	Rb	Ba	Th	Ta	Nb	Zr	Hf	Sc	Cr	Co	Ni	V	Cs	Ga	U	La	Cu	Pb	Zn	Yb	Y	Ti	W	Mo
VQP$_{12}$DY1-1	921	13.9	37	1	0.5	2.1	39	0.6	0.7	4.2	7.4	13.8	14	22.1	0.3	0.9	12.5	9.6	11.9	15.1	0.5	5.6	139	0.25	0.31
VQP$_{12}$DY2-1	1232	10.2	15	1	0.5	1	23	0.5	0.2	5.2	6	10.2	11.2	27.5	0.3	3.2	12.6	10.5	3.8	6.1	0.3	3.1	31	0.44	1.31
VQP$_{12}$DY3-1	858	21.1	39	1.6	0.5	2.1	55	1.2	1.3	5.7	5.2	9.3	16.7	23.3	1.3	0.7	15.1	8.1	12	8.4	0.6	5.2	363	0.33	7.47
VQP$_{12}$DY4-1	447	10.2	23	1	0.5	1	43	0.5	0.4	3.5	4.8	9.9	12.5	26.9	0.3	1.1	11	3.8	3.7	7.5	0.2	1.8	91	0.42	0.34
VQP$_{12}$DY5-2	424	13.9	27	1	0.5	9.7	54	0.5	0.5	3.3	5.3	11.2	9.6	26.3	0.5	0.8	12.9	4.3	11.2	11.1	0.4	6.7	106	0.33	0.27

(二)九十道班组

由刘广才(1993)创名的九十道班组位于格尔木市唐古拉山乡九十道班。原指:"由灰色、深灰色粉晶灰岩、生物亮晶砾屑灰岩夹深灰色厚层中细粒长石岩屑砂岩组成。灰岩中富含䗴、少量珊瑚、双壳类及菊石等化石,与上二叠统乌丽群为整合接触,二者的岩性、生物界线清晰。"《青海省岩石地层》(1997)沿用此名,并重新定义为:指分布于唐古拉山北坡、位于诺日巴尕日保组和那益雄组之间的地层体,由灰色—深灰色碳酸盐岩夹少许碎屑岩组成。富含䗴、少量珊瑚、菊石、双壳类及腕足类等化石,以本组碳酸盐岩始现及结束,分别与下伏诺日巴尕日保组、上覆那益雄组之间为整合接触。图区内分布于牙依保马曲北侧一带,成长条状断片近东西向展布。

1. 剖面描述

1:20万扎河幅区调工作时在图幅西南角群曲公过对牙保查依曲北岸的二叠纪九十道班组进行了剖面测制,剖面情况如下:

青海省治多县群曲公过早中二叠世九十道班组(Pj)实测剖面见图2-5。

图2-5 青海省治多县群曲公过早中二叠世九十道班组(Pj)实测剖面

巴塘群中组碳酸盐岩段($T_3B_2^a$) 灰色、灰白色碎裂生物碎屑灰岩
================断　层================

九十道班组(Pj) **523.93m**

  2. 深灰色亮晶生物灰岩(未见顶)   >327.87m

    产珊瑚:*Wentzelella* cf. *wynnei* (Waagen et Wentz)
             W. minor Fan.

  1. 灰白色亮晶生物碎屑灰岩(未见底)   >196.06m

    产䗴科:*Verbeekina* sp.
    腕足:*Araxathyris elongate* Ching et Ye
         Martinia orbicularis Gemmellaro
         Uncinunellina timorensis (Beyrich)
         Urushrenia chaoi Ching
         Spirigerella disulcata Lu

2. 地层综述

区域上该地层零星出露于唐古拉山北坡,岩性稳定,化石丰富,为碳酸盐岩沉积夹少量碎屑岩。图幅内九十道班组出露面积局限,空间上呈长条状断块分布于牙保查依涌北侧,四周被断层围限,纵、横向岩性变化小,岩性为深灰色亮晶生物灰岩和灰白色亮晶生物碎屑灰岩。局部有生物礁灰岩(图2-6)出露,发育礁后相,由生物介壳灰岩组成。

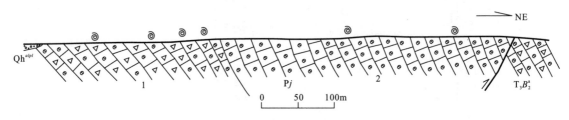

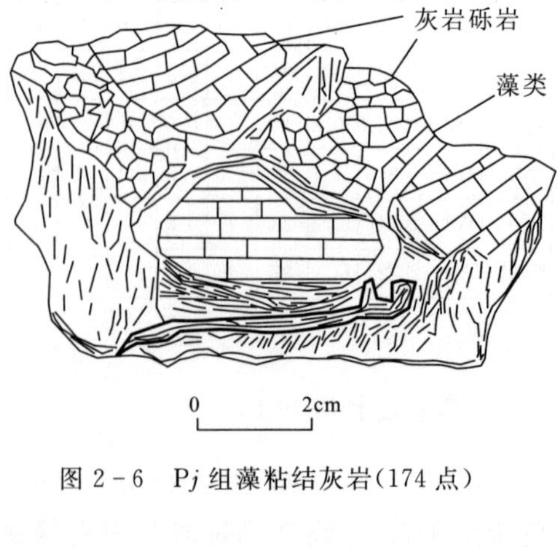

图2-6 Pj组藻粘结灰岩(174点)

3. 沉积环境

九十道班组中浅海相标志明显,生物方面含有大量的䗴、腕足及藻类化石,发育生物介壳滩、生物礁粘结灰岩,表明当时为温暖、清澈透明的浅海环境。

岩石组合方面有粘结灰岩以及反映水体为高能带的内碎屑灰岩、粉晶粒屑灰岩等,因此,九十道班组的沉积相具体对应于威尔逊碳酸盐沉积模式中的台地边缘生物礁相和台地边缘浅滩相。

4. 时代讨论

九十道班组化石丰富,群曲公过一带产䗴类 *Neoschwagerina kwangsiana* Lee,*Verbeekina* sp.等;有孔虫 *Hemigordius* sp.;腕足 *Permophricodothyris bullata*(Cooper et Grant),*Crurithyris* sp.;双壳？*Nuculopsis* sp;珊瑚 *Wentzelella* cf. *wynnei*(Waagen et Wentz),*W. minor* Fan.。这些化石与西侧邻幅的扎日根、开心岭一带的九十道班组中的化石层位一致,时代为早二叠世晚期—中二叠世。

三、乌丽群

乌丽群由西北煤炭勘探局乌丽煤矿青藏勘查队(1956)创名乌丽群于唐古拉乌丽煤矿。1958年尹赞勋在《中国区域地层表(草案)补编》一书中首次介绍引用。原指:"上部为灰色薄层中粒及细粒砂岩;中部为黄绿色夹深灰色粗粒及细粒砂岩夹薄层砾岩,向上夹有深灰色致密透镜体石灰岩;下部以灰色、黄绿色砂岩、页岩为主,夹厚层砾岩及2~4m厚之煤层,产植物化石,其上夹深灰色凸镜状致密石灰岩。"1997年《青海省岩石地层》将其定义为:"指分布于唐古拉山北坡,位于开心岭群之上的地层体。下部为碎屑岩夹煤层及灰岩;上部为碳酸盐岩偶夹碎屑岩,含䗴、腕足类、双壳类及植物化石。大都未见底,局部见碎屑岩的底层面与下伏开心岭群顶部灰岩整合分界,与上伏结扎群为平行不整合或不整合接触。"本群由老到新包括那益雄组及拉卜查日组。

(一)那益雄组(Pn)

那益雄组分布于扎苏、冬布里曲、琼扎、冬日日纠一带,地层走向近东西向。

1983年青海省第二区调队创建那益雄组于杂多县那益雄地区。原指"大套灰黑色—灰黄绿色钙质石英细砂岩、粉砂岩夹粉砂质泥岩及煤线,产大量植物化石"。顶以结扎群不整合覆盖,底界不清。1991年青海省地矿局将那益雄组归于乌丽群,1993年刘广才建立扎苏组。《青海省岩石地层》(1997)沿用那益雄组,建议停用扎苏组,并定义为:"指分布于唐古拉山北坡,位于拉卜查日组之下的地层体。由灰—灰黑色碎屑岩夹煤层及灰岩组成,含植物及䗴等化石,以上覆拉卜查日组的灰岩底界面为界,与本组碎屑岩顶层面整合分界,大都未见顶底,局部见本组碎屑岩的底层面与下伏九十道班组灰岩整合接触。"

本次调查后,发现那益雄组与开心岭群之间为断层接触,未见整合接触。

1. 剖面描述

青海省玉树州治多县索加乡东日日纠地区晚古生代扎日根组($CP\hat{z}$)、那益雄组(Pn)地层实测地质剖面(VQP_{12})见图2-3。

沱沱河组(E*t*)　紫红色泥岩
～～～～～～～～～～角度不整合～～～～～～～～～～
那益雄组(Pn)　　　　　　　　　　　　　　　　　　　　　　　　**＞1 223.58m**
15. 灰色中层状变质中细粒岩屑石英砂岩夹极少量的深灰色粉砂质板岩　　　423.80m
14. 深灰色粉砂质板岩夹灰色中层状片理化中细粒岩屑石英砂岩　　　84.00m
13. 灰绿色薄—中层状轻变质中细粒岩屑石英砂岩夹深灰色泥质粉砂岩　　　104.44m
12. 深灰色千枚状粉砂质板岩夹薄层状轻变质中细粒岩屑石英杂砂岩　　　91.69m

11. 灰色中层状轻变质中细粒岩屑石英砂岩夹深灰色粉砂质板岩	97.10m
10. 深灰色薄层状中细粒岩屑石英砂岩夹灰色薄层状岩屑长石砂岩(或互层)	156.52m
9. 灰色薄层状轻变质中细粒岩屑石英砂岩夹深灰色粉砂质板岩	85.46m
8. 深灰色泥质板岩夹灰黄色中层状轻变质细粒岩屑石英砂岩	125.96m
7. 灰色中层状轻变质中细粒岩屑石英砂岩夹深灰色粉砂质板岩(未见底)	>54.61m
6. 灰色泥质板岩夹灰黄色灰黄色轻变质中细粒岩屑石英砂岩	86.91m
5. 灰黄色中细粒岩屑石英砂岩	210.32m

————————断　　层————————

扎日根组($CP\hat{z}$)　　灰色中层状微晶生物碎屑灰岩(未见顶)

2. 地层综述及横向变化

那益雄组在区域范围内分布局限,零星见于唐古拉北坡冬布里曲、开心岭煤矿、乌丽东山及东矛陇等地,前人的资料表明,该地层为一套含煤碎屑岩系夹少量灰岩,其沉积中心位于测区内的开心岭—乌丽一带。本次工作在该地层中新发现较多的火山岩夹层和透镜体,说明在二叠纪晚期,本地区的火山活动依然比较强烈。

测区内那益雄组未见底,三叠纪甲丕拉组不整合其上。

图幅内通天河北岸冬布里曲下游和达哈曲下游一带,该地层下部为灰绿色、灰黄色中层状长石石英砂岩与深灰色、灰黑色粉砂岩及泥岩构成的韵律层,夹有灰绿色蚀变安山岩,有煤层出现;上部岩性变化为以浅灰色厚层状生物碎屑灰岩、灰岩与炭质板岩组成的韵律和大套的灰绿色蚀变安山岩、灰绿色、灰褐色安山质晶屑岩屑凝灰岩互为夹层。冬日日纠一带主要为灰色、灰绿色中细粒岩屑石英砂岩与深灰色粉砂质板岩组成的韵律层并夹有橄榄玄武岩和火山角砾岩的透镜体或薄层。在西侧1:25万沱沱河幅中乌丽一带由灰色、灰黄色、灰绿色细粒岩屑石英砂岩、中粗粒长石石英砂岩、灰色泥晶灰岩夹灰色薄层状泥岩、炭质泥岩和火山凝灰岩、火山沉凝灰岩及灰绿色复成分砾岩组成,总体显示下细上粗的特征,局部见煤线。西侧邻幅开心岭一带下部为灰绿色细粒岩屑石英砂岩夹少量复成分细砾岩,向上变为灰色中细粒岩屑长石砂岩、灰绿色—灰黑色钙质粉砂岩夹泥岩、煤线(层)和中厚层状泥晶灰岩,与乌丽一带岩性组合基本一致。

3. 沉积环境

在图幅内通天河北岸达哈曲下游和冬布里曲下游一带,该地层下部灰岩夹层中含海相腕足类化石,同时地层中夹煤层,为较典型的海陆交互相沉积环境;上部灰岩中含大量海相腕足类化石,表明海水有所变深,沉积环境为浅海。

冬日日纠一带发育岩屑石英砂岩与粉砂质板岩构成的正粒序韵律层,砂岩中杂基含量在10%左右,具有复理石的特征,代表水体较深的浊积岩相环境。

前人在邻幅开心岭煤矿一带生物碎屑中获得了较多的蜓化石,本次工作又采到了腕足类化石,在煤层(线)中含有植物碎片化石。化石特征反映该套地层具海陆交互相的特点。

西侧邻幅乌丽到图幅内冬布里曲下游一带发育灰岩与炭质页岩构成的韵律(图2-7),砂岩中发育斜层理,反映海水周期性升降或受到周期性含炭细碎屑物源的影响,含煤岩性组合为海陆交互相沉积环境。

冬日日纠一带那益雄组砂岩中碎屑由少量长石(0~5%)、石英(39%~

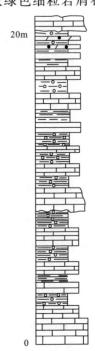

图2-7　Pn组灰岩和页岩组成的韵律层

80%)和岩屑(18%～35%)组成,岩屑的组分主要为变质岩,其次为酸性火山岩,在矿物组分分布三角图上全部落入再旋回造山带物源区(图2-8),表明碎屑物质来源于大陆边缘。

冬日日纠一带那益雄组砂岩中杂基含量较高,在8%～13%之间。砂岩碎屑颗粒多呈棱角一次棱角状,球度差,分选性较差,粒度参数特征:平均值为2.93～3.03Φ,标准差为1.10～1.26,偏度为1.41～1.80,尖度为4.43～6.03,峰态较窄。粒度分布累积概率曲线图(图2-9)上,样品的粒度区间宽,样品由比例较大的悬浮总体和跳跃总体构成,悬浮总体约占10%,粒度分布宽,区间为3.2～6.0Φ,斜率平直,分选极差,跳跃总体斜率中等,粒度分布较宽,区间为1.0～3.5Φ,同时与悬浮总体之间有混合作用,具有明显的海下扇砂的曲线特征,是较典型的浊流沉积物。

上述各种指示沉积环境的特征表明,该套地层从北西向南东,沉积环境从海陆交互的海岸平原湿地相(煤)-滨、浅海环境过渡为浅海斜坡-半深海环境。

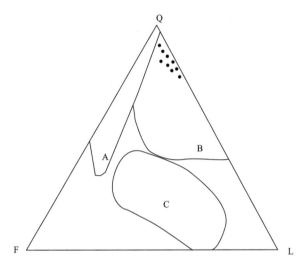

图2-8 Pn组砂岩碎屑矿物组分分布三角图
A.克拉通物源区;B.再旋回造山带物源区;C.岩浆弧物源区

图2-9 Pn组砂岩概率累积粒度分布曲线图

4. 时代讨论

地层中化石十分丰富,以腕足类为主,有 *Neoplicatifera huagi* (Ustriski),? *Spinomarginifera* sp.,? *Martinia* sp.,? *Martinia acuticostis* Liao, *Araxathyris subpentagulata* Xu et Gra, *Spinomarginifera kueichowensis* (Huang), *Gymnocodium* cf. *bellerophontis*, *Permocalculus* sp., *Pseudovermiporeda* sp., *Tethyochonetes quadrata* (Zhan), *Cathaysia chonetoides* (Chao), *Chonetinella cursothornia* Xu et Grant, *Acosarina dorsisulcata* Cooper et Grant, *Orthothetina eusarkos* (Abich), *Orthothetina rubar* (Frech), *Spinomarginifera sichuanensis*, *Perigeyerella* cf. *costellata* Wang, *Spinomarginifera pseudosintanensis* (Huang), *Spinomarginifera kueichowensis* (Huang), *Spirigerella ovalooides* Xu et Grant, *Araxathyris guizhouensis* Liao, *Spinomarginifera desgodinsi* (Loczg), *Haydenella kiansiensis* (Kayser), *Neochonetes* (*Huangichonetes*) *substrophomenoides* (Huang), *Squamularia* cf. *grandis* Chao, *Oldhamina grandis* Huang, *Neoplicatifera huagi* (Ustriski), *Spinifera kueichowensis* Huang, *Oldhamina amshunensis* Huang 等;珊瑚 *Margarophyllia* sp., *Plerophyllum* 等。同时,在西侧邻幅开心岭一带晚二叠世晚期至早三叠世早期产孢粉 *Dictyophyllidites intercrassus*, *Dictyophyllidites tortoni*, *Leiotriletes exiguus*, *Tripartites cristatus* var. *minor*, cf. *T. cristatus* var. *minor*, *Densoisporites nejburgii*, *Lueckisporires* sp., *Pteruchipollenites reticorpus* 等。以上动、植物化石皆反映出该地层时代为晚二叠世晚期。

5. 微量元素

那益雄组砂岩的微量元素含量见表 2-3。砂岩中不相容元素 Zr、Hf、Cs、Yb、Y 等与上陆壳的元素丰度比较接近,相容元素 Sc、Co、Ni、V 等则和上陆壳元素丰度比较相近,Cr、Cu、Sr、Zn、Ta、Mo、Ba 等元素的含量远远低于陆壳的平均值,可能与他们化学性质比较活泼有关。在 Th-Sc-Zr/10 和 Th-Co-Zr/10 图解中投点多数落入大陆岛弧物源区(图 2-10),少量落入被动大陆边缘区,结合矿物组分三角图,该地层物源应来自大陆岛弧。

表 2-3 那益雄组微量元素含量($\times 10^{-6}$)

样品编号	Sr	Rb	Ba	Th	Ta	Nb	Zr	Hf	Sc	Cr	Co	Ni	V	Cs	Ga	U	La	Cu	Pb	Zn	Yb	Y	Ti	W	Mo
VQP$_{12}$DY6-1	47	61.1	146	7.6	0.5	4.3	178	4.9	4.4	14.9	5.4	11.6	34.8	4.4	7.9	1.5	18.7	31.7	6.8	13.4	1.6	15.3	1843	0.84	0.29
VQP$_{12}$DY7-1	35	68.4	125	10.5	0.5	8.2	237	6.5	5.5	18.9	4.4	8.2	39.2	4.4	7.6	2.1	25.1	6.3	4.5	11.9	2	18.7	2124	1.16	0.23
VQP$_{12}$DY8-1	27	57.5	136	5.6	0.5	4.7	106	2.9	4	14.6	4.4	10.7	29.5	4.9	5.4	1.5	14.9	6.3	3.5	14.4	1.3	12	1148	0.46	0.37
VQP$_{12}$DY9-1	25	79.3	140	10.2	0.5	8.7	235	6.8	5.1	19.6	8.2	16.7	43.5	4.4	7.2	1.9	25.8	7.1	5.8	20.1	2.1	19.2	2335	0.97	0.17
VQP$_{12}$DY10-1	25	75.6	166	8.3	0.6	7.2	179	5.4	5.2	19.5	5	12	39.3	4.4	4.7	1.9	14.9	7	4.5	13.7	1.9	17.5	1629	0.84	0.28
VQP$_{12}$DY11-1	30	72	146	7.9	0.5	7.9	160	4.7	5	18.2	7.5	18.9	43.3	4.4	7.4	1.8	25.8	5.1	4.9	14.7	1.8	17.3	1739	1.03	0.36
VQP$_{12}$DY12-1	20	53.8	100	5.4	0.5	5.6	111	3.2	3.9	14.3	4.7	14.6	29.1	3.8	6.1	1	21	5.6	3.8	16.6	1.3	12	1123	0.59	0.26
VQP$_{12}$DY13-1	28	86.5	145	9.3	0.5	9.9	193	5.9	8.5	20.4	6.9	14.7	49.8	4.4	10.1	1.8	21.6	27.9	4.8	15.8	2.2	21.2	2562	1.23	0.32
VQP$_{12}$DY14-1	22	72	98	8	0.5	6.3	159	4.6	5.5	15.9	4.9	17.2	37.9	3.8	7.1	1.3	16.5	7.9	3.8	14.9	1.7	17.4	1609	0.4	0.2
VQP$_{12}$DY14-2	31	79	153	8.4	0.5	7.9	150	4.6	4.8	21	5.8	8.8	43.6	3.2	9.1	1.7	25	4.8	4.9	11.1	1.7	16.7	2267	1.1	0.22
VQP$_{12}$DY15-1	27	64.7	114	6.7	0.5	6.2	98	2.8	3.6	19.1	7.2	12.7	36.9	2.6	7.8	0.9	28	5.7	5.9	9.2	1.3	11.8	1693	0.72	0.21
VQP$_{12}$DY16-1	29	64.7	127	7.4	0.5	5.8	169	4.4	5.7	15.8	5.7	18.8	32.3	0.8	6	1.7	25.9	6.4	4.1	18.9	1.7	15	1695	0.72	0.35
丰度值 1*	130	2.2	225	0.22	0.3	2.2	80	2.5	38	270	47	135	250	30	17	0.1	3.7	86	0.8	85	5.1	32	0.9	0.5	1
丰度值 2*	350	112	550	10.7	2.2	25	190	5.8	11	355	10	20	60	3.7	17	2.8	30	25	20	71	2.2	22	3000	2	1.5
丰度值 3*	230	5.3	150	1.06	0.6	6	70	2.1	36	235	35	135	285	0.1	18	0.28	11	90	4.0	83	2.2	19	6000	0.7	0.8

注:1* 为洋壳元素丰度,2* 为上陆壳元素丰度,3* 为下陆壳元素丰度(Taylor et al,1985)。

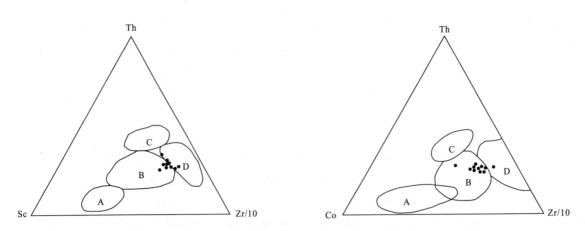

图 2-10 那益雄组(Pn)砂岩微量元素 Th-Sc-Zr/10 和 Th-Co-Zr/10 图解

(据 Bhatia,1985)

(二)拉卜查日组(Plb)

由刘广才(1993)创名的拉卜查日组位于格尔木市唐古拉山乡拉卜查日。原指:"由深灰色中厚层粉晶、泥晶生物碎屑灰岩夹粉砂质粘土岩、长石及煤层组成,富含鋌,其次为腕足类、双壳类等化石,与下伏扎苏组为连续沉积,与上覆上三叠统碎屑岩为假整合接触。"《青海省岩石地层》(1997)沿用此名,并将其定义为:指分布于唐古拉山北坡,位于那益雄组和甲丕拉组之间的地层体,由灰色—深灰色碳酸盐岩夹碎屑岩及煤层组成;富含鋌,其次为腕足类、双壳类及苔藓虫等化石,以本组灰岩的底界面为界,与下伏那益雄组整合分界,与上覆甲丕拉组为平行不整合或不整合接触。

拉卜查日组分布于测区内乌丽、冬布里曲下游及冬日日纠等地,出露面积较小。

1. 剖面描述

1∶20万章岗日松幅区调工作中在冬布里区测制了乌丽群剖面,本次工作沿用该剖面,剖面情况如下。

青海省曲麻莱县曲麻河乡冬布里曲晚二叠世乌丽群剖面见图2-11。

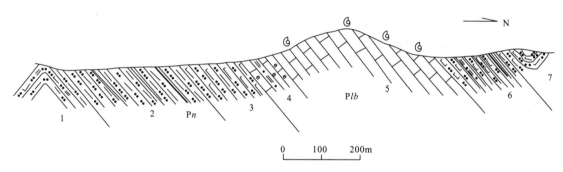

图2-11 青海省曲麻莱县曲麻河乡冬布里曲晚二叠世乌丽群(PW)剖面

拉卜查日组(Plb)

7. 灰色厚层状钙质粉砂岩(向斜核)	>23.43m
6. 灰色、深灰色厚层状钙质粉砂岩夹细粒石英砂岩及黑色页岩	166.15m
5. 深灰色、黑灰色厚层状粉晶灰岩	278.2m

产腕足:*Chonetes* sp.

　　　　Leptodus sp.

苔藓:*Fenestella* sp.

4. 深灰色厚层状微晶生物屑灰岩夹灰色厚层状细粒变质岩屑杂砂岩及黑色页岩	78.26m

——————————整　合——————————

那益雄组(Pn)

3. 灰色厚层状钙质粉砂岩夹深灰色厚层状泥质粉砂岩	127.31m
2. 深灰色泥质粉砂岩夹黑色页岩、灰色厚层状细粒岩屑石英砂岩及煤线	238.65m
1. 深灰色泥质粉砂岩夹褐色厚层状钙质粉砂质细粒岩屑砂岩及黑色页岩(未见底)	>33.28m

2. 岩性组合及横向变化

拉卜查日组在区域范围内分布局限,主要出露于测区内的冬布里曲下游、乌丽东山和开心岭煤矿等处,前人总结出以碳酸盐岩为主夹碎屑岩。本次工作在该地层中见有火山碎屑岩的夹层、透镜体,表明晚古生代羌塘陆块北缘岛弧的火山活动一直延续至晚二叠世晚期。

图幅内拉卜查日组整合于那益雄组之上,缺失顶部。

通天河北达哈曲一带拉卜查日组由灰岩夹浅灰绿色晶屑岩屑沉凝灰岩和褐紫色沉凝灰岩组成,火山岩凝灰岩所占比例较少,呈薄层状和薄透镜状产出。冬日日纠一带为灰黑色薄层状含燧石条带微晶灰岩夹深灰色钙质粉砂岩及灰黑色薄层状泥灰岩。西侧沱沱河幅乌丽南侧的岩性为灰色硅质白云岩、灰黑色微晶灰岩夹深灰色钙质粉砂岩及深灰色钙质细粒长石岩屑砂岩。西侧邻幅开心岭煤矿一带为深灰色中薄层状生物碎屑泥灰岩、深灰色藻团粒灰岩、浅灰色砂屑灰岩夹蓝灰色泥炭质粉砂岩及薄层状微晶灰岩。

3. 沉积环境

地层中含丰富的浅海相化石标志，有腕足类、双壳类海相动物化石和大量藻类及介壳碎片，岩性组合中藻团粒灰岩、砂屑灰岩是浅水高能带的产物，据此本地层主要为一套浅水碳酸盐缓坡相沉积，局部含海岸平原湿地相沉积。

4. 时代讨论

扎苏一带拉卜查日组中产极丰富的腕足类化石 Oldhamina anshunensis Huang, Neoplicatifera huagi (Ustriski),? Spinomarginifera sp.,? Martinia sp.,? Martinia acuticostis Liao, Spinomarginifera sp., Araxathyris subpentagulata Xu et Grant, Spinomarginifera kueichowensis (Huang), Tyloplicta. cf. yangtzeensis (Chao), Enteletes waageni Gemmellaro, Perigeyerella costella Wang, Meekella cf. kueichowensis Huang, Haydenella chiansis (Chao), Squamularia indica (Waagen), Semibrachythyrina anshunensis Liao, Oldhamina grandis Huang, Spinomarginifera kueichowensis (Huang), Perigeyerella costellata 等，时代较准确，为晚二叠世晚期。在冬日日纠一带，产珊瑚 Syringopora sp.，时代笼统为泥盆纪—二叠纪，与西侧沱沱河幅开心岭、乌丽一带该地层所产化石时代一致。因此，拉卜查日组时代应属晚二叠世。

第三节 三叠纪地层

测区三叠纪地层分布面积广泛。测区内每个大地构造单元在古特提斯洋消亡前，有着不同的大地构造背景，在洋壳俯冲消亡后，残余海盆继承了各自大地构造环境的特征。测区内每个构造单元都有相对应的不同沉积相的三叠纪地层，测区东北角为巴颜喀拉山群浊积盆地，中部西金乌兰-金沙江构造带中出露巴塘群和苟鲁山克措组，南部唐古拉—昌都地层区分布有大面积的结扎群。

一、巴颜喀拉山群（TB）

巴颜喀拉山群的岩性单调，褶皱发育，化石稀少，进一步的划分和对比一直是调查该地层的最大困难。

北京地质学院(1961)在玛多—竹节寺一带将全由泥砂质碎屑岩组成的地层建立为巴颜喀拉山群，时代属石炭纪。青海省区测队(1970)在1：100万玉树幅(I-47)区域地质调查报告书及1：100万温泉幅(I-47)区域地质调查报告书中予以修订，提出分布于西起可可西里，东至巴颜喀拉山主体，几乎全由三叠系组成的类复理石碎屑岩称巴颜喀拉山群，作为本区三叠系的地方名称，以上、中、下巴颜喀拉山群分别表示上、中、下统。1991年青海省地矿局在《青海省区域地质志》中将上、中、下巴颜喀拉山群修改为上、中、下亚群。《青海省岩石地层》(1997)采用1970年青海省区测队修订后的巴颜喀拉山群，并定义为："指分布于可可西里—巴颜喀拉地区的一套厚度巨大的、几乎全由砂板岩组成的地层，难见顶、底，偶见不整合于布青山群之上、年宝组之下。化石稀少，属种单调，主要由双壳类、腕足类和头足类等组成。"并指定曲麻莱秋智乡昂日曲上游北剖面第1~6层、东那色窝剖面第3~7层、叶格乡曲玛热合拉美剖面第12~18层、甘德县科曲贡麻剖面第2~7层、玛沁县昌马河剖面第1~15层为该群的复理合层型。进而依据砂、板岩的组合特点和相对位置，建立了下部砂岩板岩组,中部砂岩组,上部板岩组,顶部砂岩夹板岩组4个非正式组。

测区内巴颜喀拉山群仅在东北角分布,南部边界止于西金乌兰-金沙江缝合带,向北其主体延伸于图外。该地区属于1:20万区调空白区,研究程度较低,根据岩性组合方式、接触关系、岩性与岩相特点、延展性及可填图性等,并参照《青海省岩石地层》(1997)的划分方案,自下而上划分为3个非正式组级单位,即砂岩组(TB_1)、板岩组(TB_2)和砂岩夹板岩组(TB_3)。

1. 剖面描述

(1)青海省曲麻莱县曲麻河乡婆饶丛清拉晚三叠世巴颜喀拉山群(TB)实测地质剖面(VQP_3)见图2-12。

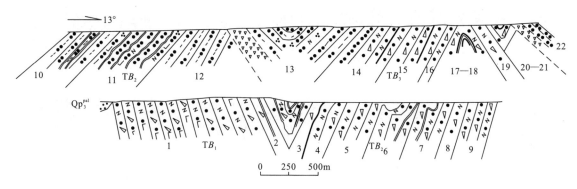

图2-12 青海省曲麻莱县曲麻河乡婆饶丛清拉晚三叠世巴颜喀拉山群(TB)实测地质剖面(VQP_3)

巴颜喀拉山群砂岩夹板岩组(TB_3)	**>799.02m**
22.深灰色粉砂岩	
══════════════断层破碎带══════════════	
21.灰色中厚层—厚层状中细粒岩屑长石砂岩夹灰色中薄层泥质胶结含菱铁矿长石石英粉砂岩、深灰色薄层状炭质板岩	>52.04m
20.灰色中厚层—厚层状泥质胶结细砂质岩屑长石粉砂岩	53.36m
19.灰色中厚层—厚层状变细粒长石砂岩夹灰色中薄层状钙质粉砂岩、深灰色炭质板岩	62.51m
18.灰色中厚层—厚层状中细粒岩屑长石砂岩夹灰色粉砂岩及少量深灰色板岩	130.34m
17.灰色厚层状含粉砂中细粒岩屑长石砂岩夹灰色薄层状中细粒岩屑长石砂岩及深灰色薄层状板岩	67.85m
16.灰色中厚层—厚层状中细粒岩屑长石砂岩夹灰色粉砂岩及少量深灰色板岩	92.39m
15.灰色厚层状中细粒岩屑长石砂岩夹深灰色薄层状板岩	359.79m
14.灰色中厚层—厚层状中细粒岩屑长石砂岩夹灰色薄层状板岩及灰色薄层状粉砂岩	339.07m
13.灰色厚层泥质粉砂岩夹灰色中厚层状粉砂质长石石英细砂岩(向斜)	>351.72m
══════════════断层破碎带══════════════	
巴颜喀拉山群板岩组(TB_2)	**>1 210.83m**
12.灰色粉砂质泥岩	>192.65m
11.灰色中厚层状泥质胶结长石石英粉砂岩与灰色薄层状粉砂岩板岩互层	134.62m
10.灰色薄层状粉砂质泥岩夹灰色中厚层粉砂岩细砂状长石石英砂岩、深灰色板岩	76.72m
9.灰色厚层状中粒岩屑长石砂岩与灰色中厚层状中含粉砂细粒岩屑长石砂岩及深灰色薄层状板岩互层	61.54m
8.灰色中厚层—厚层状中细粒岩屑长石砂岩	148.92m
7.灰色中厚层—厚层状含粉砂细粒岩屑长石砂岩夹深灰色板岩	184.56m
6.灰色中厚层—厚层状中细粒岩屑长石砂岩(有向斜、背斜)	276.74m
5.灰色中厚层—厚层状中细粒岩屑长石砂岩夹深灰色板岩	92.05m
4.深灰色板岩夹灰色中厚层—厚层状中细粒岩屑长石砂岩	44.42m

3. 灰色中厚层—厚层状中细粒岩屑长石砂岩夹深灰色板岩(向斜)	193.19m
2. 深灰色板岩夹灰色中厚层—厚层状中细粒岩屑长石砂岩	158.38m

——————————整　合——————————

巴颜喀拉山群砂岩组(TB₁)　　　　　　　　　　　　　　　　　　　　　　**>889.17m**

1. 灰色中厚层—厚层状钙质胶结中细粒长石岩屑砂岩(第四系上更新统冲-洪积砂砾石覆盖,未见底)　>889.17m

（2）青海省曲麻莱县曲麻河乡斜果贡玛三叠纪巴颜喀拉山群(TB)地层构造实测地质剖面(VQP₄)见图2-13。

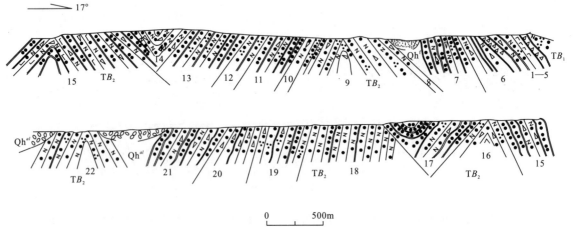

图2-13　青海省曲麻莱县曲麻河乡斜果贡玛三叠纪巴颜喀拉山群(TB)地层构造实测地质剖面(VQP₄)

巴颜喀拉山群板岩组(TB₂)　　　　　　　　　　　　　　　　　　　　　　**>4405.27m**

22. 灰褐色—黄灰色薄—中层状细粒长石变砂岩夹灰黑色薄层状中细粒长石石英变砂岩与黑色薄层状粉砂质板岩互层(有背斜,第四系冲洪积物覆盖)	>256.53m
21. 灰黑色薄层状粉砂质板岩夹灰色中层状中细粒岩屑长石砂岩(全新世冲积,侵蚀接触)	398.37m
20. 深灰色中厚层状中细粒长石砂岩夹薄层状粉砂质板岩	251.38m
19. 灰褐色中厚层状中粗粒岩屑砂岩、细粒岩屑石英砂岩与深灰色粉砂质板岩互层	400.05m
18. 深灰色中厚层状变中粒长石砂岩夹5～10cm厚的粉砂质板岩	>574.69m

——————————断　层——————————

17. 灰黑色厚层状粉砂质板岩夹深灰色薄层状钙质胶结含细粒长石石英粉砂岩及中层状中粗粒岩屑砂岩(有向斜)	>483.26m
16. 深灰色中厚层状钙质胶结细砂质粉砂状长石石英砂岩夹深灰色薄层状细粒岩屑砂岩及灰黑色薄层状粉砂质板岩(有背斜)	63.36m
15. 灰黑色薄层状粉砂质板岩夹深灰色中层厚状钙质胶结含粉细粒长石岩屑砂岩偶夹黑灰色薄层状微晶灰岩(有背斜—向斜)	423.22m
14. 深灰色中厚层状中细粒岩屑长石砂岩夹黑色薄层状粉砂质板岩,偶夹深灰色泥灰岩(有向斜)	223.27m
13. 灰黑色薄层状粉砂质板岩夹深灰色薄—中层状泥质胶结粉砂质细砂状长石石英砂岩	434.09m
12. 深灰色薄层状粉砂质细砂状长石石英砂岩夹灰黑色薄层状粉砂质板岩	139.12m
11. 灰黑色薄层状粉砂质板岩夹灰色中厚层状细粒岩屑砂岩	279.07m
10. 灰色中细粒岩屑长石砂岩夹粉砂质板岩	68.55m
9. 灰黑色板状泥质胶结长石石英粉砂岩夹深灰色中粒岩屑长石砂岩(有背斜)	339.39m
8. 深灰色含砾中细粒岩屑长石砂岩夹粉砂质板岩(草皮覆盖)	71.07m
7. 粉砂质板岩夹灰褐色岩屑砂岩及深灰色中层状泥质胶结长石石英粉砂岩(草皮覆盖)	349.56m
6. 深灰色含中粒细粒长石岩屑砂岩夹板岩	99.81m

==========断层破碎带==========

5. 粉砂质板岩夹灰褐色中细粒岩屑长石砂岩　　　　　　　　　　　　　　　　　　40.25m

==========灰绿色强碳酸盐化绢云母化闪长玢岩脉(侵入)==========

4. 灰色中细粒长石砂岩夹少量板岩　　　　　　　　　　　　　　　　　　　　　72.18m
3. 粉砂质板岩夹灰褐色细中粒岩屑长石砂岩　　　　　　　　　　　　　　　　　33.69m
2. 灰白—浅灰色全碳酸盐化石英化绢云母化玄武岩　　　　　　　　　　　　　　15.98m
1. 深灰色含粉砂细粒长石石英砂岩夹粉砂质板岩　　　　　　　　　　　　　　　42.16m

==========断层破碎带(绢云母化闪长玢岩)==========

巴颜喀拉山群砂岩组(TB_1)　　灰褐色粉砂质细砂状长石石英砂岩夹粉砂质板岩

2. 岩石地层综述及沉积环境

巴颜喀拉山群区域上分布面积广，从可可西里、巴颜喀拉山一直向东南延伸到西藏、四川。该地层的总体岩性组合、沉积特征较一致，为半深海—深海相浊积复理石沉积，但进一步划分、对比非常困难，本次工作依旧按照砂岩、板岩组合特点和相对位置进行划分、对比，由于没有明显的标志层或可以量化的标准，因此，该方法会因为人感官认识的差异，产生不尽相同的划分方案。

（1）砂岩组

砂岩组主要分布于勒池曲西岸和白日扎加一带，呈北西西向条带状展布，与南北两侧的板岩组均为断层接触。岩性为灰色—深灰色厚层状、中—厚层状中细粒岩屑砂岩、钙质胶结中细粒长石岩屑砂岩、岩屑长石砂岩夹深灰色板岩。砂岩中发育正粒序层理，砂岩与板岩形成韵律层，发育鲍马序列的bc、bcd（图2-14）段，砂岩中发育平行层理及包卷层理（图2-15），具深海—半深海浊积岩的特征。

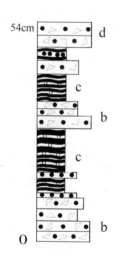

图2-14　TB_1组砂岩和板岩构成的鲍马序列bcd段(1129点北)

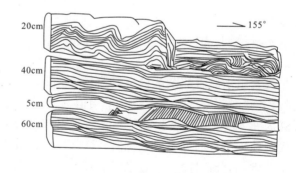

图2-15　TB_1组砂岩包卷层理(1129点北)

砂岩组中岩石的杂基含量相对较低，在1%～5%之间，碎屑颗粒多呈棱角状，分选性较好，碎屑中长石含量在12%～18%之间，石英含量为50%～83%，岩屑含量为5%～31%，岩屑有灰岩、粉砂岩、大理岩、绢云千枚岩、泥质板岩、酸性熔岩、安山岩和蚀变花岗岩等。在矿物组分分布三角图上落入再旋回造山带物源区（图2-16）及克拉通物源区。

（2）板岩组

板岩组分布于白日扎加南侧至口前曲，婆饶丛清拉—地冒奔登和东北角阿尕松尕一带，皆呈北西西向条带状展布。以砂岩、板岩互层、板岩夹砂岩为主，砂岩—粉砂岩—板岩组成韵律性旋回，鲍马序列 bcd、bc(图 2-17)和 cde 段发育,砂岩—板岩单个韵律厚 0.3~0.8m,由 3~4 个韵律构成的单旋回厚度在 1~1.8m 之间,板岩、粉砂岩中常见水平层理、沙纹交错层理图(图 2-18),底面发育沟模,砂岩中包卷层理(图 2-19)极发育,具远源浊积岩的特征,沉积环境为深海—半深海。

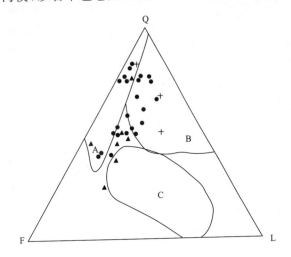 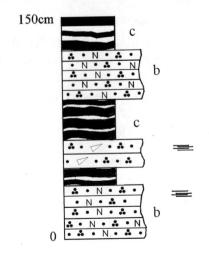

图 2-16 TB 群砂岩碎屑矿物组分分布三角图　　图 2-17 TB$_2$ 组砂岩和板岩构成的
A.克拉通物源区;B.再旋回造山带物源区;C.岩浆弧物源区　　　　　鲍马序列 bc 段(170 点)

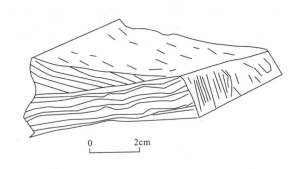 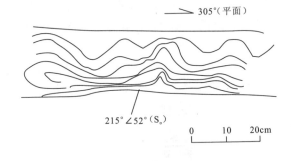

图 2-18 TB$_2$ 组粉砂质板岩波纹状层理(P$_4$ 剖面)　　图 2-19 TB$_2$ 组砂岩包卷层理(P$_4$ 剖面 15 层)

板岩组中砂岩的杂基含量普遍较高,在 5%~20% 之间,碎屑颗粒分选性较差到较好,多呈棱角状,磨圆度差,粒度参数特征:平均值为 3.16~4.69Φ,标准差为 0.75~1.11,偏度为 0.53~1.3,尖度为 2.46~5.40,峰态较窄。概率累积粒度分布曲线图可分为较明显的四大类,第一类为具有海底扇粒度特点的分布曲线图[图 2-20(a)],由悬浮、跳跃总体构成,悬浮总体所占比例约 10%,斜率非常小,分选性极差,且悬浮总体与跳跃总体之间有明显的混合现象,同时有分选性较好的跳跃总体,跳跃总体中间都存在一个截断,可能由两个物源区形成的不同粒度分布的混合而造成;第二类由滚动、跳跃和悬浮 3 个总体组成[图 2-20(b)],同样悬浮总体斜率小,分选极差,所占比例约 10%,与跳跃总体有混合作用,这些都是浊流沉积的特点,但每个样品都有少量比例(0.3%)的滚动总体,斜率小,分选性差,可能代表了一种海底扇水道内水动力较弱的沉积环境;第三类概率累积粒度分布曲线图由跳跃、悬浮两个总体构成[图 2-20(c)],其特点是跳跃总体斜率较大,分选性中等,粒度分布区间较宽,在 1~4.8Φ 之间,悬浮总体所占比例为 3%~10%,斜率小,分选性差,悬浮总体与跳跃总体之间有一定的混合现象,有浊积沉积的特点,但是悬浮总体都存在一个截断,可能是两种不同来源的不同粒度分布的混合所造成的;第四类是少量样品具有斜率较陡的悬浮总体[图 2-20(d)],两个样品悬浮总体和跳跃总体分选性较好,其中一个样品有 0.3% 的滚动总体,其特点与河道的沉积环境可以对比,可能代表了海底浊积扇中水道的沉积环境。

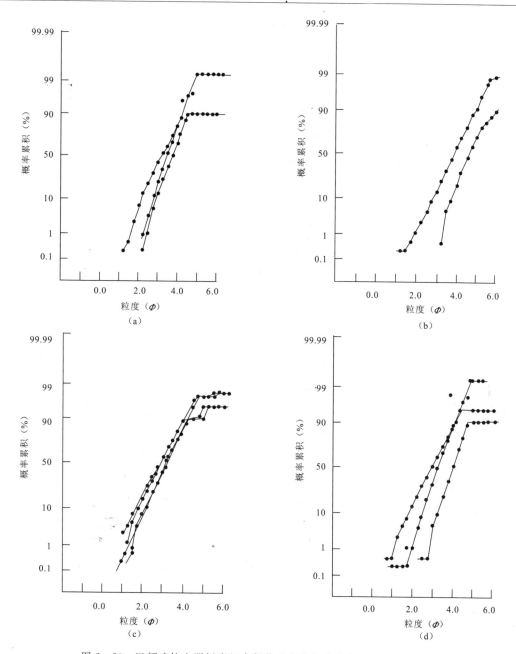

图 2-20 巴颜喀拉山群板岩组中部分砂岩的粒度分布累积概率曲线图

(3)砂岩夹板岩组

砂岩夹板岩组分布于婆饶丛清、果尼—婆饶丛清北侧和通天河南岸,呈带状近东西向展布,与巴颜喀拉山群板岩组(TB$_2$)呈断层接触,局部地段整合接触。岩性以灰色中细粒岩屑长石砂岩为主,有长石砂岩、长石石英砂岩夹深灰色钙质板岩、薄层炭质板岩及灰色岩屑长石粉砂岩。砂、板岩组成韵律层,单个韵律为0.5～0.8m,单个旋回为2～3m。砂岩中普遍具平行层理,发育槽模,偶见正粒序层理。砂岩中见黄铁矿晶体,局部地段见植物碎片、波痕、斜层理(图 2-21)等沉

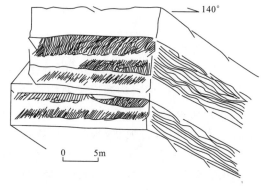

图 2-21 TB$_3$ 组砂岩斜层理(1133点北)

积构造,表明海水有所变浅,环境为浅海斜坡—半深海(图2-22)。

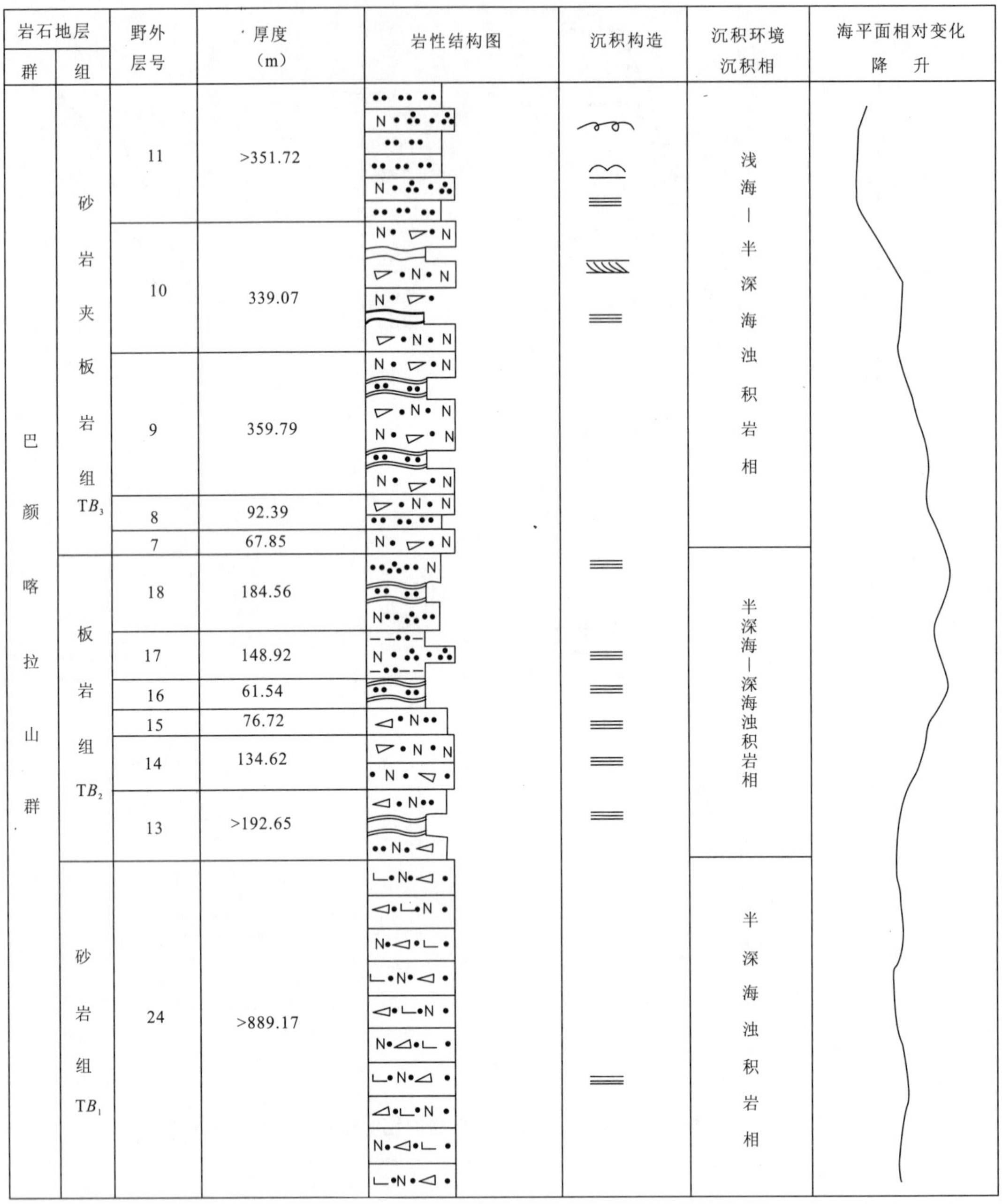

岩石地层		野外层号	厚度(m)	岩性结构图	沉积构造	沉积环境沉积相	海平面相对变化 降 升
群	组						
巴颜喀拉山群	砂岩夹板岩组 TB₃	11	>351.72			浅海—半深海浊积岩相	
		10	339.07				
		9	359.79				
		8	92.39				
		7	67.85				
	板岩组 TB₂	18	184.56			半深海—深海浊积岩相	
		17	148.92				
		16	61.54				
		15	76.72				
		14	134.62				
		13	>192.65				
	砂岩组 TB₁	24	>889.17			半深海浊积岩相	

图2-22 巴颜喀拉山群层序特征及沉积相

砂岩夹板岩组碎屑的长石含量较高,在18%~55%之间,石英含量为25%~76%,岩屑含量为4%~18%,岩屑有绢云千枚岩、板岩、酸性火山岩、安山岩、酸性熔岩等。在矿物组分分布三角图上投点散乱(图2-16),物源区大地构造属性不明确。

砂岩夹板岩组中砂岩的杂基含量高,在8%~20%之间,碎屑颗粒分选性较差至较好,多呈棱角状—次棱角状,磨圆度差,粒度参数特征:平均值为3.36~3.93Φ,标准差为0.87~1.05,偏度为1.12~1.34,尖度为3.85~4.76,峰态较窄。粒度分布累积概率曲线图上(图2-23),样品的粒度区间宽,样品由比例较大的悬浮总体和跳跃总体构成,只有一个样品具有很小比例的滚动总体,悬浮总体约占10%,粒度分布宽,区间为3.2~6.0Φ,斜率小,分选性极差,跳跃总体斜率较大,粒度分布较宽,区间为1.2～3.9Φ,同时与悬浮总体之间有一定混合现象,具有典型的海下扇浊流沉积物特征。

3. 时代讨论

区域上巴颜喀拉山群化石种属单调、数量稀少,主要产菊石 *Sturia* cf. *sansovinii*, *Leiophyllite*；孢粉 *Striatites*, *Taeniaesporites*, *Duplexisporites*, *Cycadopites*, *Camerosporites*；牙形石 *Neogondolella monbergensis* - *Gladigondolella tethydis* 组合；双壳类 *Myophoria* (*Costatoria*) *mansuyr* 和 *Placunopsis remuensis* (属滨海相双壳类动物群组合), *Halobia yunnanensis*, *H. pluriradiata*。时代横跨整个三叠纪。本次工作在测区内巴颜喀拉山群板岩组中采集到较多孢粉化石 *Concavisporites* sp., *Apiculatisporis* sp., *Annulispora*? sp., *Minutosaccus* sp., *Pinuspollenites* sp., *Tubermonocolpites*? sp., *Cycadopites* sp., *Podocarpidites*? sp., *Limatulasporites*? sp.。其中 *Concavisporites* 多见于三叠纪和侏罗纪地层中,而 *Tubermonocolpites* 是华北的塔

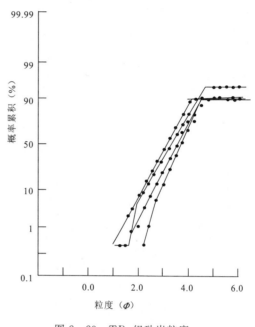

图 2-23 TB₃ 组砂岩粒度分布累积概率曲线图

里木盆地下三叠统的典型化石之一,但这里的化石保存不好,*Limatulasporites* 是二叠纪和三叠纪最常见的属。

同时,本次工作中在查松曲德西侧侵入于巴颜喀拉山群板岩组的一条闪长玢岩脉采集到 Rb-Sr 同位素等时线年龄样,测试结果为 230.8±4.8Ma。根据孢粉化石及该样品年龄,推断测区内巴颜喀拉山群的时代属中晚三叠世。

4. 岩石化学特征

砂岩的化学成分在一定程度上可以反映出建造的物源区性质及构造背景,Bhatia(1983)根据现代和古代不同构造部位大量砂岩的岩石化学数据归纳总结出大洋岛弧、大陆岛弧、活动大陆边缘和被动大陆边缘4类大地构造环境典型的砂岩平均化学成分及其图解模型。本次工作针对巴颜喀拉山群岩性单调、化石稀少、构造复杂等因素引起的划分及对比困难,在该地层中采集了较多的样品,测试其主量元素和微量元素,从其岩石化学成分方面探求其物源的大地构造背景,推断巴颜喀拉山盆地的构造属性。

巴颜喀拉山群砂岩的硅酸盐氧化物含量见表 2-4。在 (Fe_2O_3+MgO)-TiO_2 图解中(图 2-24),大部分样点落入 C 区及其附近,少量样点落入 B 区;(Fe_2O_3+MgO)-(Al_2O_3/SiO_2)图解中,样点集中于 C 区及其附近;(Fe_2O_3+MgO)-(K_2O/Na_2O)图解中,一些样品落入 C 区,少量样品落入 B 区,多数样品分布于 B 区与 C 区的重叠区附近;在 (Fe_2O_3+MgO)-[Al_2O_3/(CaO+Na_2O)]图解上,投点基本落入 C 区及其附近。以上图解综合反映出巴颜喀拉山群碎屑来源于安第斯型活动大陆边缘构造环境。

巴颜喀拉山群砂岩的微量元素含量见表 2-5。砂岩中 Sr、Cr、Ta、Mo 的含量低于整个陆壳的元素丰度,其他微量元素的含量皆和上陆壳元素丰度相近,证明物源来自陆壳上部。在 Th-Sc-Zr/10 和 Th-Co-Zr/10 图解中投点基本落入大陆岛弧物源区(图 2-25),说明物源区为大陆岛弧。

表 2-4 巴颜喀拉山群砂岩的岩石化学成分含量($\times 10^{-2}$)

样品编号	SiO_2	TiO_2	Al_2O_3	Fe_2O_3	TeO	MnO	MgO	CaO	Na_2O	K_2O	P_2O_5	H_2O^+	LOS	Σ
VQP_3G_S3-1	72.96	0.5	11.8	1.92	2.82	0.13	1.26	1.64	2.15	1.44	0.12	2.45	3.43	100.18
VQP_4G_S5-1	74.63	0.6	11.44	1.07	2.56	0.06	1.07	1.24	2.57	1.61	0.12	2.06	2.81	99.79
VQP_4G_S6-1	74.74	0.51	11.93	1.96	1.58	0.06	1.09	1.22	2.46	1.79	0.12	2.02	2.76	100.22
VQP_4G_S9-1	72.73	0.57	12.63	1.43	2.33	0.03	1.03	1.38	2.61	2.01	0.13	2.2	3.06	99.94
VQP_4G_S10-1	70.53	0.52	12.33	1.75	2.32	0.08	1.05	2.39	2.73	1.77	0.12	2.15	4.09	99.68
VQP_4G_S11-2	74.34	0.47	10.2	2.43	1.47	0.06	1.39	1.99	1.77	1.62	0.17	3.2	4.23	100.15
VQP_4G_S14-1	71.01	0.62	12.21	6.99	0.24	0.17	0.7	0.72	0.99	2.4	0.16	3.41	3.75	99.96
VQP_4G_S15-1	75.9	0.44	8.92	3.26	0.96	0.29	1.05	1.89	1.34	1.45	0.12	2.37	4.1	99.72
VQP_4G_S24-2	65.86	0.45	9.3	1.06	2.26	0.07	2.4	6.38	1.17	1.81	0.11	2.17	8.65	99.53
VQP_4G_S22-1	75.98	0.54	10.26	2.59	0.68	0.06	0.63	2.34	2.19	1.51	0.11	2.14	2.67	99.56
VQP_4G_S19-1	75.32	0.48	11.36	0.52	1.14	0.06	0.74	1.17	2.64	1.63	0.1	2.09	3.95	100.11
VQP_4G_S20-1	75.53	0.54	10.93	2.48	0.62	0.05	0.68	2.41	1.67	0.11	2.14	3.39	99.76
VQP_4G_S17-1	74.42	0.55	11.34	1.14	2.48	0.05	1.04	1.28	2.7	1.51	0.13	2.03	2.86	99.51
VQP_4G_S16-1	78.7	0.44	9.74	1.47	1.57	0.07	0.98	0.76	2.08	1.51	0.13	1.95	2.13	99.59
VQP_4G_S0-1	82.55	0.31	7.42	2.05	0.35	0.06	0.35	1.23	1.97	1.13	0.11	1.33	2.07	99.6
VQP_4G_S5-1	75.26	0.56	10.51	1.84	1.39	0.06	0.89	2.34	2.22	1.5	0.11	1.95	3.61	100.3
VQP_4G_S10-1	67.37	0.46	8.26	0.32	1.55	0.08	2.62	6.79	1.27	1.32	0.12	1.89	5.35	99.76
VQP_4G_S13-2	73.1	0.47	11.02	2.34	1.87	0.11	1.13	1.95	2.35	1.48	0.11	2.42	3.85	99.78
VQP_4G_S14-1	73.53	0.53	12.08	1.52	1.51	0.05	0.88	2.48	1.86	0.11	2.28	3.59	99.83
VQP_4G_S22-1	72.56	0.63	13.56	1.09	2.58	0.05	1.29	0.45	2.52	2.32	0.14	2.21	2.79	99.95
VQP_4G_S24-1	72.42	0.66	13.01	1.26	2.79	0.02	1.47	0.49	2.7	1.73	0.11	2.47	3.03	99.73
VQ168-1	69.7	0.58	10.97	0.95	2.43	0.05	1.56	4.28	1.69	1.53	0.14	1.97	5.56	99.44
VQ163-1	69.59	0.53	12.4	1.87	2.82	0.11	1.54	1.55	2.18	1.45	0.14	2.15	5.74	99.93

表 2-5 巴颜喀拉山群的微量元素含量($\times 10^{-6}$)

样品编号	Sr	Rb	Ba	Th	Zr	Hf	Sc	Cr	Co	Ni	V	Cs	Ga	U	La	Cu	Pb	Zn	Yb	Y	Ti	W	Mo	Nb	Ta
VQP_3DY2-1	109	50	266	7.3	187	4.6	7	36.2	13.9	28.6	61.3	9	11.1	2.1	26.8	15.5	17.9	58.1	2.1	18.9	2515	0.86	0.3	8.7	0.4
VQP_3DY3-1	127	80	430	8.8	201	5.4	9.7	45.2	14.1	29.4	78.9	5.7	12.1	3.1	30.4	17.9	31.8	69.6	2.4	20.8	3126	1.17	0.54	9.2	1.1
VQP_3DY5-1	126	53	295	8.4	301	7.5	8.4	56.5	8.7	20.6	70.1	6.7	13.1	1.7	34.6	10.2	9.8	83.7	2.3	19.8	3074	1.13	0.26	10	0.4
VQP_3DY6-1	126	59	421	7.7	181	4.7	8.1	43.3	9.6	21.5	66.1	6.3	11.2	2.1	27.7	9.1	24.1	63.3	2	17.7	2638	0.9	0.47	9.1	0.4
VQP_3DY9-1	107	68	397	8.4	229	5.5	8.6	45.8	12.3	23.4	78.1	7	12.5	3.2	31.4	15.6	5.1	43.5	2.4	20.7	3123	1.13	0.38	9.6	0.8
$VQP_3DY10-1$	124	59	284	7.3	178	4.3	7.9	38.4	8.8	20.4	63.6	6	11.6	2.2	27.3	13.2	24.2	63.3	2	19.4	2500	0.98	0.36	7.9	0.6
$VQP_3DY11-2$	75	55	215	7.1	259	5.9	6.6	29.6	12	23.6	63.1	10.1	9.2	2.2	14.2	20.5	66.9	2.1	18	2239	0.86	0.7	8	0.5
$VQP_3DY14-1$	61	123	384	11.2	268	7.2	9.8	70.8	11.3	29.5	106.8	14	14.4	3.4	37.8	23.6	19.8	82.7	2.8	24	3543	1.51	0.84	12.6	0.4
$VQP_3DY15-1$	99	52	307	8.8	329	8.5	8.7	55.5	10	20.7	70.9	6.7	11.5	2.3	34.5	9.9	9.6	47.7	2.5	21	3176	1.17	0.3	9.4	1.4
$VQP_3DY16-1$	58	34	124	4.6	172	4.3	4.5	27.4	5.5	12.2	38.3	13	6.7	1.5	15.7	5.8	24.5	41.2	1.5	11.9	1419	0.55	0.3	5	0.4
$VQP_3DY17-1$	100	58	311	11.1	426	10.5	9.1	57.9	13.2	25	83.7	6.7	11.7	2.7	40.4	13.3	30.4	44.9	2.8	21	3936	1.47	0.53	10.7	0.8
$VQP_3DY18-1$	92	73	330	8.1	208	5.7	9.6	42.1	12.8	25.9	82.1	16	14.3	2.9	30.7	15.2	13.7	68	2.5	20.7	3204	1.17	0.3	9.5	0.8
$VQP_3DY19-1$	105	57	294	7.7	287	6.8	8.2	69.4	9.7	22.9	75	6	13.3	1.7	31.8	12.1	23.4	58.7	2.2	17.3	3104	1.24	0.3	9.2	0.9
$VQP_3DY20-1$	139	64	285	8.5	330	8.7	8.5	66.6	10.7	22.2	74.2	5.3	10.9	2.4	33.3	12.1	17.6	64.8	2.4	19.8	3133	1.21	0.39	9.2	0.5
$VQP_3DY22-1$	229	52	232	7.8	282	7.1	7	43.6	10	19.8	62.8	7.3	10.2	2.6	32	9.2	15.9	53.8	2.2	18.5	2689	0.9	0.45	7.8	0.6
$VQP_3DY24-1$	76	53	240	6.6	163	4.3	5.9	25.6	7.1	19.8	59.8	4.7	10.4	1.8	24.5	17.7	6.8	32.7	1.8	15.6	2029	0.71	0.26	7.3	0.9
$VQP_3DY24-2$	153	65	319	7.8	148	4	7.7	29.2	10.2	29.8	70.6	3.3	10.5	2	28.4	22.5	15.9	59.5	2.1	18.6	2200	1.05	0.24	8.9	1.1
VQP_4DY0-1	71	23	162	9	756	17.7	4.1	52.2	5.5	9.5	40.7	5	6.8	2.5	24.8	8.7	10.2	38.8	2.8	21.1	1838	0.94	0.35	7.4	0.4
VQP_4DY1-1	98	64	230	4	76	2.4	3.9	7.6	4.3	15.6	8.3	19.9	0.9	11.1	4.7	22.6	35.4	0.4	3.7	792	0.4	0.17	7.8	0.4
VQP_4DY2-1	63	35	187	7.1	423	10.3	5.4	37.9	9.3	17.7	53.9	5	9.2	1.9	22.5	12.6	14.3	59.1	2.2	16.4	1968	0.82	0.38	6.8	0.4
VQP_4DY4-1	96	55	328	6.7	232	5.9	7.1	40.2	8.5	15.2	59.5	3.2	12.1	2.5	28.8	9.6	25	50.5	2	16.8	2385	0.86	0.64	7.4	0.4
VQP_4DY5-1	123	47	329	7.5	258	6.6	7.6	39.5	9.4	19.2	63.7	3.7	11.9	2.6	30.1	11.3	12.7	51.8	2	18	2619	0.94	0.33	7.9	0.4
VQP_4DY9-1	71	35	189	5.2	207	5.6	5.9	34.3	9.1	20.4	53.9	5.3	9.3	1.9	19.3	12.1	14.4	54.6	1.7	12.9	1913	0.67	0.36	6.6	0.7
$VQP_4DY10-1$	86	52	254	8.8	261	6.8	7.9	40.8	10	22.9	79.8	5.3	11.9	2.6	28.1	15.2	15.9	72.2	2.8	26.1	3125	1.36	0.54	10.6	0.7
$VQP_4DY12-1$	107	43	643	9.6	404	9.8	9	65	11.9	25.6	85.5	7.7	13.4	2.6	38.7	15.5	26.1	68.2	3	18.9	3584	1.21	0.29	9.9	0.8
$VQP_4DY13-1$	94	97	374	10.4	178	4.7	12.3	50.6	18.4	39.7	115.9	7.3	17.7	3.2	30	25.8	29	152.3	2.8	24.6	3554	1.44	0.82	11.4	0.4
$VQP_4DY13-2$	191	45	283	5.9	166	4.7	7.3	35.8	10.9	24.2	59.3	3.7	13.7	2.2	24.8	11	24.6	55.2	1.9	17	2308	0.86	0.53	6.7	0.8

续表 2-5

样品编号	Sr	Rb	Ba	Th	Zr	Hf	Sc	Cr	Co	Ni	V	Cs	Ga	U	La	Cu	Pb	Zn	Yb	Y	Ti	W	Mo	Nb	Ta
VQP$_4$DY14-1	99	55	329	7.4	207	5.3	8.5	51.2	10.3	24.8	73.3	6.7	15.9	1.9	28.9	16.8	32.3	50	2	16.2	2743	1.01	0.32	8.2	0.7
VQP$_4$DY16-1	103	46	275	7.1	222	6.7	6.3	27.1	8.3	19.6	61.8	11	10.5	1.9	24.6	13	17.8	55.7	2.2	19.9	2415	0.98	0.38	8.1	0.4
VQP$_4$DY17-1	101	65	293	8.3	184	5.2	8.9	36	9.1	22.8	83.8	6.7	14.1	2.6	28.2	17	14.6	91.1	2.5	22.6	2953	1.24	0.38	9.6	1
VQP$_4$DY18-1	90	41	230	6.5	177	6.9	6.9	38.7	9.4	20.2	61.9	6.7	12.8	1.9	25.1	13.9	10.1	42.4	1.9	16.3	2338	0.86	0.39	6.2	0.4
VQP$_4$DY19-1	726	41	482	7.8	209	5	6.3	7	6.2	15.6	50.2	6.7	6.9	1.8	29.9	11.7	11.8	48.1	2	18	1927	0.78	0.32	7.4	0.4
VQP$_4$DY20-1	231	45	253	8.7	198	5.5	7.1	17.1	6.4	16	58	11	9.2	1.9	28.7	14	15.2	55.8	2.4	23.3	2208	1.13	0.35	8.6	0.7
VQP$_4$DY21-1	115	77	361	9.1	143	4.6	10.4	31	10	28.1	84.9	5.3	11.7	2.5	31.6	20.2	22.6	61.2	2.7	25.9	3083	1.44	8	10.8	0.6
VQP$_4$DY22-1	83	48	318	9.6	273	8.4	9.6	76.1	9.5	25.1	77.8	5.7	16.5	2.2	35.3	13.9	5.6	65	2.5	22.6	3218	1.17	0.27	9.2	0.7
VQP$_4$DY23-1	210	55	277	9.9	224	7.3	8.1	49.9	6.5	19.8	64.5	9	8	3.3	35.7	11.7	14.2	42.5	2.5	23.7	2376	1.05	0.36	9.5	0.9
VQP$_4$DY23-2	169	65	344	9.1	168	4.9	9.5	29.5	9.5	25.5	76.4	4	11.6	2.6	32	19.7	18.3	67.2	2.4	21.2	2499	1.28	0.53	10.4	0.4
VQP$_4$DY24-1	118	58	361	8.4	221	6.4	9.7	48.9	10.7	21.6	80.4	8.3	16.6	2.4	31.3	16.2	6.3	47.8	2.5	22.2	3219	1.21	0.5	9.3	2.9
VQP$_4$DY25-1	109	65	405	10.4	337	9.4	10.4	53.6	9.3	21.8	81.2	6.7	13.3	1.9	38	10.2	16	71.2	2.9	25.8	3317	1.47	0.71	9.6	0.6
VQP$_4$DY27-1	133	65	365	10.5	219	5.3	8.7	43.2	7.5	16.9	67.7	8.3	11.2	2.1	35.5	13.5	12.1	54.2	2.4	21.6	2302	0.94	0.33	8.7	0.9
VQP$_4$DY27-2	102	65	319	11.9	403	11.1	11.5	63.3	12.1	18.8	89.5	11	14.6	2.2	43.1	15.9	18.3	70.1	3	26.8	3159	1.47	0.5	9.6	0.4

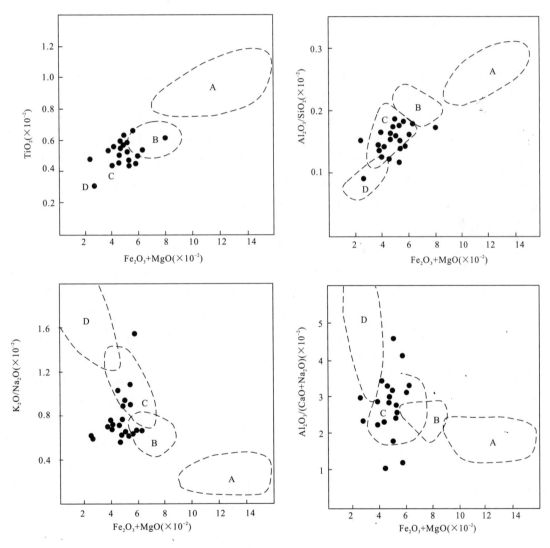

图 2-24 巴颜喀拉山群砂岩主量元素化学成分分布图

(据 Bhatia,1985)

A. 大洋岛弧;B. 大陆岛弧;C. 安第斯型大陆边缘;D. 被动大陆边缘

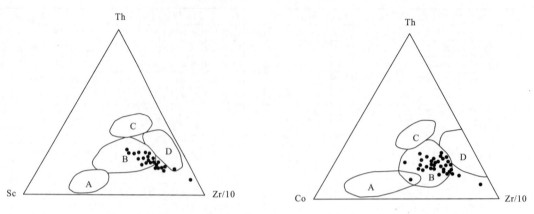

图 2-25　巴颜喀拉山群(TB)砂岩微量元素 Th-Sc-Zr/10 和 Th-Co-Zr/10 图解

(据 Bhatia,1985)

A.大洋岛弧;B.大陆岛弧;C.活动大陆边缘;D.被动大陆边缘

二、巴塘群

青海省区测队(1970)在 1∶100 万玉树幅(I-47)区域地质调查报告书中,依据玉树县巴塘乡出露较好的一套晚三叠世地层创名巴塘群,由下部碎屑岩、上部火山岩和碳酸盐岩两个组组成。同年又在上述报告书中将其划分为下部碎屑岩、中部火山岩(碳酸盐岩)和上部碎屑岩,即此,成为巴塘群三分方案的基础。青海省地层编写小组(1980)取消了巴塘群,统归结扎群。青海省地研所编图组(1981)保留了巴塘群,并仍沿用上述三分方案。青海省第二区调队(1986)在 1∶20 万治多县幅(I-46-[24])区域地质调查报告书中认为,上部碎屑岩之上还有一套碳酸盐岩,据此将巴塘群四分。赵荣理(1982)又将巴塘群五分,但未推广应用。青海省第二区调队(1986)在 1∶20 万玉树县幅(I-47-[26])区域地质调查报告书中,将通天河两岸的晚三叠世地层命名为克南群,并分为下部碎屑岩、中部火山岩与碳酸盐岩及上部碎屑岩 3 个岩组,将巴塘群限制在玉树-相古大断裂以南。陈国隆、陈楚震(1990)恢复原始巴塘的分布范围,并持三分观点。青海省地矿局(1991)在《青海省区域地质志》中,将巴塘群(未分)限制在唐古拉山东北缘,而克南群(未分)划分为玉树—中甸地层分区。1997 年《青海省岩石地层》沿用巴塘群(建议停用克南群),维持原始巴塘群的分布范围,且暂按三分方案(非正式),并定义为:"指分布于西金乌兰湖—玉树地区,由碎屑岩、火山岩和碳酸盐岩组成的地层。未见底、难见顶,局部见与风火山群等不整合接触。含双壳类、头足类和腕足类等化石。"同时暂选用青海省区测队(1970)测制的治多县多采乡—罗江曲剖面作为本群的选层型(创名时未指定层型)。

测区内分布于达春加族—俄日邦陇一线以南,夏俄巴—向钦多格勒—群曲公过以北,呈一东宽西窄喇叭形区域内,据岩性组合方式、所处层位、延展性及可填图性,并参照《青海省岩石地层》(1997)的划分方案,将其分为下组(T_3B_1)、中组(T_3B_2)及上组(T_3B_3)3 个非正式组级单位,并根据岩性组合将中组(T_3B_2)进一步划分出两个段:下段($T_3B_2^a$)以碳酸盐岩为主;上段($T_3B_2^b$)为碎屑岩夹火山岩。各组、段地层均呈条带状,走向北西西或北西。

1. 剖面描述

(1)青海省玉树藏族自治州治多县索加乡牙涌赛岗老拉巴塘群(T_3B)地层实测剖面(VQP_5)见图 2-26。

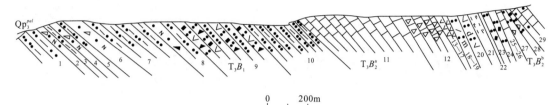

图 2-26 青海省玉树藏族自治州治多县索加乡牙涌赛岗老拉巴塘群(T_3B)地层实测剖面(VQP_5)

巴塘群中组火山岩段($T_3B_2^v$)	**>479.96m**
29. 深灰色薄层状粉砂屑泥晶灰岩(向斜核,未见顶)	>104.15m
28. 灰绿色片理化晶屑岩屑凝灰岩	18.94m
27. 灰绿色薄层状—中厚层状轻变质玻屑晶屑凝灰岩夹灰—深灰色薄层微晶灰岩及燧石条带	22.14m
26. 灰色薄层状砂屑微晶—泥晶灰岩夹灰绿色薄层状玻屑凝灰岩	16.37m
25. 灰绿色绢云绿泥石千枚岩	14.44m
24. 浅灰绿色片理化轻变质玻屑晶屑凝灰岩夹生物屑砂屑微晶灰岩透镜体	53.3m
23. 灰绿色片理化轻变质玻屑凝灰岩	21.97m
22. 灰绿色晶屑玻屑凝灰岩	13.98m
21. 灰绿色绿泥绢云母千枚岩偶夹厚层状微晶灰岩	57.97m
20. 灰绿色片理化蚀变中酸性火山岩	34.5m
19. 灰绿色薄层状玻屑沉凝灰岩	38.87m
18. 灰绿色流纹质熔结凝灰岩	26.81m
17. 灰黑色薄层状粉屑微晶灰岩夹燧石条带灰黄色薄层状玻屑沉凝灰岩	18.77m
16. 灰绿色玻屑凝灰岩	9.81m
15. 灰绿色薄层—中层状蚀变片理化安山岩	5.93m
14. 灰白色薄层状含生物屑微晶灰岩	15.24m
13. 灰绿色片理化蚀变安山岩	6.77m
——————整 合——————	
巴塘群中组碳酸盐岩段($T_3B_2^c$)	**604.64m**
12. 灰黑色中厚层状片理化角砾状灰岩夹灰黑色中层状微晶灰岩	145.29m
11. 灰黑色中厚层状微晶灰岩	459.35m
——————整 合——————	
巴塘群下组(T_3B_1)	**>894.79m**
10. 灰紫色片理化粘土质粉砂岩	219.94m
9. 灰绿色中厚层状片理化岩屑晶屑凝灰岩夹灰紫色片理化岩屑晶屑凝灰岩及薄层状片理化粉砂岩	227.46m
8. 紫灰色中厚层状细粒长石岩屑砂岩夹灰紫色泥质粉砂岩	87.88m
7. 灰紫色片理化粘土质粉砂岩夹灰绿色片理化轻变质粘土岩及少量灰绿色岩屑长石砂岩	203.54m
6. 浅灰紫色中厚层状长石岩屑砂岩夹灰绿色薄层—中层含砾中细粒长石岩屑砂岩	54.04m
5. 灰紫色粘土质粉砂岩夹灰绿色薄层—中层状细粒状长石岩屑杂砂岩	26.64m
4. 浅灰绿中厚层状中细粒岩屑长石砂岩	11.3m
3. 灰紫色含砾含粉砂质粘土岩	16.8m
2. 灰绿色细粒长石岩屑杂砂岩	19.43m
1. 灰紫色粘土质粉砂岩(第四系覆盖,未见底)	>27.76m

(2)青海省玉树藏族自治州治多县扎河乡若侯涌晚三叠世巴塘群上岩组(T_3B_3)实测地质剖面(VQP_9)见图2-27。

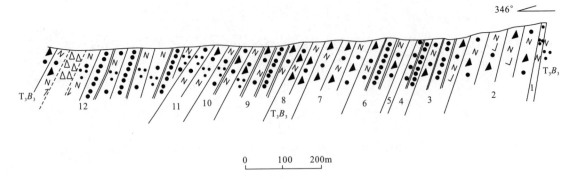

图2-27 青海省玉树藏族自治州治多县扎河乡若侯涌晚三叠世巴塘群上岩组(T_3B_3)实测地质剖面(VQP_9)

巴塘群上岩组(T_3B_3)	>527.19m
12. 灰色细粒长石石英砂岩（断层破坏，未见顶）	>17.23m
11. 灰黑色薄层状粉砂质板岩夹深灰色细粒长石石英砂岩	92.62m
10. 深灰色长石石英砂岩	27.10m
9. 灰色细粒岩屑石英杂砂岩夹灰白色中细粒长石石英砂岩、灰黑色粉砂质板岩	29.27m
8. 灰褐色粉砂质板岩夹灰色细粒岩屑长石砂岩	78.30m
7. 灰色凝灰质细砂岩与灰黑色粘土质粉砂岩互层	27.27m
6. 灰黄色细粒长石岩屑砂岩	56.50m
5. 灰黑色薄层状片理化粉砂质板岩夹灰色中厚层状细粒长石岩屑杂砂岩	43.77m
4. 灰黄色细粒长石岩屑杂砂岩	10.39m
3. 灰黑色片理化粉砂质板岩	22.36m
2. 灰黑色粉砂质板岩夹灰色中薄层状中粒岩屑长石砂岩	50.81m
1. 灰色钙质不等粒长石岩屑砂岩（未见底）	>49.71m

————————————断　层————————————

巴塘群上岩组(T_3B_3)　灰色薄层状粉砂质细粒岩屑长石砂岩夹灰色薄层状粉砂岩

2. 地层综述

测区内巴塘群南、北侧分别与结扎群、巴颜喀拉山群呈断层接触。南界断裂带中混杂有九十道班组灰岩，北界附近混杂有通天河蛇绿构造混杂岩碳酸盐岩组。

巴塘群区域上沿西金乌兰湖—玉树县巴塘呈带状分布，整个区域上岩性纵向、横向变化大，碎屑岩、灰岩和火山岩互为消长，前人对该套地层划分方案争论较多，未能正式建组，本次工作后，依然发现图区内该地层在较小的范围内岩性、岩相变化相当快，地层横向延展性差，总的特点是上、下以碎屑岩为主，中部以碳酸盐岩和火山岩为主。

巴塘群下组(T_3B_1)：图幅内仅分布于牙曲北岸，出露面积较小，向东延伸至图外。岩性为灰紫色片理化粘土质粉砂岩、长石岩屑（杂）砂岩夹少量灰紫色、灰绿色岩屑杂砂岩，未见底，砂岩底部常含1%～10%粉砂岩砾石，局部有砾岩的透镜体，发育正粒序层理及平行层理。区域上该组由东南向西北，沉积厚度变薄，颗粒成熟度有降低，地层时代有从Carnan期逐渐穿时至Norian期的趋势，夹少量灰岩和火山岩，沉积环境由东南的滨浅海向西北转变为半深海，图幅内出露的为该组的西段部分。

巴塘群中组下段($T_3B_2^a$)：分布于牙曲两岸和章岗日松一带，岩性为灰色、灰黑色、灰白色中厚层状微晶灰岩和碎裂块状灰岩，灰岩中含生物碎屑。该段横向上层位不稳定，与火山岩和碎屑岩互为相变、互为消长，在牙曲南岸呈厚度巨大的透镜体，向两侧逐渐转变为与火山岩、碎屑岩互层状。

巴塘群中组上段($T_3B_2^b$)：分布于达春加族、纳吉涌、区柔曲下游。夏日那贡涌一带，呈北西西向条带状分布。其岩性为片理化蚀变安山岩、晶屑玻屑岩屑凝灰岩夹中薄、中厚层状含生物屑微晶灰岩(透镜体),夹中细粒岩屑长石砂岩,局部见鲕粒状灰岩。火山岩属钙碱性系列。火山岩段横向上厚度及出露的层位也十分不稳定,局部地段形成火山盆,多数地段为火山岩夹层。

巴塘群上组(T_3B_3):仅分布于达春加族—俄日帮陇一线,成条带状近东西向展布。其岩性为灰色中细粒长石石英砂岩、灰黄色中细粒长石岩屑砂岩、灰黑色粉砂质板岩及少量岩屑石英砂岩和灰黑色粘土质粉砂岩。砂岩中有黄铁矿晶体,发育槽模及水平层理。前人将该地层一直延伸至苟鲁山克措以北,本次工作后,在该段地层中未能发现化石,发现苟鲁山克措以北为一套片理化极强的韧性变形的岩石,因此,将苟鲁山克措以北片理化强的岩石暂时归到通天河蛇绿构造混杂岩碎屑岩组当中。

3. 沉积环境

巴塘群下组(T_3B_1):沉积构造发育正粒序层理及平行层理;下组砂岩、粉砂岩的长石含量在15%～25%之间,石英含量在20%～62%之间,岩屑含量较高在10%～64%之间,多数在50%以上,岩屑由酸性火山岩、变质岩及少量安山岩组成。在矿物组分分布三角图上落入岩浆弧物源区(图2-28),结合微量元素Th-Sc-Zr/10和Th-Co-Zr/10图解可以推断巴塘群下组物源来自陆源岩浆弧;下组砂岩、粉砂岩的杂基含量在3%～42%之间,普遍较高,碎屑颗粒分选性较差至较好,多呈棱角状—次棱角状,磨圆度差,粒度参数特征:平均值为2.36～4.75Φ,标准差为0.87～1.05,偏度为0.58～1.17,尖度为0.17～2.14,峰态宽缓圆滑。粒度分布累积概率曲线图(图2-29)上,3个样品各自形成了不同的曲线形态,细粒长石岩屑杂砂岩表现为典型的浊流沉积特点,悬浮总体占到30%以上,斜率小,分选性差,与跳跃总体之间混合现象明显,跳跃总体斜率大,分选性好,具有典型的海底扇的粒度分布特征;中细粒岩屑长石砂岩粒度分布由悬浮总体和跳跃总体构成,二者之间的截点在3.2Φ左右,悬浮总体分选性差,缺乏滚动总体,具有河流的沉积特征;含砾中细粒长石岩屑砂岩的粒度区间宽,样品由比例约占10%的滚动总体和5%左右的悬浮总体及跳跃总体构成,滚动总体粒度分布宽,区间为-2～1.3Φ,斜率较小,分选性较差,跳跃总体斜率较大,分选性较好,区间为1.3～3.1Φ,悬浮总体斜率较小,分选性较差,与波浪带或潮三角洲沉积环境的粒度分布特征可以对比;区域上下组地层中产海相的双壳类、菊石等化石。综合以上各种反映沉积环境的证据可以推测,巴塘群下组的沉积环境为陆源岩浆弧一侧的具有一定坡度的浅海—半深海斜坡地带,总体为一套浅海—半深海相复理石沉积。

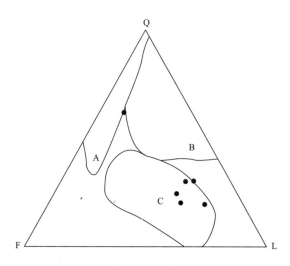

图2-28 T_3B_1组砂岩碎屑矿物组分分布三角图
A.克拉通物源区;B.再旋回造山带物源区;C.岩浆弧物源区

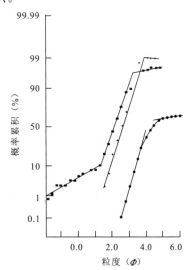

图2-29 T_3B_1组砂岩概率累积粒度分布曲线图

巴塘群中组下段($T_3B_2^a$):岩性为灰色、灰黑色、灰白色中厚层状微晶灰岩和碎裂块状灰岩;灰岩中含生物化石腕足类 *Omolonella* cf. *omolonensis* Moisseiev,*Omolonella cephaloformis* Sun,*Yidunello yunnanensis* (Jin et Fang),*Pexidella strohmayeri* Suess,*Koninckina minor* Xu,*Koninckina alala* Bittner,这些生物的生活环境为温暖的浅海,以上两点可以证明该段地层的沉积环境、沉积相为滨、浅海相碳酸盐岩台地(图 2-30)以及台地前缘斜坡相。

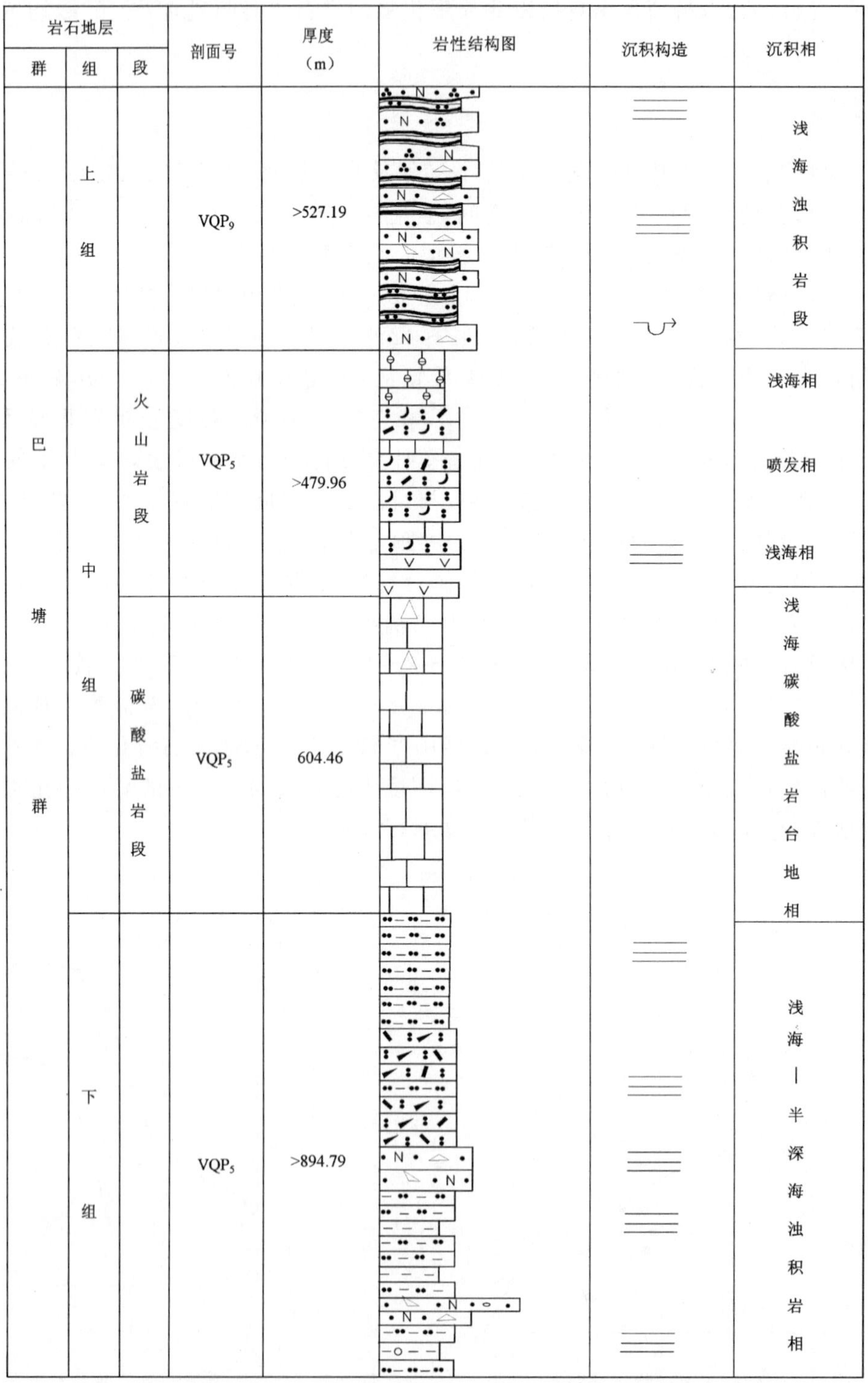

岩石地层			剖面号	厚度(m)	岩性结构图	沉积构造	沉积相
群	组	段					
巴塘群	中组	上组	VQP_9	>527.19			浅海浊积岩段
		火山岩段	VQP_5	>479.96			浅海相 / 喷发相 / 浅海相
		碳酸盐岩段	VQP_5	604.46			浅海碳酸盐岩台地相
	下组		VQP_5	>894.79			浅海—半深海浊积岩相

图 2-30 巴塘群层序特征及沉积相

巴塘群中组上段($T_3B_2^b$):岩性为片理化蚀变安山岩、晶屑玻屑岩屑凝灰岩夹中薄、中厚层状含生物屑微晶灰岩(透镜体),夹中细粒岩屑长石砂岩,局部见鲕粒状灰岩。火山岩属钙碱性系列,总体为一套火山弧型火山质复理石沉积,鲕粒状灰岩代表了水动力较强的滨浅海环境。

巴塘群上组(T_3B_3):砂岩中有黄铁矿晶体,发育槽模及水平层理,表明形成于还原环境;上组砂岩、粉砂岩的长石含量在3%~40%之间,一般在10%~25%之间,石英含量在45%~83%之间,由下至上有增多的趋势,岩屑含量在6%~36%之间,岩屑以酸性火山岩、变质岩为主,还有灰岩。在矿物组分分布三角图上落入再旋回造山带物源区(图2-31);砂岩、粉砂岩的杂基普遍较高,多数含量在10%~16%之间,碎屑颗粒分选性从下部向上由较差逐渐过渡到较好,多呈棱角状—次棱角状,磨圆度很差,粒度参数特征:平均值为3.38~3.49Φ,标准差为0.76~0.82,偏度为0.11~0.80,尖度为3.04~4.86,峰态较窄。粒度分布累积概率曲线图(图2-32)上,两个样品均由悬浮总体和跳跃总体构成,二者之间的截点在4.2Φ左右,悬浮总体斜率较大,分选性好或中等,缺乏滚动总体,样品的跳跃总体斜率较大,分选性较好,一个样品的跳跃总体有截断,可以与三角洲支流河道环境的粒度特点对比;区域上该组地层中产双壳类及大量的植物化石碎片。综上所述,巴塘群上组总体为一套浅海斜坡相复理石沉积,沉积环境为三角洲—滨浅海。

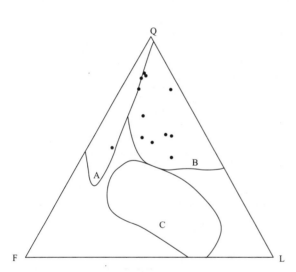

图2-31 T_3B_3组砂岩碎屑矿物组分分布三角图
A.克拉通物源区;B.再旋回造山带物源区;C.岩浆弧物源区

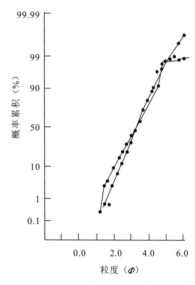

图2-32 T_3B_3组砂岩概率累积粒度分布曲线图

4. 时代讨论

本次工作在巴塘群中组碳酸岩段中采到了丰富的腕足类化石 *Rhaetina taurica* Moisselev,*Koninckina elegantula* (Bittner),*Omolonella* cf. *omolonensis* Moisselev,*Omolonella cephaloformis* Sun,*Yidunella yunnanensis* (Jin et Fang),*Pexidella strohmayeri* Suess,*Koninckina minor* Xu,*Koninckina alala* Bittner。时代为晚三叠世晚期。

若侯涌一带巴塘群上组中获取到孢粉化石 *Cyathidites* sp.,*Limatulasporites* sp.,*Pinuspollenites* sp.,*Cycadopites* sp.。其中 *Limatulasporites* sp. 是二叠纪和三叠纪最常见的属,其他分子组合反映出晚三叠世的特点。

以上化石特征综合反映出该地层时代为晚三叠世晚期。

5. 微量元素

巴塘群上、下两段碎屑岩微量元素最大的区别在于 Sr/Ba 比值,下段的 Sr/Ba 比值范围在 0.05～0.24 之间,上段砂岩的 Sr/Ba 比值范围在 0.25～0.68 之间,微量元素含量见表 2-6 和表 2-7。下段碎屑岩中,Sr、Cr、Cu、Pb、Mo 的含量与地壳丰度值相比含量较低,其余微量元素含量与上陆壳丰度相近。下段砂岩中 Sr、Cr、Ta、Nb、Cu、W、Mo 含量低于陆壳的元素丰度,其他微量元素的含量皆和上陆壳元素丰度相近,证明物源来自陆壳上部。在 Th-Sc-Zr/10 和 Th-Co-Zr/10 图解中投点,下段样品基本落入大陆岛弧物源区(图 2-33),上段与西侧邻幅苟鲁山克措组上段的特点相似(图 2-34),亦为一条从大陆岛弧向被动大陆边缘过渡的趋势线。说明物源区以大陆岛弧为主,也有少量可能来自被动大陆边缘。

表 2-6 巴塘群下组的微量元素含量($\times 10^{-6}$)

样品编号	Sr	Rb	Ba	Th	Ta	Nb	Zr	Hf	Sc	Cr	Co	Ni	V	Cs	Ga	U	La	Cu	Pb	Zn	Yb	Y	Mo
VQP$_5$DY1-1	64	173.7	693	13.3	1.5	20.1	209	5	12.1	22.5	10.7	18.3	97.9	8.5	18.3	3.1	34.9	6.2	11.8	53.4	3.5	27.7	0.15
VQP$_5$DY2-1	96	137.4	530	15.5	0.9	14.8	233	6.2	13.3	25.4	17.3	20.4	84.7	6.7	20.6	5.8	34	171.2	4.4	64.7	4	32	2.17
VQP$_5$DY3-1	79	130.1	498	13	1.5	18.1	284	8	10.7	33	12.4	21.7	78.6	7.3	13.7	3.1	36.7	6.8	5.2	42.8	3.5	31.7	0.2
VQP$_5$DY4-1	71	10.2	73	4.4	0.5	4.7	85	1.9	5.1	13.4	6.9	9.6	38	3.2	5.2	1.5	18.4	4	0.6	27.6	1.4	16.1	0.15
VQP$_5$DY5-1	96	86.5	489	10.9	0.7	10.7	213	5.6	7.7	21.6	10.6	11.3	51.4	4.4	11.7	1.6	29.6	5.6	5.9	40.3	2.9	26.5	0.15
VQP$_5$DY6-2	71	46.6	201	10.3	1.2	14.7	169	5.2	6.4	24.7	10.4	15.3	51	4.4	13.7	2.4	32.9	4.2	1.5	63.8	2.4	22.1	0.18
VQP$_5$DY7-1	39	195.5	645	15.5	1.4	16	202	5.8	11.9	18.8	11.4	18.5	79.5	8.5	18.1	2	35	4.8	3.1	52.9	3.5	31.8	0.14
VQP$_5$DY7-2	37	159.2	735	12.4	1.2	15.4	154	3.6	15.4	30.2	14.5	24	116.1	9.1	22.2	2.2	36.1	6.9	2	84.2	3.1	28.7	0.16
VQP$_5$DY8-1	58	28.4	657	5.5	0.5	5.2	102	2.7	9.2	10.8	4.9	7.5	31.3	3.2	8	1	19.9	3.5	4	26.8	1.4	13.7	0.2
VQP$_5$DY9-1	57	35.7	234	7	0.5	3.8	98	2.8	2.9	9	4.5	3.8	20.4	2.6	7.5	2.5	23.9	4.2	2.8	28.2	1.3	12.7	0.1
VQP$_5$DY9-2	49	39.3	213	5.1	0.5	3.6	90	2.2	2.9	10.8	4.1	5.5	20.7	2	7.3	1	18.1	3.9	3.5	19.5	1.1	11.1	0.09
VQP$_5$DY10-1	98	130.1	658	12.6	1.2	17.4	226	5.6	11.2	26.6	10.9	18.6	81.9	8.5	16	3.2	35.7	7.3	11.9	73	3	28.4	0.2
丰度值 1*	130	2.2	225	0.22	0.3	2.2	80	2.5	38	270	47	135	250	30	17	0.1	3.7	86	0.8	85	5.1	32	1
丰度值 2*	350	112	550	10.7	2.2	25	190	5.8	11	355	10	20	60	3.7	17	2.8	30	25	20	71	2.2	22	1.5
丰度值 3*	230	5.3	150	1.06	0.6	6	70	2.1	36	235	35	135	285	0.1	18	0.28	11	90	4.0	83	2.2	19	0.8

注:1* 为洋壳元素丰度;2* 为上陆壳元素丰度;3* 为下陆壳元素丰度(Taylor et al,1985)。

表 2-7 巴塘群上组的微量元素含量($\times 10^{-6}$)

样品编号	Sr	Rb	Ba	Th	Ta	Nb	Zr	Hf	Sc	Cr	Co	Ni	V	Cs	Ga	U	La	Cu	Pb	Zn	Yb	Y	Mo
VQP$_9$DY0-1	142	72	266	10.6	0.8	11.7	407	10.4	7.1	21.8	7.8	16.9	52.3	5.5	11.4	2.4	37	10.1	20.7	45.8	2.5	21	0.22
VQP$_9$DY1-1	158	61.1	233	5.6	0.5	7.5	165	3.9	4.4	16	6.5	15.8	35.8	6.7	9.5	1.6	22.6	9	15.6	38.9	1.5	14.1	0.27
VQP$_9$DY4-1	98	86.5	394	9.4	0.9	12.5	247	7.1	7.3	27.2	10.7	14	20.9	63.6	4.9	1.2	35.2	15.6	24	59.7	1.7	18.1	0.75
VQP$_9$DY5-1	179	72	274	6.2	0.5	9.1	213	3.4	5	15.3	7.3	14.5	42.9	7.9	9.9	0.9	27.5	9.6	11.7	38.9	1.7	15.4	0.17
VQP$_9$DY6-1	172	79	320	6.7	0.5	9	165	3.7	5.6	16.9	8.3	18.2	47.7	5.5	9.9	1.3	26.9	10.4	17	43.7	1.5	14	0.25
VQP$_9$DY7-1	155	126.5	469	10.8	0.7	13.7	221	6.9	10.8	30.6	12.4	26.2	81.9	8.5	15.4	1.1	37	22	23.1	70.9	2.5	22.5	0.36
VQP$_9$DY8-1	79	75.6	299	7.8	0.9	9.4	209	4.8	6.7	25	9.4	22.8	54.6	5.5	10.8	2	27.6	11.8	20.6	55.2	1.9	18.4	0.49
VQP$_9$DY9-1	121	64.7	245	9.4	1.2	11.6	389	11.5	5.2	21.2	9	15.5	45.6	5.5	9.9	1.5	35.5	9	54.1	2.2	20.4	0.37	
VQP$_9$DY9-2	116	68.4	262	7.6	0.9	9.9	316	7.5	4.8	23.7	7.1	14.9	44.6	5.5	9.8	1.4	35.7	7.6	16.9	37	1.6	14.4	0.2
VQP$_9$DY10-1	91	68.4	314	6.9	0.5	9.4	202	4.9	5.2	19.6	7.1	17.2	42.8	6.1	10.4	1.4	29.6	9.6	19.2	52.6	1.8	18.4	0.31
VQP$_9$DY11-1	97	68.4	275	8.5	0.7	9.9	277	5.8	6.3	13.7	43.5	4.4	9.1	1.3	29.5	8.5	14.4	40	2	18.3	0.25		
VQP$_9$DY12-1	94	75.6	306	9.5	0.7	11.9	420	8.3	5.8	25	7.9	16.6	49.8	4.4	10.8	1.3	39.8	8.2	16.6	40.6	2.1	18.9	0.31
丰度值 1*	130	2.2	225	0.22	0.3	2.2	80	2.5	38	270	47	135	250	30	17	0.1	3.7	86	0.8	85	5.1	32	1
丰度值 2*	350	112	550	10.7	2.2	25	190	5.8	11	355	10	20	60	3.7	17	2.8	30	25	20	71	2.2	22	1.5
丰度值 3*	230	5.3	150	1.06	0.6	6	70	2.1	36	235	35	135	285	0.1	18	0.28	11	90	4.0	83	2.2	19	0.8

注:1* 为洋壳元素丰度;2* 为上陆壳元素丰度;3* 为下陆壳元素丰度(Taylor et al,1985)。

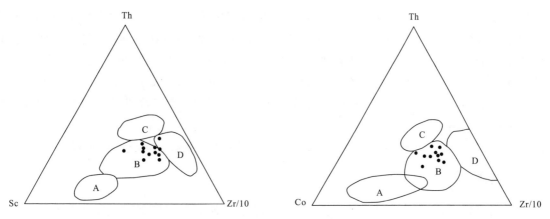

图 2-33　巴塘群下段(T_3B_1)砂岩微量元素 Th-Sc-Zr/10 和 Th-Co-Zr/10 图解

(据 Bhatia,1985)

A.大洋岛弧；B.大陆岛弧；C.活动大陆边缘；D.被动大陆边缘

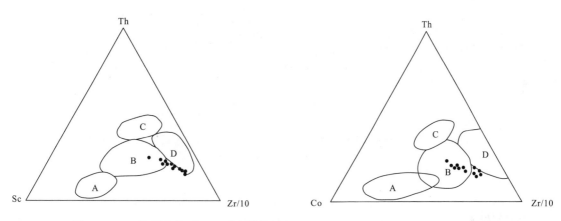

图 2-34　巴塘群上段(T_3B_2)砂岩微量元素 Th-Sc-Zr/10 和 Th-Co-Zr/10 图解

(据 Bhatia,1985)

A.大洋岛弧；B.大陆岛弧；C.安第斯型大陆边缘；D.被动大陆边缘

三、结扎群

结扎群由青海省区测队(1970)创名,原始定义指:"分布于唐古拉山地区,主要由一套滨海至浅海沉积的碎屑岩、碳酸盐岩等组成",分为紫红色碎屑岩组、下石灰岩组、灰色碎屑岩组和上石灰岩组 4 个岩组,角度及平行不整合于二叠系之上,多不见顶,局部可见与侏罗系、白垩系和第三系不整合接触。青海省区测队在创名结扎群的同时,又在 1∶100 万玉树幅区域地质调查报告中认为,在本区不存在上石灰岩组,于是将结扎群由上而下划分为紫红色碎屑岩组、碳酸盐岩组和含煤碎屑岩组 3 个岩组。1997 年《青海省岩石地层》保留结扎群名称,时代下延至中三叠世,并定义为:指分布于唐古拉—昌都地区、超覆于古生代地层或早、中三叠世地层之上、整合于察雅群或不整合于雁石坪群等新地层之下的、由碎屑岩和碳酸盐岩夹少量火山岩组成的地层,上部含煤,富含双壳类、腕足类、头足类和植物等化石,从老到新包括甲丕拉组、波里拉组和巴贡组。

图幅内该群分布于岗齐曲—日阿吾德贤断裂以南,琼扎、沱沱河两岸、索纳敦宰及砸赤扎加等地;地层走向呈北西-南东向展布,地层区划属唐古拉—昌都地层分区。根据岩性组合特征仍依照《青海省岩石地层》将其划分为下部甲丕拉组、中部波里拉组和上部巴贡组。

（一）甲丕拉组(Tjp)

由四川省第三区测队(1974)根据西藏昌都甲丕拉山剖面创建甲丕拉组。马福宝(1984)将其延入青海省的该套地层命名为东茅陇组。陈国隆、陈楚震(1990)将马福宝等的东茅组下部层位改为东茅群,其上的碎屑岩称结扎群 A 组。《青海省岩石地层》(1997)首次引进甲丕拉组,建议停用东茅陇组及东茅群。同时沿用西藏地层清理组给予本组的定义:"主要指超覆于妥坝组页岩、粉砂岩地层及夏牙村组之上的一套红色碎屑岩地层体。层型剖面外局部夹安山岩、石灰岩等,顶界与波里拉组石灰岩地层整合接触,含双壳类、腕足类等。地质时代为中、晚三叠世。"次层型剖面在玉树县上拉秀东茅陇剖面第 1~38 层。

图区内分布于扎苏、琼扎南侧和采白加钦北侧,呈北西西-南东东向条带状展布。

1. 剖面描述

(1)青海省格尔木市唐古拉山乡通天河北扎苏尼通三叠纪甲丕拉组(Tjp)火山岩地层实测剖面(VQP$_1$)见图 2-35。

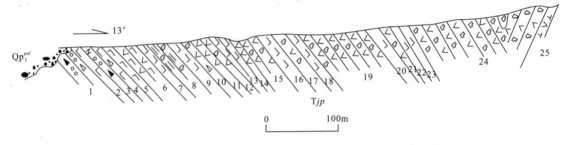

图 2-35 青海省格尔木市唐古拉山乡通天河北扎苏尼通三叠纪甲丕拉组(Tjp)
火山岩地层实测剖面(VQP$_1$)

甲丕拉组(Tjp)	>3 025.65m
26. 浅灰绿色绿泥石化绢云母化玄武安山岩	58.57m
25. 浅灰绿色蚀变玄武安山岩、蚀变玻基安山岩、全蚀变杏仁状玻基玄武岩、蚀变玄武安山岩 绢云母化玄武岩、绿帘石化玄武岩(向斜未见顶)	>1 095.97m
24. 浅灰绿色块状安山岩	37.57m
23. 浅灰绿色块状全蚀变杏仁状玄武质火山集块岩	28.69m
22. 浅灰绿色块状蚀变橄榄玄武岩	66.94m
21. 浅灰绿色块状安山质火山集块岩	541.34m
20. 浅灰绿色安山岩	23.01m
19. 浅灰绿色块状安山质火山集块岩夹浅灰绿色块状安山质火山角砾岩	88.14m
18. 浅灰绿色块状蚀变玄武岩	82.44m
17. 浅灰绿色块状安山质火山集块岩	141.21m
16. 浅灰绿色块状安山岩	31.37m
15. 浅灰绿色块状安山质火山集块岩夹浅灰绿色块状安山质火山角砾岩	106.25m
14. 浅灰绿色蚀变玄武岩	51.41m
13. 浅灰绿色块状安山质火山集块岩	54.91m
12. 浅灰绿褐色蚀变安山岩	17.31m
11. 浅灰绿色块状安山质集块岩夹浅灰绿色蚀变基性含角砾熔岩凝灰岩	142.06m
10. 浅灰绿色蚀变玄武岩	98.56m
9. 浅灰绿色—灰绿色蚀变玄武质火山角砾集块岩、绢云母化绿泥石化杏仁状安山质集块岩	68.18m
8. 浅灰绿色块状蚀变玄武岩	21.58m
7. 褐灰绿色块状蚀变玄武安山岩	158.26m

6. 浅灰绿色块状玄武安山岩	16.92m
5. 浅灰绿色蚀变粗玄岩	4.23m
4. 浅灰绿色块状蚀变玄武岩	33.30m
3. 浅灰紫红色岩屑长石砂岩夹紫红色泥质粉砂岩及浅灰色砂岩	45.27m
2. 浅灰色碳酸盐化杏仁状玄武岩	4.29m
1. 紫红色中厚—厚层状变质细粒含钙质岩屑长石砂岩（第四系覆盖未见底）	>24.49m

（2）前人在图幅西南角牙曲南岸针对甲丕拉组进行了剖面研究,青海省治多县牙曲晚三叠世结扎群甲丕拉组（Tjp）实测剖面见图2-36。

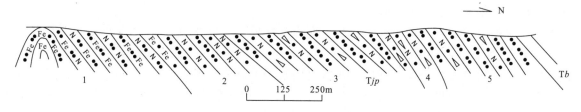

图2-36 青海省治多县牙曲晚三叠世结扎群甲丕拉组（Tjp）实测剖面

波里拉组（Tb） 灰黑色中薄层状粉晶灰岩
——————————整 合——————————

甲丕拉组（Tjp）

5. 紫色粉砂岩夹细粒长石岩屑砂岩	212.52m
4. 紫色细粒长石岩屑砂岩夹粉砂岩	56.73m
3. 紫色粉砂岩夹紫色粉砂质长石岩屑砂岩	420.04m
2. 灰、紫色变中细粒长石砂岩夹紫色粉砂岩	192.09m
1. 紫色含铁质粉砂质细砂岩夹长石石英砂岩（未见底）	>198.77m

2. 岩性组合及横向变化

甲丕拉组下部与二叠纪那益雄组之间为不整合接触关系（图2-37）,波里拉组整合其上。

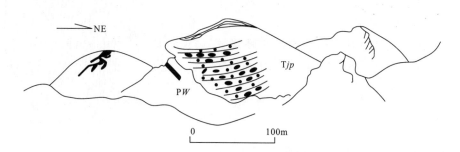

图2-37 晚三叠世甲丕拉组与晚二叠世乌丽群之间的不整合接触关系素描（026点）

区域上甲丕拉组分布广泛,由唐古拉山地区向东南一直延伸至西藏的昌都地区。该地层的颜色、岩性和碎屑颗粒大小等在纵向、横向上变化都比较快,砾岩、砂岩、粉砂岩、页（泥）岩、板岩和灰岩所占的比例各地不一,局部夹火山岩,但其底部有厚度不稳定的复成分砾岩,具有由下而上、由粗变细的正粒序旋回特征。测区内甲丕拉组的特征基本上和区域特征一致,但火山岩较发育。

测区内的甲丕拉组横向上岩性变化较大,扎苏一带底部为灰白色和黄灰色厚层状复成分砾岩、砂砾岩夹含砾中粗粒砂岩,向上砾石逐渐减少,转变为紫红色、灰白色及浅灰色岩屑砂岩、粉砂岩,上部为玄武岩、玄武安山岩、安山岩、安山质火山角砾岩、安山质集块岩夹紫红色、灰紫色岩屑长石砂岩及灰岩薄层;向东至尼多通瑙一带,以灰绿色凝灰岩和熔岩为主,局部火山岩下部见灰绿色、灰白色砾岩、含砾砂岩。

图幅南部冬日日纠一带以灰色、灰绿色中厚层状岩屑长石砂岩、岩屑石英砂岩为主,夹少量灰黑色粉砂岩及泥晶灰岩透镜体。该条带延至莫曲河东侧,岩性为褐黄色中层状中细粒长石砂岩夹灰黑色钙质粉砂岩,之上出露较多暗紫色玄武岩。

图幅东南角牙包查依涌上游南侧为紫红色粉砂岩、紫红色含铁质粉砂细砂岩夹紫红色中细粒长石石英砂岩及细粒长石岩屑砂岩。

西侧沱沱河幅多尔玛及瑙多卓柔地区下部为灰绿色复成分变质砾岩、灰绿色中粒岩屑砂岩、灰绿色长石石英砂岩、浅灰色岩屑长石砂岩夹粉砂岩,上部为安山岩、蚀变玄武岩、含角砾凝灰岩及蚀变粗玄岩等。灰绿色复成分变质砾岩与灰绿色中粒岩屑砂岩构成正粒序层。

沱沱河幅东图边囊极一带为灰绿色粗安岩、灰绿色含角砾晶屑岩屑凝灰岩、灰绿色凝灰熔岩、灰绿色中基性火山角砾岩、灰紫色蚀变英安岩等。

沱沱河幅的帮可钦一带为灰绿色长石石英砂岩、灰紫色岩屑长石砂岩—细砂岩—泥质粉砂岩韵律层,砂岩中发育平行层理和小型交错层理。

沱沱河幅的玛章错钦东侧一带下部为浅灰绿色砾岩、浅灰绿色含砾砂岩,向上转变为灰紫色、浅灰色中厚层状中细粒岩屑长石砂岩夹灰黑色泥质粉砂岩。西南扎格碎尕日保一带为暗紫色、紫灰色蚀变玄武岩。

通过上述各处岩性对比,甲丕拉组底部为厚度不等的灰白色、浅灰绿色复成分砾岩,向上粒度变细,以紫红色、灰色砂岩、粉砂岩为主,上部的火山岩分布不均,局部地段形成火山盆地。

3. 沉积环境

该组的砾岩、砂砾岩中发育大型板状斜层理(图2-38),砂岩、粉砂岩中常见水平层理。所夹灰岩中产双壳类、腕足类海相动物化石。

以上岩性和沉积构造特征反映该组沉积环境底部为三角洲—滨浅海环境,向上转变为火山活动频繁的滨浅海—浅海环境。

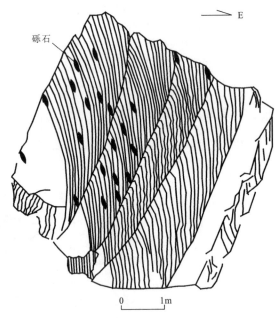

图2-38 甲丕拉组底部砂岩中大型斜层理素描(0929点南)

4. 时代讨论

甲丕拉组不整合于晚二叠世那益雄组之上,其上整合有含大量晚三叠世腕足类的波里拉组,在囊极一带甲丕拉组所夹薄层灰岩中采集到腕足类化石? *Sugmarella* sp., *Zhidothyris yulongensis* Sun, *Septamphiclina qinghaiensis* Jin et Fang, *Zeilleria* cf. *lingulata* Jin, Sun et Ye, *Timorhynchia sulcata* Jin, Sun et Ye 等;双壳类化石 *Neomegalodon*(*Rossiodus*) sp.;螺化石 *Promathildia* cf. *binodosa*(Münster), *Stuorella normala* Pan, *Naticopsis* sp.。时代属晚三叠世早期。

在西侧沱沱河幅结扎群甲丕拉组中的火山岩中取同位素,其中在玄武岩中获得 Rb-Sr 等时线同位素年龄为231±28Ma,单颗粒锆石U-Pb法测年样中,获得了表面年龄分别是325±1.7Ma,343±15.9Ma,469±21.9Ma,229±3.3Ma,237±67.2Ma,318±90.4Ma,156±1.2Ma,162±13.1Ma,252±20.4Ma,207±0.9Ma,213±6.7Ma,288±9.2Ma,其中207~237Ma年龄较多,与Rb-Sr等时线同位素给出的年龄相吻合,应属晚三叠世。结合化石资料,甲丕拉组地层时代为晚三叠世早期。

（二）波里拉组（Tb）

由四川省第三区测队(1974)依据西藏察雅县波里拉剖面创名波里拉组。马福宝等(1984)将波里拉延至唐古拉山,相当于青海省习称结扎群的碳酸盐岩组命名为肖恰错组。《青海省岩石地层》(1997)首次引进波里拉组,建议停用同物异名的肖恰错组,同时沿用西藏地层清理组的定义:"主要指夹持于下伏地层甲丕拉组红色碎屑岩与上覆地层巴贡组含煤碎屑岩之间的一套石灰岩地层体,上、下界线均为整合接触。含丰富的双壳类、腕足类、菊石类等。分布于昌都、类乌齐、察雅、江达、安多、土门格拉及青海省唐古拉山地区。"

图幅内主要呈两个条带北西-南东向或近东西向展布,中部条带从沱沱河幅的罗日荀、鹿多卓尕尔经多尔玛、扎苏至冬不里曲下游;南部条带从囊极经冬日日纠北侧一直向东至砸赤扎加延伸出图外。两个条带原本连为一体,目前被白垩纪、新生代地层分隔开。

1. 剖面描述

1:20万扎河幅区调对波里拉组进行了较为详细的研究,在图幅西南测制了两条剖面,分别为:青海省治多县俄果压玛加夏晚三叠世波里拉组(Tb)实测剖面(图2-39)和青海省治多县砸赤扎加晚三叠世波里拉组(Tb)实测剖面(图2-40)。

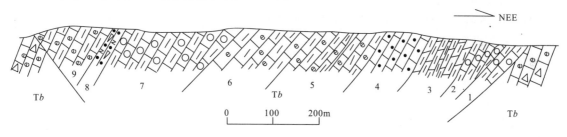

图2-39 青海省治多县俄果压玛加夏晚三叠世波里拉组(Tb)实测剖面

波里拉组(Tb) 灰色块层状亮晶生物灰岩

======断　层======

俄果压玛加夏波里拉组(Tb)

9.灰白色中厚层状泥晶生物碎屑灰岩夹粉晶灰岩（未见顶）	>111.92m
8.灰紫色中细粒长石岩屑砂岩	15.20m
7.灰白色薄—中层状泥晶团块灰岩	188.77m
6.深灰色中厚—块层状生物碎屑泥晶灰岩	100.18m
5.深灰色中厚层状生物碎屑泥晶灰岩夹薄层状灰岩	89.97m
4.深灰色薄—中层状泥晶中细粒砂屑灰岩	68.83m
3.灰色薄层状泥晶灰岩夹少量钙质砂岩	80.73m
2.深灰色薄—中层状内碎屑泥晶灰岩	62.65m
1.灰色泥晶内碎屑灰岩夹块层状灰岩（未见顶）	>40.39m

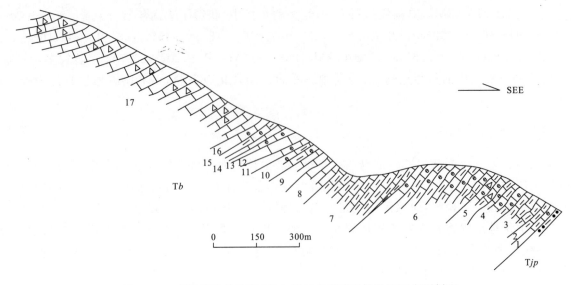

图 2-40 青海省治多县砸赤扎加晚三叠世波里拉组（T*b*）实测剖面

砸赤扎加波里拉组（T*b*） >1 540.7m

17. 浅灰白色块层状（局部中厚层状）碎裂泥晶灰岩、粉晶灰岩（未见顶） >726.4m
16. 浅灰白色碎裂生物碎屑灰岩夹含钙硅质岩 17.2m
15. 深灰色含生物碎屑泥晶灰岩 16.5m
14. 深灰色条带状粉晶灰岩 17.9m
13. 浅灰白色亮晶含生物碎屑灰岩夹灰色石灰岩 35.2m
12. 深灰色细、粉晶含灰质白云岩，同层位相邻路线上产石膏夹层 20.0m
11. 浅灰白色亮晶含生物碎屑灰岩夹灰色石灰岩 50.1m
10. 深灰色生物碎屑泥晶灰岩 27.6m
9. 深灰色粉晶灰岩 28.6m
   产腕足类：*Mentzelia* sp.
8. 浅灰白色白云质灰岩夹中薄层状石灰岩 65.7m
   产腕足类：*Rhaetinopsis orata* Yang et Xu
7. 灰黑色泥晶灰岩 169.7m
   产双壳类：*Myophoria（Costatoria）* sp.
      Costatoria goldfussi intermedia Sha et Chen and Qi
6. 灰黑色生物碎屑泥晶灰岩 127.9m
   产双壳类：*Myophoria（Costatoria）napengensis* Healy
5. 灰黑色碎裂含生物碎屑泥晶灰岩 65.9m
4. 灰黑色含生物碎屑泥晶灰岩 54.5m
   产双壳类：*Cardium（Tulongocardium）nequam* Healy
3. 灰色泥晶灰岩夹灰白色泥晶灰岩 83.3m
   产双壳类：*Myophoria（Costatoria）napengensis* Healy
2. 灰黑色疙瘩状泥晶灰岩 13.9m
   产双壳类：*Myophoria（Costatoria）napengensis* Healy
1. 青灰色含生物碎屑泥晶灰岩夹少量灰白色灰岩 18.3m
   产双壳类：*Myophoria（Costatoria）napengensis* Healy
      Veteranella（Ledoides）langnongensis Wen et Lan

2. 岩性组合及沉积特征

波里拉组为结扎群中部的灰岩组，区域上分布广泛，岩性较单一，以灰岩为主，夹少量碎屑岩。通过西侧沱沱河幅的调查，该地层顶、底齐全，上下与结扎群另外两个组甲丕拉组、巴贡组呈整合接触。

在俄果压玛加夏一带该组岩性为角砾状厚层状微晶灰岩，含有箭石化石的闭锥?*Belemiites*。区柔曲上游一带为薄至中层状含生物屑泥晶灰岩、灰白色块层状碎裂泥晶灰岩，地层中褶皱发育。琼扎一带为灰色厚层状含生物碎屑灰岩夹灰白色厚层状白云质粉晶灰岩。

西侧沱沱河幅玛章错钦东侧以灰色、浅灰白色泥晶、亮晶生物碎屑灰岩为主，夹青灰色细粒岩屑长石砂岩、青灰色长石石英砂岩、岩屑石英砂岩及少量灰紫色细粒钙质砾岩。囊极一带以灰色厚层状泥晶砾屑、砂屑灰岩、生物碎屑灰岩为主。在诺日巴尕日保北侧有古石孔藻粘结灰岩出现，含大量双壳类化石。

以上岩性反映该地层沉积环境为陆棚内缘相、碳酸盐岩台地前斜坡相，局部地段有点状分布的生物礁相沉积。

3. 时代讨论

波里拉组含有极为丰富的化石，玛章错钦东侧含腕足类 *Yidunella magna* Jin, Sun et Ye, *Zeilleria elliptica* (Zunmayer), *Mentzelia* sp., ?*Oxycolpella oxycolpos* (Emmrich), *Amphiclina taurica* Moisseiev, *Zeilleria lingulata* Jin, Sun et Ye, *Timorhynchia nimassica* (Krunback), *Anomphalus* sp., *Amphiclina intermedia* Bitter, *Excowatorhynchia deltoidea* Jin, Sun et Ye, *Amphiclina ungulina* Bittner, ?*Euxinella levantina* (Bittner); 含珊瑚?*Volzeia* sp.; 藻类?*Solenipora*; 海绵?*Balatonia* sp.。多尔玛、囊极一带含腕足类 *Lamellokoninckina elegantula* (Bitter), *Koninckina minor* Xu, *Omolopella* cf. *cephaloformis* Sun, *Rhaetina* cf. *ovata* Yang et Xu, *Sanqiaothyris elliptica* Yang et Xu, *Triadithyris qabdoensis* Sun, *Adygalla* sp., *Triadithyris qabdoensis* Sun, *Rhaetina ovata* Yang et Xu, *Sanqiaothyris subcircularis* Yang et Xu, *Sinucosta* cf. *bittneri* (Dagys), ?*Koninckina gigantean* Sun, Jin et Ye; 菊石?*Trachyceratidae*, ?*Toritidae*。章岗日松南侧、琼扎一带含腕足类 *Septamphiclina qinghaiensis* Jin et Fang, *Zhidolhyris carinata* Jin, Sun et Ye, *Sacothyris sinosa* Jin, Sun et Ye, *Sanqiaothyris subcircularis* Yang et Xu, *Neoretzia superbescens* (Bittner), *Yidunella pentogeno* Jin, Sun et Ye。砸赤扎加东西两侧含腕足类 *Yidunella pentagona* Jin, Sun et Ye, *Rhaefina* sp.。以上化石皆为晚三叠世晚期的化石组合，因此，波里拉组的沉积年龄确定为晚三叠世。

（三）巴贡组（T*bg*）

李璞等（1951）将察雅巴贡的含煤砂、页岩地层体称巴贡煤系，时代为侏罗纪。斯行健等（1966）将巴贡煤系改为巴贡群。西藏地质大队（1966—1967）将巴贡群划分为下部阿堵拉组和上部夺盖拉组，时代归于晚三叠世。四川省第三区测队（1974）将巴贡群改为巴贡组，作为上三叠统最上一个岩组，将阿堵拉组改为阿堵拉段、夺盖拉组改为夺盖拉段。四川地层清理时，因二者界线不明确，不再划分，统称巴贡组。马福宝等（1984）将察雅的巴贡组向北延入省内即为结扎群含煤碎屑岩，命名为加登达组。陈国隆等（1990）又将其命名为格玛组。《青海省岩石地层》（1997）首次引用巴贡组，并沿用西藏地层清理组的定义："指整合于波里拉组石灰岩之下的一套含煤碎屑岩地层体，产植物、孢粉等化石。顶界与察雅群红色碎屑岩连续沉积，底界与波里拉组灰岩整合接触。"同时青海省区测队（1970）创名的土门格拉群也归属巴贡组，并建议停用巴贡组同物异名的加登达组和格玛组，指定青海省区测队(1970)测制的囊谦大苏莽(毛庄)剖面为青海省巴贡组的层型剖面。

巴贡组区域上零散出露于唐古拉山北坡,向东南延伸至西藏,为一套灰色—灰黑色含煤碎屑岩系夹少量灰岩、火山岩,沉积韵律发育。图幅内仅分布于日阿尺区西侧及夏日阿佐足以西通天河北西岸,两处面积加起来不足 1km²,其主体部分位于西侧邻幅沱沱河内,整合于波里拉组之上。

1. 岩性组合及沉积特征

在日阿尺区西侧,该地层岩性为深灰色薄层状钙质粉砂岩与灰色细粒岩屑长石砂岩互为夹层,偶夹灰岩;夏日阿佐足以西通天河北西岸的岩性以深灰色粉砂质板岩为主,夹青灰色中层状长石石英砂岩,由于此地层在本图幅内出露面积非常小,因此根据西侧沱沱河幅资料,巴贡组为一套含煤的海陆交互相—滨浅海相碎屑岩沉积,对应于具体的沉积环境有三角洲、近海浅滩以及滨浅海。

2. 时代讨论

在相邻的沱沱河幅的玛章错钦东侧、囊极东侧一带巴贡组中采集到孢粉化石 *Punctatisporites* sp.,*Converrucosisporites* sp.,*Annulispora* sp.,*Aratrisporites* sp. *Verrucosisporites* sp.,*Osmundacidites wellmanii* Couper 1958,*Annulispora* sp.,*Duplexisporites* sp.,*Kraeuselisporites* sp.,*Kyrtomisporis speciosus* Madler 1964,*Protopinus* sp.,*Psophosphaera* sp.,*Conbaculatisporites* sp.,*Verrucosisporites* sp.,*Cycadopites* sp.,*Ovalipollis ovalis* Krutsch 1955,*Ovalipollis breviformis* Krutsch 1955,*Taeniaesporites* sp.,这些孢粉为中国南方晚三叠世常见分子,巴贡组的时代应属晚三叠世。

第四节 白垩纪地层

测区内白垩纪地层为风火山群,由张文佑、赵宗溥等(1957)创名于格尔木市唐古拉山乡风火山二道沟,时代为(T)。詹灿惠等(1958)依据化石将风火山群划为白垩系。青海省区调综合地质大队(1989)将其划为晚白垩世,分为砂岩夹灰岩组、砂岩组、砂砾岩组。中英青藏高原综合地质考察队(1990)将其划为早第三纪。《青海省岩石地层》(1997)沿用风火山群,并给予定义:"为一套杂色碎屑岩夹灰岩、泥岩,局部地区夹含铜砂岩、页岩、石膏及次火山岩组成的地层体。从老到新由错居日组、洛力卡组、桑恰山组构成,其间均为整合接触。与下伏布曲组或更老地层以不整合面为界,其上与沱沱河组及其他地层的不整合面为界,产双壳类和孢粉等化石。"

该套地层在区内分布比较广泛,分布于冬布里山—章岗日松一带。据其岩性组合方式、岩相特征、相对层位及其接触关系等,可以划分出与《青海省岩石地层》(1997)划分方案基本一致的 3 个组:错居日组、洛力卡组和桑恰山组。

(一)错居日组(Kc)

冀六祥(1994)创名的错居日组位于格尔木唐古拉山乡错居日西。《青海省岩石地层》(1997)沿用此名,其定义与冀六祥(1994)所下定义相同,即"断续分布于唐古拉北缘的一套杂色碎屑砾岩、砂砾岩、砂岩夹粉砂岩、含铜砂岩、页岩组合而成的地层体。与上覆洛力卡组碳酸盐岩组合为整合接触,以碳酸盐岩的底界面为界,与下伏结扎群以不整合为界。产双壳类及孢粉化石。"指定正层型为青海省第二区调队(1982)测制的杂多县南洛力卡剖面第 3 层,副层型为青海省区调综合地质大队(1987)测制的格尔木市唐古拉乡错居日西剖面。

错居日组分布于图区冬布里山北坡,东南部日阿吾德贤和章岗日松一带,分布情况反映出该组沿白垩纪沉积盆地边缘分布的特点。

1. 剖面描述

青海省玉树藏族自治州治多县索加乡采茸俄勒玛南白垩纪错居日组（Kc）实测地质剖面（VQP_{11}）见图2-41。

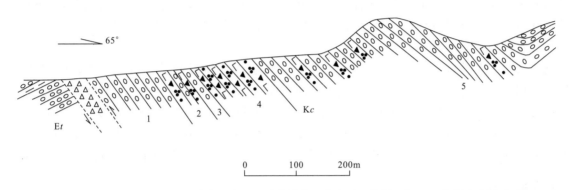

图2-41 青海省玉树藏族自治州治多县索加乡采茸俄勒玛南白垩纪错居日组（Kc）实测地质剖面（VQP_{11}）

错居日组（Kc）	>669.95m
5. 灰紫色块层状复成分中砾岩夹灰紫色厚层状含砾岩屑长石砂岩（向斜核部，未见顶）	>388.98m
4. 灰紫色厚层状含砾中细粒钙质岩屑石英砂岩	112.40m
3. 灰紫色块层状复成分砾岩	15.97m
2. 紫红色中层状中细粒钙质岩屑石英砂岩夹薄层状细砾岩	33.90m
1. 灰紫色块层状复成分中砾岩（未见底）	>118.69m

============断　层============

沱沱河组（Et）　紫红色厚层状复成分砾岩夹透镜状紫红色泥岩

2. 岩石地层特征

（1）岩石组合及横向变化

测区内错居日组总体为一套灰紫色、紫红色复成分砾岩、含砾砂岩和岩屑石英砂岩夹粉砂岩组成的粗碎屑岩系，与上覆洛力卡组整合接触，与下伏三叠纪波里拉组、巴塘群等地层之间为角度不整合（图2-42）。该套地层明显具有近源堆积的特点。

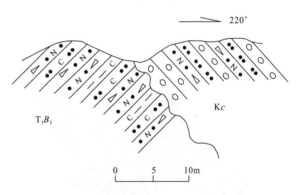

图2-42 马吾光扎北东错居日组与巴塘群上组角度不整合素描（0675点）

地层底部为紫红色、灰绿色块层状复成分砾岩夹含砾岩屑长石砂岩，向上灰紫色中厚层状钙质岩屑石英砂岩、含砾岩屑石英砂岩逐渐增多，转变成以砂岩为主夹紫红色含砾砂岩及粉砂岩和少量紫红色粉砂质泥岩的一套沉积物。

地层的岩性沿走向有一定的变化规律，即东侧章岗日松一带，地层中砾岩较多，向西至冬布里山北坡一带，岩性以中粒砂岩为主夹粉砂岩。

（2）主要岩石类型

该地层以粗碎屑岩为主。

复成分砾岩：以灰紫色、紫红色调为主，根据砾石的颜色又呈现出浅灰色、灰白色或灰绿色调；砾状结构，块层状、中厚层状构造，孔隙式—接触式或孔隙式—基底式胶结，砾石含量为80%～90%，填隙物为砂质（10%～20%），胶结物为铁、钙质，砾石大小多在2～15cm之间，分选性差，磨圆度较差或中等，砾石成分有近缘堆积的特点；在章岗日松一带因北邻波里拉组灰岩，砾石成分中90%为灰岩，砾石分选性较差，磨圆度中等，砾石呈叠瓦状定向排列；在图幅内玛吾当扎北东侧，错居日组不整合于巴塘群上组之上，砾岩的砾石成分有砂岩、灰岩、火山岩及少量脉石英，有下伏巴塘群砂岩的砾石；在西侧邻幅风火山西侧走栏压薪曲一带因不整合于苟鲁山克措组之上，砾石成分主要为灰绿色长石岩屑砂岩和石英。

钙质岩屑石英砂岩：岩石以紫红色和灰紫色色调为主，中细粒砂状结构或中粗粒砂状结构，中厚层—厚层状或中薄层状构造；碎屑含量为74%～76%，碎屑颗粒分选性差，磨圆度较好，多呈圆状，少量次圆状，在岩石中杂乱分布，碎屑成分主要为石英（83%～85%）、岩屑（13%～15%）、钾长石（1%～2%）和少量不透明矿物，其中岩屑是微晶灰岩、酸性火山岩及少量变质岩；填隙物是5%左右的粘土矿物；胶结物以碳酸盐矿物为主，含量在18%～20%之间，岩石呈孔隙式胶结。

3. 环境分析

该组砂岩中沉积构造发育波痕构造、板状交错层理（图2-43）和平行层理，不对称波痕和大型板状斜层理是河流相较特征的沉积构造，砾岩中砾石叠瓦状排列（图2-44）。砾岩和砂岩都具有下粗上细的正粒序韵律层（图2-45、图2-46）。挑选该组砂岩两件样品做粒度分析测试，粒度参数特征值：平均值为2.51～2.55，标准差为0.54～0.68，偏度为0.1～0.5，尖度为3.55，峰态较窄。粒度分布累积概率曲线图（图2-47）上，一个样品缺乏牵引总体，跳跃总体占到99.3%，斜率较陡，分选性较好，悬浮总体分选性差，与跳跃总体的截点在3.9Φ左右，粒度分布特点与河流的粒度分布特征可以对比；第二个样品由滚动总体、跳跃总体和悬浮总体构成，滚动总体和悬浮总体所占比例较少，滚动总体占0.3%左右，斜率小，分选性差，悬浮总体在0.5%以上，斜率小，分选性差，跳跃总体斜率大，分选性好，少量的滚动总体常常是河道最深处，上述这些所保留的沉积特征都反映出该组沉积环境为河流相，砾岩为水道砾岩，砂岩可能为席状冲积砂。

在章岗日松一带，从砾岩叠瓦状排列的产状判断，该地层形成时的古水流方向由北向南在180°～200°之间，与砾岩中的砾石来源于波里拉组的情况相符。

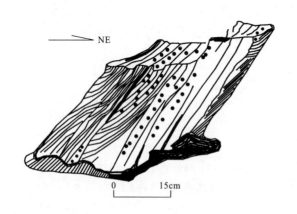

图2-43 错居日组砂岩板状交错层理素描图（139点间）

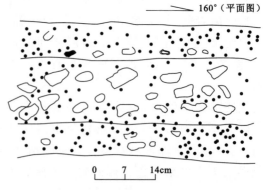

图2-44 错居日组砾岩中砾石叠瓦状排列素描（P₁₁剖面）

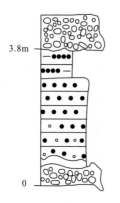

图 2-45 错居日组砾岩和砂岩组成的韵律性基本层序

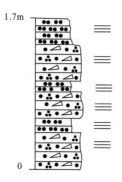

图 2-46 错居日组砂岩和粉砂岩构成的韵律性基本层序

4. 时代讨论

前人在西侧邻幅桑恰山一带该地层中采到孢粉 *Deltoidospora*，*Biretisporites*，*Pterisisporites*，*Classopollis*，*Piceaepollenites*，*Tricolpollenites*。时代为晚侏罗世晚期至早白垩世。

（二）洛力卡组（Kl）

冀六祥（1994）创名的洛力卡组位于杂多县南洛力卡。《青海省岩石地层》（1997）沿用洛力卡组一名，并给出了与冀六祥（1994）相同的定义："为一套由土黄色、灰色微层—薄层灰岩夹不纯灰岩、沉凝灰岩及粉砂岩组成的地层。与下伏错居日组整合接触，以灰岩的出现为界，与上覆桑恰山组整合接触，以灰岩、凝灰岩的消失为界。产双壳类、植物和孢粉等化石。"指定正层型为杂多县南洛力卡剖面第 4～10 层。

经本次工作后，我们发现，在测区内风火山群中并未出现以灰岩为主的地层，用少量灰岩夹层作为标志层向两侧延伸并对比，在野外往往不易实现，同时发现灰岩呈中薄层状夹层与粉砂岩、浅灰色含铜砂岩、泥岩及细砂岩这些细碎屑岩多共存在一起。因此，通过综合研究后，我们认为，测区内洛力卡组的划分标志应是以大套粉砂岩为主夹灰岩、泥岩及细砂岩，这不仅利于野外岩性的划分和对比，更将地层划分与沉积相、沉积环境联系起来，便于地层的对比、研究。

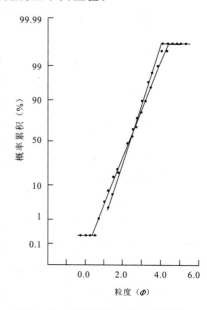

图 2-47 错居日组中部分砂岩的粒度分布累积概率曲线图

1. 剖面描述

青海省玉树藏族自治州曲麻莱河乡冬布里曲白垩纪—古近纪风火山群地层实测剖面（VQP$_2$）见图 2-48。

桑恰山组　灰紫色厚层状复成分砾岩夹紫红色钙质胶结含砾不等粒岩屑石英砂岩

──────断　层──────

洛力卡组（Kl）　　　　　　　　　　　　　　　　　　　　　　　　　　　　　　＞2 298.04m

8. 紫红色中厚层状钙质胶结含细砂长石岩屑粉砂岩、紫红色中厚层状泥岩夹紫红色中层状钙质胶结细粒岩屑石英砂岩　　74.78m

7. 紫红色中层状钙质胶结细粒岩屑石英砂岩夹灰色中薄层状钙质胶结细粒岩屑石英砂岩、

紫红色粉砂岩	378.46m
6. 紫红色中层状钙质胶结中细粒岩屑石英砂岩夹紫红色中层状粉砂岩	462.19m
5. 紫红色中—薄层状钙质胶结含粉砂细粒岩屑石英砂岩,紫红色中薄层状钙质胶结含细砂长石岩屑粉砂岩,灰色中薄层状岩屑石英砂岩	404.20m
4. 紫红色中层状岩屑长石砂岩夹紫红色粉砂岩、灰白色钙质胶结中细粒岩屑石英砂岩	154.55m
3. 紫红色中层状钙质胶结粉砂细砂状岩屑石英砂岩夹紫红色中层状钙质胶结含细砂岩屑长石粉砂岩	311.44m
2. 紫红色中层状钙质胶结含粉砂细粒岩屑石英砂岩与紫红色钙质胶结含细砂岩屑长石粉砂岩组成的韵律层,偶夹紫红色钙质胶结细砂质长石岩屑粉砂岩	367.21m
1. 紫红色中层状钙质胶结细粒岩屑石英砂岩(未见底)	>145.19m

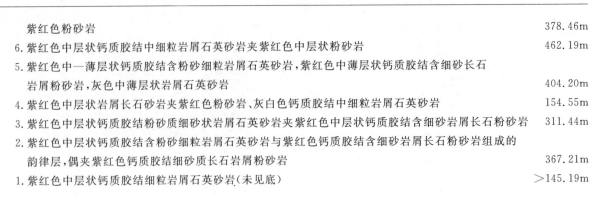
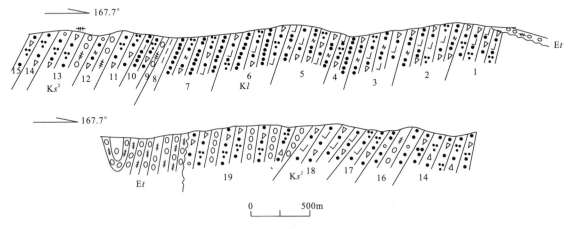

图 2-48 青海省玉树藏族自治州曲麻莱河乡冬布里曲白垩纪—古近纪风火山群地层实测剖面(VQP$_2$)

2. 岩石地层特征

洛力卡组分布于冬布里山主脊及其南北坡,地层呈带状北西西-南东东向展布,上下与错居日组、桑恰山组呈整合接触。

(1)岩性组合

岩性为灰紫色、紫红色钙铁质粉砂岩、中细粒砂岩、细砂粉砂岩、岩屑长石粉砂岩、长石岩屑粉砂岩、紫红色含粉砂细粒岩屑石英砂岩夹青灰色、浅灰白色含铜砂岩及少量青灰色粉砂质泥岩、泥岩和薄层状青灰色灰岩。沿地层走向或多或少有含铜砂岩出现,灰岩从东向西有增多趋势。

(2)主要岩石类型

粉砂岩类:根据碎屑成分及含量的差异,粉砂岩细分为钙质胶结(含)细砂质岩屑长石粉砂岩、钙质胶结(含)细砂质长石岩屑粉砂岩、钙质胶结(含)细砂质岩屑石英粉砂岩。岩石为含细砂粉砂质结构,中薄层状或中厚层状构造,细砂—粉砂质碎屑含量在60%~67%之间,分选性不定,有较差的,也存在较好的,磨圆度差,粉砂质颗粒多呈棱角状,少量为次棱角状,碎屑成分为石英、长石、岩屑(酸性火山岩、板岩、千枚岩、绿泥石岩、灰岩等)、白云母、绿泥石、电气石及金属矿物,多数样品中碎屑排布略具定向性,也在一些样品中呈杂乱分布。胶结物由1%的氧化铁和32%~39%的方解石组成,岩石呈基底式胶结类型。

砂岩类:以钙质胶结含粉砂细粒岩屑石英砂岩、钙质胶结中细粒岩屑石英砂岩为主,还有较少的中细粒长石石英砂岩及中细粒岩屑长石砂岩。该组砂岩的颜色较杂,以灰紫色、紫红色为主,浅灰白色、淡灰绿色、灰褐色及青灰色也较多见,砂岩为含粉砂细粒砂状结构、中细粒砂状结构,中层状、中厚层状构造,碎屑含量在72%~84%之间,分选性普遍较好,磨圆度较差,碎屑颗粒多呈棱角状—次棱角状,少部分呈次圆状,次圆状者多为岩屑,碎屑成分为石英(75%~84%)、长石(2%~

10%)、岩屑(10%～21%)、白云母、绿泥石、方解石、黑电气石及金属矿物,其中长石以斜长石为主兼有少量微斜长石,岩屑成分为灰岩、酸性火山岩、绢云母千枚岩、粘土岩、片岩、花岗岩、粘土质板岩、中基性火山岩等,部分样品中碎屑排布略具定向性,也有一些样品中呈杂乱分布。胶结物由1%的氧化铁和15%～28%的方解石组成,岩石的胶结类型以孔隙式胶结为主,接触式胶结为辅。一些砂岩中含有粘土质杂基。

含铜砂岩:洛力卡组是测区重要的含矿地层之一,沉积型铜矿化就赋存于该地层的含铜砂岩及少量灰岩中。含铜砂岩依据其碎屑成分含量的不同,具体分为岩屑石英砂岩、岩屑长石砂岩及含炭屑含砾砂岩,它们的碎屑及粒度变化范围较宽,但含铜砂岩的颜色都以浅灰色、浅灰白色、浅灰绿色和青灰色等浅色调为主,与风火山群的主色调紫红色、灰紫色明显有别。

3. 沉积环境分析

沉积构造:粉砂岩中水平层理极发育,局部泥质粉砂岩、泥岩表面发育泥裂,砂岩中多见平行层理、小型交错层理(图2-49)和斜层理,表面发育不对称波痕,沉积物粒度较细,沉积环境属河流—湖泊相;地层中夹薄层灰岩及泥灰岩;地层局部发育底部为含砾砂岩向上变为细砂岩至顶部为粉砂质泥岩的河道冲积层序,普遍发育砂岩、粉砂岩与泥质粉砂岩构成的由粗到细的正旋回韵律层(图2-50);砂岩、粉砂岩基本无杂基,

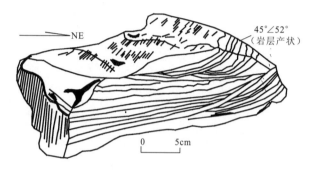

图2-49 洛力卡组砂岩交错层理素描(P_2剖面1层)

碎屑颗粒分选性较好,多呈棱角状—次棱角状,磨圆度差,对剖面处地层进行连续的粒度分析测试,粒度参数特征如下:平均值为2.93～4.45Φ,标准差为0.51～0.73,偏度为0.17～0.81,尖度为2.72～5.8,峰态较窄。从剖面下部到上部,岩石的粒度分布有各自的特点,粒度分布累积概率曲线图(图2-51)上,下部两个样品由悬浮和跳跃总体构成,所有总体的斜率普遍较大,分选性较好,跳跃总体中间都有一个截断,与波浪的冲刷和回流两种作用有关,可能形成于湖岸浅滩环境。中部4个样品(图2-52)主要由斜率较大的跳跃总体以及斜率中等的悬浮总体构成,与河流的沉积环境比

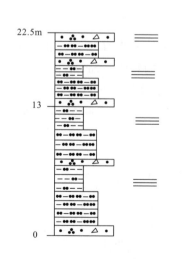

图2-50 洛力卡组砂岩与粉砂岩构成的韵律性基本层序

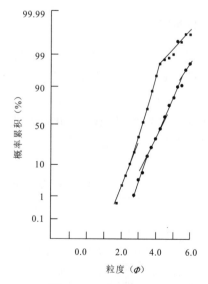

图2-51 洛力卡组中部分砂岩的粒度分布累积概率曲线图

较相符;上部两个样品跳跃总体斜率大,分选性好,悬浮总体有截断,跳跃总体与悬浮总体之间有一定的混合现象,可能是冲击与洪积作用混合所造成的。地层的灰岩中产淡水生物化石介形虫。

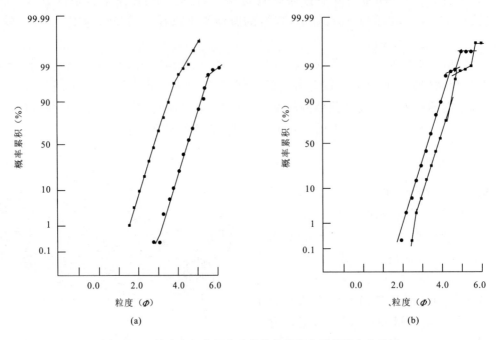

图 2-52 洛力卡组中部分砂岩的粒度分布累积概率曲线图

从以上各类反映沉积环境的标志可以得出洛力卡组是在错居日组河流相砾岩、砂岩的基础上沉积的一套以湖泊相为主的、向上又逐渐转变为河流相的陆相沉积物。

4. 时代讨论

灰岩中产介形虫 *Quadracypris* sp.，*Cypria* sp.，*Eucypris* sp.；轮藻 *Horniohara masloyi*，*Tectochara mincrylobula*；砂岩中产孢粉 *Cicatricosisporites*，*Classopollis*，*Tricolpites*，*Tricolporopollenites*，*Deltoidospora*，*Pterisisporites*，*Biretisporites*。沉积时代为晚白垩世。

5. 微量元素特征

洛力卡组微量元素含量见表 2-8。通过与泰勒值对比,可以看出高场强元素 Th、Hf、Nb、Ta 等与陆壳丰度值比较接近,显示这类元素比较稳定,不易溶于水的特性。Sr、Sc、Co、Ni 等相融元素低于陆壳丰度值。Cu、Pb、Mo 三种元素含量普遍较低,但高点值又远远超过泰勒丰度值,显示这几种元素在该地层中易聚集、易形成矿化的特性。Sr/Ba 比值在 0.15~0.61 之间,远远小于 1,反映该地层当时的沉积环境为淡水环境。

表 2-8 洛力卡组的微量元素含量($\times 10^{-6}$)

样品编号	Sr	Rb	Ba	Th	Zr	Hf	Sc	Cr	Co	Ni	V	Cs	Ga	U	La	Cu	Pb	Zn	Yb	Y	Ti	W	Mo	Nb	Ta
VQP₂DY1-1	113	64	740	4.9	100	2.8	3.6	12.8	3.3	6.2	33.5	4.3	5.2	1.5	14.9	14.9	5.6	19.6	1.4	13.6	1184	0.48	0.57	5.1	0.7
VQP₂DY 2-1	96	55	226	4.3	116	2.9	3.1	14.4	4	10.4	31.6	4.3	5.3	1.2	14.1	13.4	5.7	21.4	1.2	11.6	1217	0.48	0.59	5.3	0.6
VQP₂DY 2-2	162	64	277	5.1	103	2.8	5.3	13.1	6.5	14.1	49.5	4.3	5.7	1.7	20	16.1	7.5	44	1.7	16.5	1799	0.78	0.77	7.1	0.5
VQP₂DY 3-1	116	51	329	5.2	151	4	4.1	10.9	5.6	12.7	38.5	4.3	4.8	1.2	18.1	15.7	5.3	30.6	1.5	14	1567	0.59	0.82	6.6	0.4

续表2-8

样品编号	Sr	Rb	Ba	Th	Zr	Hf	Sc	Cr	Co	Ni	V	Cs	Ga	U	La	Cu	Pb	Zn	Yb	Y	Ti	W	Mo	Nb	Ta
VQP$_2$DY 3-2	132	73	264	7.6	161	3.9	6.5	18.2	9.1	20.1	61.9	4.3	6.7	2.2	22.6	28.4	8.5	47.7	1.8	15.2	2285	1.09	1.2	9.4	0.8
VQP$_2$DY 4-1	113	41	321	3.2	105	2.3	2.8	8.1	3.8	6.8	28.4	4.3	2.8	1.2	12.7	32.2	4.7	23.5	1	8.5	991	0.44	0.64	5	0.4
VQP$_2$DY 5-1	136	50	390	4.8	129	3.2	4.2	10	6.6	12	39.4	4.3	4.4	1.4	18.2	17.3	14.2	41.8	1.5	14.3	1439	0.63	0.95	6.2	0.4
VQP$_2$DY 6-1	93	45	306	3.7	179	4.5	2.4	7.7	2.7	4	24.4	4.3	2.4	1.8	15.9	14.9	3.9	17.4	1.2	11.9	1031	0.52	0.35	3.7	0.4
VQP$_2$DY 7-1	152	52	249	4.1	107	2.8	3.8	14.3	15.7	12.8	34.8	5	4.6	18.6	16.4	257.4	27.4	39.2	1.2	9.8	1262	0.55	38.36	5.8	0.4
VQP$_2$DY 8-1	170	68	423	5.2	111	2.8	4.7	7.7	6.5	12.4	45.5	3.3	4.5	2.5	18.1	20	11.1	39.1	1.4	11.8	1388	0.82	0.87	6.6	1
丰度值 1*	130	2.2	225	0.22	80	2.5	38	270	47	135	250	30	17	0.1	10	86	0.8	85	5.1	32	0.9	0.5	1	2.2	0.3
丰度值 2*	260	32	250	3.5	100	3	30	185	29	105	230	1	18	0.91	16	75	8	80	2.2	20	5400	1.0	1.0	11	1

注：1*为洋壳元素丰度；2*为上陆壳元素丰度(Taylor et al,1985)。

(三)桑恰山组(Ks)

由冀六祥(1994)创名于格尔木市唐古拉山乡桑恰山(位于本测区),相当于青海省区调综合地质大队(1989)划归的晚白垩世砂岩组、砂砾岩组。《青海省岩石地层》(1997)采用桑恰山组一名,同时沿用冀六祥(1994)所下定义:"指主要分布于沱沱河北至风火山和错仁德加北一带、一套以紫红色为主的碎屑岩,分为上部砂砾岩段和下部砂岩段,上界以不整合面和上覆沱沱河组及其新地层分隔,下界以比较稳定的灰岩消失分界,产介形虫、轮藻、植物和孢粉等化石。"指定正层型为青海省区调综合地质大队(1989)测制的格尔木市唐古拉山乡桑恰山剖面第12~25层。由于正层型位于测区,因此,所划分的两个段的分布范围、岩性组合方式、岩相特征、接触关系以及相对层位(晚白垩世等)均与其定义完全一致。

南部条带仅在唐日加旁一线分布,北带以冬布里曲为中心,从风火山向东至巴音赛若、扎玛茜依。

1. 剖面描述

青海省玉树藏族自治州曲麻莱河乡冬布里曲白垩纪—古近纪风火山群地层实测剖面(VQP$_2$)见图2-48。

古近纪沱沱河组(Et)　灰色厚层—巨厚层状复成分砾岩

～～～～～～～～～～～角度不整合～～～～～～～～～～

白垩纪风火山群桑恰山组 　　　　　　　　　　　　　　　　　　　　　　　　2 953.33m

19. 紫红色中层状细粒岩、紫红色含砾中—粗粒钙质胶结岩屑石英砂岩、紫红色中厚层状
　　钙质胶结中—细粒岩屑石英砂岩　　　　　　　　　　　　　　　　　　　　　730.81m
18. 紫红色中层状钙质胶结中细粒岩屑砂岩　　　　　　　　　　　　　　　　　　275.06m
17. 紫红色中层状含粗砾中细粒岩屑石英砂岩夹紫红色含砾粗砂岩、紫红色中层状复成分砾岩　　149.04m
16. 灰紫色中厚层状复成分砾岩与紫红色含砾砂岩互层　　　　　　　　　　　　　249.47m
15. 紫红色中层状中—粗粒岩屑石英砂岩夹浅灰色中层状中—细粒岩屑石英砂岩　　565.44m
14. 紫红色中层状钙质胶结中细粒岩屑石英砂岩夹紫红色中薄层状复成分砾岩　　　115.45m
13. 灰紫色中厚层状复成分砾岩、紫红色含砾不等粒岩屑石英砂岩、紫红色中层
　　状钙质胶结细粒岩屑石英砂岩　　　　　　　　　　　　　　　　　　　　　　350.56m
12. 灰紫色厚层状复成分砾岩夹紫红色中层状含砾岩屑长石砂岩、紫红色粉砂岩　　171.85m
11. 紫红色中层状钙质胶结中细粒岩屑石英砂岩夹紫红色中薄层状钙质胶结含细
　　砂岩屑石英粉砂岩　　　　　　　　　　　　　　　　　　　　　　　　　　　171.71m
10. 灰紫色复成分砾岩、灰紫色砾岩、紫红色钙质胶结细粒岩屑石英砂岩、紫红
　　色粉砂岩、红色泥质粉砂岩　　　　　　　　　　　　　　　　　　　　　　　125.50m
9. 灰紫色厚层状复成分砾岩夹紫红色钙质胶结含砾不等粒岩屑石英砂岩　　　　　48.44m

━━━━━━━━━━━━断　层━━━━━━━━━━━━

洛力卡组（Kl）　紫红色中厚层状钙质胶结含细砂长石岩屑粉砂岩、紫红色中厚层状泥岩夹紫红色中层状钙质胶结细粒岩屑石英砂岩

2. 岩石地层特征

地层分为上、下两段，下段（Ks^1）分布于桑恰山—冬布里山的南坡，岩性为灰紫色中薄层状中细粒岩屑砂岩、长石岩屑砂岩、灰紫色含砾岩屑石英砂岩夹灰紫色、灰黄色中层状复成分细砾岩及少量薄层状钙质粉砂岩；上段（Ks^2）主要分布于桑恰山和八音赛若两地，岩性为灰紫色中厚层状复成分砾岩、紫红色中层状岩屑石英砂岩、含砾岩屑长石砂岩夹少量岩屑石英粉砂岩。

主要的岩石类型如下。

复成分砾岩：按照砾石大小可分为粗砾岩和细砾岩。岩石多呈灰紫色，少量呈杂色，为砾状结构，厚层状、中层状构造，基底式胶结为主，局部为孔隙式胶结。砾石含量为80%～85%，形态呈次圆状—浑圆状，砾径在0.3～12cm之间，2～4cm的砾石所占比例最大，砾石有一定的分选性。砾石成分中灰岩最多，为40%左右，其他还有紫红色砂岩、灰色砂岩、硅质岩以及少量的火山岩砾石。砾石的扁平面平行层理方向排列。胶结物为泥砂质。

含砾砂岩：紫红色或杂色，含砾不等粒砂状结构，中层状构造。碎屑磨圆度较好，分选性差，其中砾石为11%左右，砂屑为72%，胶结物为17%，孔隙式胶结。碎屑杂乱分布。

砂岩类：按照碎屑组分，具体岩性有钙质胶结细粒岩屑石英砂岩、钙质胶结中细粒岩屑砂岩、长石岩屑砂岩等。砂岩以灰紫色、紫灰色和紫红色为主，中细粒砂状结构，中厚层状构造。碎屑含量为80%～92%，磨圆度或差或较好，分选性大部分较好，少部分较差，碎屑成分有石英（30%～89%）、长石（2%～20%）和岩屑（包括灰岩、酸性熔岩、绢云母千枚岩、安山岩、泥质板岩、中酸性火成岩等）（8%～63%）。多数岩石中碎屑杂乱分布，有一些岩石中碎屑略具定向性。胶结物以钙质为主，有少量的铁质，为接触—孔隙式胶结类型。

3. 沉积环境

下段砂岩中发育平行层理、波状层理和透镜状层理，砂岩表面发育不对称波痕（图2-53），砾岩中砾石均平行层理定向排列，显示水流方向大致从西向东。砂岩与粉砂岩组成正粒序韵律层（图2-54）。环境属河流—湖泊相。

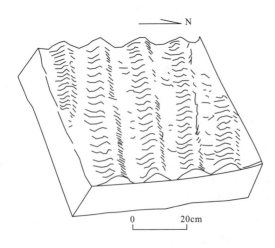

图2-53　桑恰山砂岩段中不对称波痕素描（0987点）

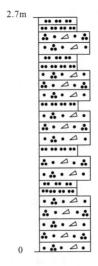

图2-54　桑恰山砂岩段中砂岩和粉砂岩构成的韵律性基本层序

上段为大套砾岩与含砾砂岩、砂岩组成的河道冲积层序(图2-55、图2-56)。砾岩具正粒序层理,岩石中砾石成分复杂,呈次圆状—滚圆状,分选性中等,砾石扁平面平行层理定向排列。

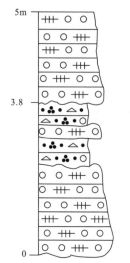

图2-55 桑恰山砾岩段底部砾岩和砂岩组成的韵律基本层序(0987点)

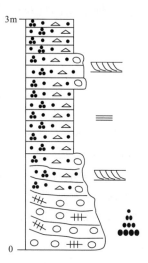

图2-56 桑恰山砾岩段上部砾岩和砂岩组成的韵律基本层序

砂岩中平行层理、大型交错层理、小型交错层理和斜层理极为发育。

上段砂岩、粉砂岩基本无杂基,碎屑颗粒分选性较好,多呈棱角状—次棱角状,磨圆度差,对剖面处桑恰山上段地层进行连续的粒度分析测试,粒度参数特征如下:平均值为$2.30\sim4.06\Phi$,标准差为$0.53\sim0.74$,偏度为$-0.18\sim1.19$,尖度为$3.06\sim8.06$,峰态极窄。剖面样品粒度分布累积概率曲线图大体可分为3类形态,第一种是较典型的河流环境下的粒度分布累积概率曲线图[图2-57(a)],由悬浮和跳跃总体构成,跳跃总体所占比例在96%以上,斜率大,分选性好,悬浮总体斜率中等,分选性也较好,缺少滚动总体,悬浮总体与跳跃总体的截点为$3.3\sim5\Phi$;第二种是具有密度流沉积特点的粒度分布累积概率曲线图[图2-57(b)],由悬浮和跳跃总体构成,跳跃总体所占比例在99%以上,斜率中等,分选性较好,悬浮总体斜率小,分选性差,缺少滚动总体,悬浮和跳

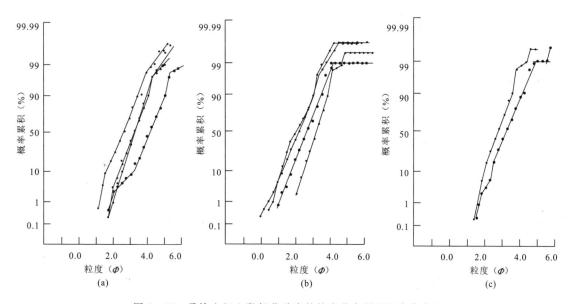

图2-57 桑恰山组上段部分砂岩的粒度分布累积概率曲线图

跃总体之间有混合作用,可能形成于洪积扇的扇端部位;第三种是介于前两者之间的粒度分布累积概率曲线图[图 2-57(c)],由跳跃总体和悬浮总体构成,跳跃总体斜率大,分选性好,悬浮总体有截断,跳跃总体与悬浮总体之间有一定的混合现象,可能是冲积与洪积作用混合造成的。

该组地层整体具下细上粗的反粒序旋回,反映了一种水体由深变浅、环境由湖泊转变为河流的变迁过程。

4. 时代讨论

前人在桑恰山一带的砾岩段中采到孢粉 *Deltoidospora*,*Concavisporites*,*Gabonisporis labyrinthus*,*Osmundacidites orbiculatus*,*Pterisisporites*,*Classopollis*,*Euphorbliscites*,*Ephedripites* (*Ephedripites*),*E.* (*E.*) *sphaericus*,*Tricolporopollenites*,*Divisisporites*,*Klukisporites*,*Cicatricosisporites*,*Lycopodiumsporites*,*Momosulcites*,*Cycadopites*,*Perinopollenites*,*E.* (*D.*) cf. *fusiformis*,*T. elongatus*,*Psophosphaera* 等;植物 *Equisetites* sp. 等化石,其中植物为被子植物,时代为晚白垩世至新生代,孢粉为白垩纪的孢粉组合,特别是 *Tricolporopollenites* 属晚白垩世常见分子,因此,该地层时代归为晚白垩世。

5. 微量元素

桑恰山组沙砾岩段的微量元素含量见表 2-9。Sr/Ba 比值在 0.06~0.57 之间,远远小于 1,反映该地层当时的沉积环境为淡水环境。相容元素 Cr、Co、Ni、V 的含量远低于陆壳丰度值,Ba、Pb、Rb 三种元素的含量稍高于陆壳丰度值,显示它们易溶于水,易被带到盆地中沉淀。其余元素的含量都低于陆壳丰度值。

表 2-9 桑恰山组砾岩段的微量元素含量($\times 10^{-6}$)

样品编号	Sr	Rb	Ba	Th	Zr	Hf	Sc	Cr	Co	Ni	V	Cs	Ga	U	La	Cu	Pb	Zn	Yb	Y	Ti	W	Mo	Nb	Ta
VQP$_2$DY9-1	143	27	2396	1.9	69	1.6	1.7	4.8	5.7	7.5	23.5	4.3	1.6	0.7	9.1	15.2	169	67.7	0.8	8.2	569	0.36	0.79	2.6	0.4
VQP$_2$DY10-1	106	59	300	5.2	193	4.6	4.5	10.5	5.6	10.5	40.1	4	4.3	1.3	19.8	18.7	56.5	71.8	1.6	15.3	1550	0.78	0.67	7.2	0.5
VQP$_2$DY11-1	137	41	241	3.4	97	1.9	2.7	7.9	4.9	9.3	28		3.3	0.7	12.7	11.9	22.5	39.1	1	9	5888	0.52	0.56	4.3	0.4
VQP$_2$DY11-2	191	59	172	7.7	184	4.5	6.2	13.3	7.1	14.9	52.5	5	5.6	1.6	23.8	14.1	13.1	54.1	2	17.9	1987	1.05	0.54	9.9	0.6
VQP$_2$DY13-1	114	50	359	4.3	105	2	2.9	9.7	4.1	7	29.1	5	4	0.9	14.2	10.9	12	25.3	1.2	11.2	1101	0.44	0.42	5.1	0.7
VQP$_2$DY14-1	95	48	459	3.2	74	1.6	2.2	8.9	4	7	23.9	5.3	3.5	0.7	10.5	10.8	21.1	26.7	0.9	7.5	762	0.32	0.47	3.8	0.4
VQP$_2$DY15-1	60	57	569	2.7	110	2.7	1.9	12.3	4.1	6.7	20	19	3.8	1.1	9.5	16.9	969.3	138.7	0.8	7.6	658	0.25	0.2	3	0.4
VQP$_2$DY17-1	82	38	712	2.6	71	1.6	1.6	10	4.6	7.8	19.5	7.3	2.4	1	8.9	8.9	12.7	24.8	0.8	7.6	529	0.25	0.36	2.2	0.4
VQP$_2$DY18-1	71	38	1017	2.7	71	1.8	1.8	12.5	5	7.6	20.6	13	3.7	1	8.8	7.8	34.7	44.7	0.8	7	586	0.32	0.36	2.3	0.4
VQP$_2$DY19-1	184	37	466	3.5	100	2.4	3.9	13.6	5.6	10	33.4	6.7	3.2	1.3	13.8	14.7	6.3	30.1	1.2	11.3	1008	0.36	0.35	4	0.4
丰度值 1*	130	2.2	25	0.22	80	2.5	38	270	47	135	250	30	17	0.1	10	86		85	5.1	32	0.9	0.5		2.2	0.3
丰度值 2*	260	32	250	3.5	100	3	30	185	29	105	230	1	18	0.91	16	75	8	80	2.2	20	5400	1.0	1.0	11	1

注:1* 为洋壳元素丰度;2* 为陆壳元素丰度(Taylor et al,1985)。

(四)白垩纪风火山盆地的形成演化

三叠纪末的印支运动已经确立了测区的构造格局,随着晚侏罗世海水彻底退出测区西南角,风火山一带即处于陆内剥蚀状态,普遍缺失沉积记录。早白垩世末至晚白垩世初,由于冈底斯弧后伸展与班公错-怒江缝合带的联合作用,风火山一带诱发了各种大型北西西向断裂,在这些断层的影响下,引起了差异性沉降,形成了北西西向的风火山古地貌盆地。晚白垩世,在风火山古地貌盆地中陆相碎屑物开始堆积,打开了该盆地的演化序幕。

晚白垩世初,沿风火山盆地边缘,大量碎屑物从山麓中倾泻而出,粗碎屑物很快在盆地周边堆积下来,形成厚层、巨厚层状砾岩,砾岩明显具近缘堆积特征,可能形成于冲积扇水道的位置上。在风火山西侧走栏压薪曲一带因不整合于苟鲁山克措组之上,砾石成分主要为灰绿色长石岩屑砂岩和石英;在东侧邻幅章岗日松一带因北邻波里拉组灰岩,砾石成分中90%为灰岩,砾石分选性较差,磨圆度中等;在东侧邻幅玛吾当扎北东侧错居日组不整合于巴塘群上组之上,砾岩的砾石成分有砂岩、灰岩、火山岩及少量脉石英,有下伏巴塘群砂岩的砾石。较细的碎屑物在水流的带动下继续向前行,在盆地中间地段逐渐沉积,构成席状洪积相,乌丽南侧一带,紫红色砂岩夹粉砂岩直接覆盖于二叠纪地层之上即为佐证之一。此时气候干旱、炎热,碎屑物因干旱、氧化而呈红色,含有孢粉化石 *Deltoidopora*, *Biretisporites*, *Classopollis*, *Piceaepollenites*, *Tricolporopollenites*。至此,风火山群下部的错居日组形成。从错居日组砾岩多分布于盆地北侧以及章岗日松一带砾石呈叠瓦状排列方向指示古水流来自北方,推测风火山古盆地地貌呈北东高、南西低的地势形态,测区西南错居日组砂岩不整合覆盖于中侏罗世雀莫错组之上,也能证明此点。

随着时间的推移,在晚白垩世中期,古风火山盆地继续坳陷,盆地规模不断扩张,碎屑物结构成熟度提高,以细粒砂岩、粉砂岩为主夹薄层灰岩及泥灰岩的洛力卡组开始沉积。该组砂岩中多见平行层理、小型交错层理和斜层理,表面发育不对称波痕,粉砂岩中水平层理极发育,局部泥质粉砂岩、泥岩表面发育泥裂,显示河流—湖泊相的沉积特征。灰岩集中分布于以风火山为中心的区域内,另外在碎穹一带有少量分布。桑恰当陇一带该地层厚度为1 800.50m,桑恰山一带厚度大于1 490.03m,夏仑曲一带厚度为493.91m,碎穹一带厚度大于752.58m,显示沉积中心位于风火山、桑恰山一带。风火山一带,湖泊发育,灰岩、泥灰岩夹层很多,灰绿色、灰白色水下还原条件下沉积的砂岩、粉砂岩常见,含铜砂岩形成于此条件下。碎穹、扎里娃一线也夹有灰色砂屑灰岩,砂岩的粒度特征反映其环境为滨湖—三角洲,证明该处也有湖泊存在。该地层灰岩中产介形虫 *Quadracypris* sp., *Cypria* sp., *Eucypris* sp.;轮藻 *Horniohara masloyi*, *Tectochara mincrylobule*;砂岩中产孢粉 *Cicatricosisporites*, *Tricolporopollenites*, *Classopollis*, *Tricolpites*, *Deltoidospora*, *Pterisisporites*, *Biretisporites*。气候条件依然处于干旱、炎热环境下。

晚白垩世晚期,风火山盆地开始萎缩,盆地范围缩小,碎屑物粒度逐渐变粗。起初岩性以紫红色砂岩为主夹少量灰黄色细砾岩,属桑恰山组下段。该段砂岩中发育平行层理、波状层理、透镜状层理,砂岩表面发育不对称波痕,砾岩中砾石均平行层理定向排列。沉积环境既有湖泊相也有河流相。该阶段盆地存在两个沉积中心,北侧位于桑恰山—冬布里山一线,厚度为1 617.65m,南侧位于贡具玛叉—虽穹一线,厚度大于359.65m。之后,盆地抬升加快,湖泊彻底消亡,沉积中心缩移至桑恰山、巴音赛若一线,形成了厚层、巨厚层状灰紫色砾岩为主夹紫红色砂岩的桑恰山组砂砾岩段,环境为河流相。该地层整体具下细上粗的反粒序旋回(图2-58),反映了一种水体由深变浅,环境由湖泊转变为河流的变迁过程。地层中含孢粉 *Deltoidospora*, *Concavisporites*, *Gabonisporis labyrinthus*, *Osmudacidites orbiculatus*, *Pterisisporites*, *Classapollis*, *Euphorbliscites*, *Ephedripites* (*Ephedripites*), *E.* (*E.*) *sphaericus*, *Tricolporopollenites*, *Divisisporites*, *Klukisporites*, *Cicatricosisporites*, *Lycopodiumsporites*, *Momosulcites*, *Cycadopites*, *Perinopollenites*, *E.* (*D.*) cf. *fusiformis*, *T. elongatus*, *Psophosphaera* 等;植物 *Equisetites* sp. 等化石,时代为晚白垩世至新生代,气候属干旱、炎热的条件。燕山运动末期的造山活动最终使风火山盆地褶皱、隆升,结束了该盆地的演化历史。

总之,风火山盆地的形成演化与晚白垩世末新特提斯洋关闭、印度地体与欧亚大陆碰撞关系密切,是这一全球性事件在风火山地区映射出的结果。

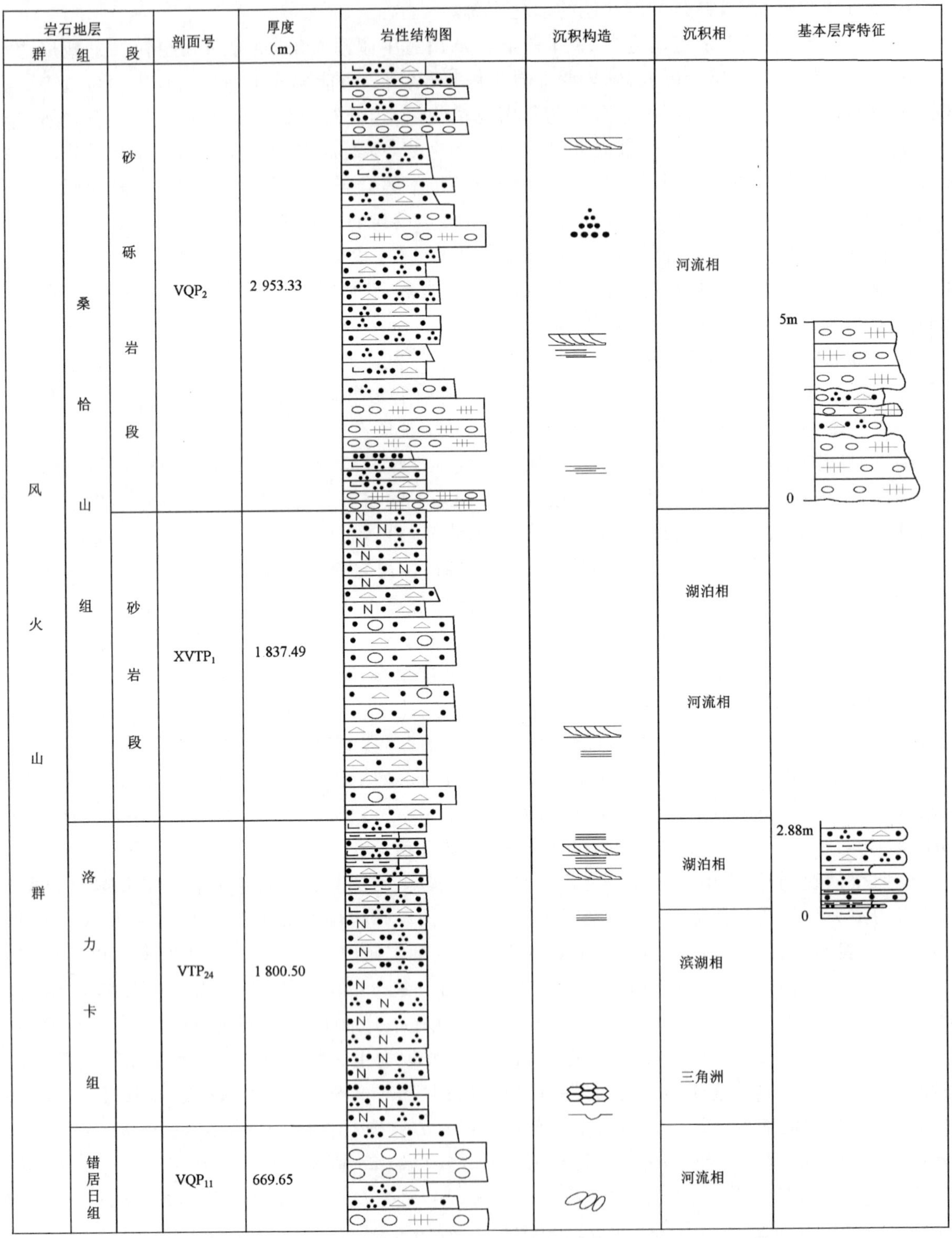

岩石地层			剖面号	厚度(m)	岩性结构图	沉积构造	沉积相	基本层序特征
群	组	段						
风火山群	桑恰山组	砂砾岩段	VQP_2	2 953.33			河流相	
	风火山组	砂岩段	$XVTP_1$	1 837.49			湖泊相 / 河流相	
	洛力卡组		VTP_{24}	1 800.50			湖泊相 / 滨湖相 / 三角洲	
	错居日组		VQP_{11}	669.65			河流相	

图 2-58 风火山群地层结构柱状图及沉积相

第五节　古—新近纪盆地沉积

一、古—新近纪地层体系的建立与划分

1：20万沱沱河、章岗日松幅（青海省区调队）依据岩性、古生物学资料将出露于测区的第三系地层体按时代划分为古—始新统（E_{1-2}）、渐新统（E_3）和中新统（N_1），缺失上新统（N_2），三者为整合接触，为一套湖相红色—杂色碎屑岩-碳酸盐岩系，其中膏盐夹层较多。据分布于测区阿布日阿加宰一带的古—新近纪实测剖面，建立了沱沱河群、雅西措群两个群。《青海省区域地质志》（1991）沿用该划分方案。1994年《岩石地层清理》（青海省区调综合地质大队）赋予该套地层新的涵义，划分出沱沱河组、雅西措组、五道梁组，此后1：50万编图沿用岩石地层清理的划分方案。在1：25万沱沱河、曲柔尕卡幅区调项目的实施过程中，对出露于测区的古—新近纪地层体进行了大范围沉积、构造与古气候等的调查，根据区域对比，将该套地层体从老到新重新划分为沱沱河组（Et）、雅西措组（ENy）、五道梁组（Nw）。

二、古—新近纪沉积特征

区内古—新近纪盆地沉积是在前古近纪地层的基础上发育起来的，其物源性质在盆地初始阶段具有相似性，在垂向充填序列上虽有一定的相似性，却又存在明显的差异性，因出露零星，时代依据不足。通过地质剖面的调查一方面可了解沉积历史的全过程，另一方面可以研究盆地在横向上的沉积差异性，由此能够较准确地判断沉积时不同沉积条件、不同构造特征等。现将测区古—新近纪地层特征介绍如下。

（一）沱沱河组（Et）

1. 沿革与剖面描述

青海省第二区调队（1983）将出露于测区内部分地层体划归于古近系碎屑岩组，青海省区调综合地质大队（1989）创名"沱沱河群"于格尔木市唐古拉乡沱沱河。《青海省岩石地层》（1997）一书中降群为组，并将其定义修定为："指不整合于结扎群之上（区域上不整合于巴塘群、巴颜喀拉群之上）、整合于雅西措组之下一套由砖红色、紫红色、黄褐色复成分砾岩、含砾粗砂岩、砂岩、粉砂岩、局部夹泥岩、灰岩组合成的地层序列。顶以雅西措组灰岩的始现与其为界。产介形类、轮藻、孢粉等化石。"指定正层型为青海省区调综合地质大队（1989）测制的格尔木市唐古拉山乡阿布日阿加宰剖面第1~5层。

区内沱沱河组出露范围较广，出露面积约1 000km²，占基岩面积的20%，跨越了测区的所有构造单元，沉积基底为白垩纪风火山群、晚三叠世结扎群、二叠纪乌丽群、开心岭群等。作为盆地初始沉积，沱沱河组接受了来自于下伏不同地层体的物源，在勒玛措一带下部出露紫红色复成分砾岩，上部所夹紫红色细碎屑岩明显较多；而南部冬日日纠—反帝大队一带出露大套紫红色复成分砾岩。通过剖面测制，对该套地层体进行了控制，现将剖面描述如下。

(1)青海省治多县索加乡勒依贡卡古近纪沱沱河组实测地层剖面（VQP_6）见图2-59。

7.灰紫色—杂色厚—巨厚层状复成分砾岩夹紫红色碎裂岩化钙质不等粒岩屑石英砂岩透镜体　　24.51m
6.灰紫红—杂色厚层状复成分砾岩夹紫红色中—薄层状钙质中细粒岩屑石英砂岩、紫红色薄层状泥岩　　56.17m
5.灰紫色—杂色巨厚层状复成分砾岩与同色中层状复成分砾岩不等厚互层　　52.72m

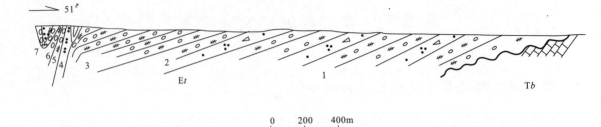

图 2-59 青海省治多县索加乡勒依贡卡古近纪沱沱河组实测地层剖面（VQP₆）

4. 杂色—灰紫色巨厚层状复成分砾岩　　　　　　　　　　　　　　　　　　　　　　42.89m
3. 灰紫—杂色巨厚层状复成分砾岩夹紫红色中薄层状泥质粉砂岩，呈韵律性不等厚产出　256.84m
2. 灰紫—杂色厚层状复成分砾岩夹紫红色中薄层状钙质中细粒长石岩屑砂岩　　　　　　91.50m
1. 灰紫—杂色巨厚层状复成分砾岩　　　　　　　　　　　　　　　　　　　　　　446.24m

～～～～～～～～～～角度不整合～～～～～～～～～～

下伏地层：晚三叠世结扎群波里拉组（Tb）

（2）青海省治多县曲麻莱乡玛吾当扎北古—新近纪沱沱河组—雅西措组修测剖面见图 2-60。

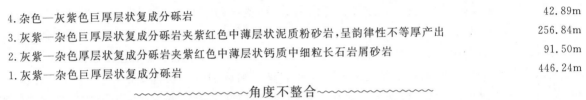

图 2-60 青海省治多县曲麻莱乡玛吾当扎北古—新近纪沱沱河组—雅西措组修测剖面

上覆地层：雅西措组（ENy）　灰黄色厚层状粉屑灰岩夹灰灰色片理化岩屑砂岩及浅灰色钙质复成
　　　　　　　　　　　　　　分岩屑砾岩，灰岩中产介形类化石：*Eucypris* sp.　　　　　　　46.87m

———————————————整　合———————————————

沱沱河组（Et）

7. 黄褐色厚层状复成分砾岩夹暗紫色含砾不等粒岩屑砂岩及浅黄灰色含砾、含钙不等粒岩屑砂岩　13.89m
6. 砖红色厚层状复成分砾岩夹钙质含砾不等粒岩屑砂岩　　　　　　　　　　　　　　　11.88m
5. 灰色厚层状复成分砾岩　　　　　　　　　　　　　　　　　　　　　　　　　　　54.13m
4. 黄褐色巨层状复成分砾岩　　　　　　　　　　　　　　　　　　　　　　　　　　84.81m
3. 砖红色巨层状复成分砾岩　　　　　　　　　　　　　　　　　　　　　　　　　　41.75m
2. 浅灰色巨层状复成分砾岩　　　　　　　　　　　　　　　　　　　　　　　　　　6.24m
1. 橘红色、砖红色厚层状—巨厚层状复成分砾岩　　　　　　　　　　　　　　　　　204.24m

～～～～～～～～～～角度不整合～～～～～～～～～～

下伏地层：晚三叠世巴塘群

（3）青海省玉树藏族自治州曲麻莱河乡冬布里曲白垩纪—古近纪风火山群、沱沱河组地层实测剖面（VQP₂）见图 2-61。

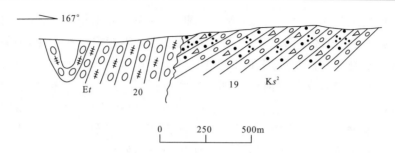

图2-61 青海省玉树藏族自治州曲麻莱河乡冬布里曲白垩纪—古近纪风火山群、沱沱河组地层实测剖面(VQP₂)

沱沱河组(Et)

20. 灰色厚层—巨厚层状复成分砾岩(顶部为向斜)　　　　　　　　　　　　　　　　　473m

～～～～～～～～～～角度不整合～～～～～～～～～～

下伏地层:风火山群桑恰山组　紫红色细砾岩、岩屑石英砂岩

2. 岩石组合与基本层序特征

(1)岩石组合特征

砾岩类:灰紫色、杂色、紫红色复成分砾岩、细砾岩等,具砾状结构、块状构造,岩石由砾石(70%)和杂基(30%)构成。砾石成分以灰色—灰白色灰岩为主,紫红色砂岩、脉石英等少量,砾石磨圆度较好,多为圆状、次圆状。砾形以球形为主,椭球体次之,分选性中等,砾径 1cm×1cm×2cm~1cm×2cm×3cm 的占 60%,3cm×3cm×4cm~7cm×8cm×10cm 的约占 20%,10cm×10cm×12cm~15cm×15cm×20cm 的约占 15%,砾径 1cm 的约占 5%。杂基主要为泥、沙质,呈杂基式支撑,胶结类型为基底式,砾石排列略显叠瓦式,平均产状为 42°∠40°。

砂岩类:包括紫红色含砾细粒岩屑石英砂岩、细砂岩、泥质粉砂岩等,呈中—细粒砂状结构、基底式胶结,岩石由碎屑和填隙物组成,其中碎屑为 65%(石英为 80%、长石为 1%、岩屑为 19%)、胶结物为 34%(钙质为 30%、铁质为 4%)、杂基(粉砂)少量等。

(2)基本层序特征

沱沱河组总体为一套陆相碎屑岩建造,具有明显的旋回性韵律特征,即由砾岩—含砾砂岩—泥质粉砂岩构成的自旋回性沉积,单个韵律为 2.8~8m 不等,复成分砾岩具正粒序层理,单层厚 0.5~3m,砂岩呈薄层状,其中普遍发育平行层理,而泥质粉砂岩单层厚 15~30cm,普遍具水平纹层理构造,从所收集的两个基本层序可以看出,沱沱河组沉积特征显示出巨厚砾岩层夹极薄层的泥、砂质粉砂岩及透镜体的特征(图 2-62),VQP₆ 剖面中可以识别出快速堆积的冲洪积河道相、河漫滩相,在勒玛措一带则出现滨湖相与浅湖相交替出现的状态。

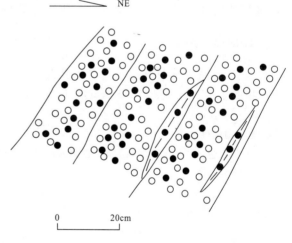

图 2-62　沱沱河组中砂岩透镜体素描

3. 岩相变化与地层时代讨论

研究区内古近纪地层体沉积基底跨越在二叠纪—三叠纪等不同地质体之上,是地表在剥蚀、夷平的同时重又堆积的结果。测区新生代盆地之中沱沱河组多沿盆地边缘分布,以北西西向条带状展布为主,少为短带状或团块状;与下伏前古近纪地层(结扎群、风火山群及雁石坪群等)均为不整

合接触,与上覆雅西措组为连续过渡关系;为一套冲、洪积为主兼湖相沉积,其中砾岩可能形成于一个水道补给组合的冲洪积扇区中部位置上,砂岩可能以席状洪积扇沉积为主,而轮藻灰岩的出现表明,在冲积锥远端有池塘或湖泊曾周期性出现过。整个断陷盆地基底向南、东低角度倾斜,于构造断陷小盆、盆地周缘与山前堆积沱沱河组下部红色磨拉石,成分以砾岩、紫红色含砾粗砂岩为特征,表现为陆内盆地红色磨拉石建造,呈洪、冲积扇相与冲积河道相的集合体。组成砾岩的砾石多源自二叠纪开心岭群、乌丽群、结扎群等不同地层体,推测沉积物质补给来源于盆地基底及近源冰水携带物质,快速的堆积及土壤养分的匮乏造就该沉积段植被不发育。

在区内没有采到该组具有时代意义的化石,VQP_6剖面中砾岩层中所夹泥质粉砂岩中采得的孢粉化石主要为松属(*Pinus*)(25%)、蒿属(*Artemisia*)(50%)、藜科(Chenopodiaceae)(16.7%),粗略地显示出干寒的气候特征。

区域上该组中产轮藻 *Peckichaya serialis* Z. Wang et Al;介形类 *Cypris decargi*,Gautheir,*Candoniella albicans*(Brady),*Darwinuil* sp.;孢粉以被子植物为主,特别以 *Quercoidites* 属为突出。其中介形类和孢粉的时代延续较长,轮藻所指示的时代为 E_1—E_3,因此,其沉积时代暂时解释为古新世—始新世。

(二)雅西措组(ENy)

青海省区调综合地质大队(1989)创名"雅西措群"于格尔木市唐古拉乡雅西措。其原始定义:"指分别整合于五道梁群之下、沱沱河群之上,以渐新世灰白色、浅灰色碳酸盐岩及紫红色砂岩为主,夹石膏岩层、泥灰岩、含石膏粘土岩层组成的地层。产轮藻、介形类和孢粉化石。"《青海省岩石地层》(1997)降群为组,并修定为:"指分别整合于沱沱河组之上、五道梁组之下一套以碳酸盐岩为主,局部夹紫红色砂岩、灰质粘土岩及锌银铁矿组合而成的地层体。区域上多数地区未见顶。在曲麻莱县玛吾当扎与羌塘组呈不整合接触。顶以石膏层的出现与五道梁组分界,底以整合(局部为不整合)面或碳酸盐岩的始现与沱沱河组或其以前的地层分隔。产介形类、轮藻等化石。"指定正层型为前述位于本测区的格尔木市唐古拉山乡阿布日阿加宰剖面第6—13层。

测区内雅西措组广泛分布于新生代各盆地中,出露面积约 380km²,沉积厚度大于 238.88m。对该套地层体的控制主要是对前人所测地质剖面进行了修测,现对该套地层体进行较系统的介绍。

1. 剖面描述

青海省治多县曲麻莱乡玛吾当扎北古—新近纪沱沱河组—雅西措组修测剖面见图 2-60。
上覆:第四纪全新世沼泽堆积(Qh^f)
~~~~~~~~~~~~~~~~不整合~~~~~~~~~~~~~~~~

雅西措组(ENy)
10.灰黄色薄层状团粒泥晶灰岩夹淡紫灰色厚层状细粒岩屑砂岩　　　　　　　　　　>174.51m
　　产介形类:*Eucypris* sp.
　　孢粉:*Inaperturopollenites*
　　　　　Pinuspollenites
　　　　　Abietineaepollenites
　　　　　Podocarpidites
　　　　　Piceaepollenites
　　　　　Cedripites
　　　　　Quercoidites
　　　　　Platanoidites
　　　　　Tricolpites

Didymoporispollenites

9. 灰黑色厚层状钙质中细粒岩屑砂岩	17.50m
8. 灰黄色厚层状粉屑灰岩夹灰色片理化岩屑砂岩及浅灰色钙质复成分岩屑砾岩	46.87m

灰岩中产介形类化石:*Eucypris* sp.

——————————整 合——————————

下伏地层:沱沱河组(Et)　黄褐色厚层状复成分砾岩夹暗紫色含砾不等粒岩屑砂岩及浅黄灰色含砾、含钙不等粒岩屑砂岩

2. 基本层序特征及岩性特征

(1)岩相变化与主要岩石特征

雅西措组在测区各新生代盆地内均有分布,多呈北西西向短带状展布,与下伏沱沱河组、上覆五道梁组均整合接触。其岩性组合为紫红色、砖红色长石岩屑砂岩、岩屑石英砂岩、长石砂岩夹灰绿色凝灰岩、泥晶灰岩、泥岩、粉砂岩,为一套以河湖相沉积为主兼洪积相沉积。该组横向相变较大,除在勒池勒玛曲盆地东段局部夹玄武岩、白云岩、灰岩外,该盆地大部分地段基本不含灰岩。

主要的岩石类型特征如下。

岩屑砂岩:中细粒砂状结构、孔隙式胶结,碎屑含量为73%,(石英为50%、长石为10%、岩屑为40%),胶结物:方解石为25%,铁质为2%。

粉屑灰岩:粉—微屑结构,中—厚层状,单层厚5~20cm,石英、长石粉砂屑为3%,粉—微晶方解石大于90%,亮晶胶结物大于或等于8%。

橄榄玄武岩:由斑晶和基质组成。斑晶含量为9%±:其中斜长石为4%、辉石为3%、橄榄石为2%;基质含量为89%±:由斜长石(61%)、辉石(20%)、橄榄石(2%)及少量金属矿物等组成;斑状结构、基质为间粒结构、杏仁状构造,杏仁体具压扁拉长现象,其形状有椭圆状、长条状和不规则长条状,杏仁体充填物为方解石,杏仁体压扁拉伸和延长方向与岩流流动方向基本一致,平行于顶面分布,代表火山岩原生流动构造,杏仁体压扁拉长方向为350°~170°,其流动方向为170°,为火山喷溢相产物。

(2)基本层序特征

该组基本层序特征在勒玛措一带由紫红色粉砂质泥岩与灰黄色泥灰岩夹细砂岩组成旋回性基本层序,砂、泥岩中普遍发育水平层理、水平纹层理构造,单个旋回厚度由下至上逐渐减薄,显示退积结构特征。在冬日日纠一带,出现了大套紫红色泥岩夹灰黄色泥灰岩、粉砂岩、细砂岩的沉积特征,砂岩中普遍发育平行层理、水平纹层理构造,同样显示出旋回性基本层序特征,单个层序厚度远较勒玛措一带要厚,反映盆地物质补充较充分。

3. 岩相变化与时代讨论

区内雅西措组于勒玛措盆地沉积一套以灰黄色泥灰岩夹细碎屑岩为特征的岩石组合,位于该盆地的雅西措组,前人将其部分层位划分出"五道梁群",对照地层清理成果,本次工作将该层位归于雅西措组,并与下伏沱沱河组呈整合接触;东北部果尼一带受地表覆盖及剥蚀,出露规模不大,岩性以灰黄色泥灰岩夹细碎屑岩为主。分布于测区南部的雅西措组在物质组成与沉积特征上与北部的勒玛措盆地存在较细微的差别,测区南部细碎屑岩含量较高,并与下伏的二叠纪地层呈断层接触关系(图2-63),沉积与构造反映出浅湖—半深湖泊沉积体系。区域上在曲麻莱县玛吾当扎一带,灰岩中砂含量明显增多,并局部夹复成分砾岩,所夹砾岩反映出冲积河道相的出现,沉积物中含介形类 *Eucypris* sp.,时代显示为中新世。

测区内雅西措组中产介形类 *Eucypris* sp.;孢粉 *Inaperturopollenites*,*Pinuspollenites*,*Abietineae*-

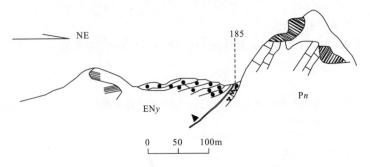

图 2-63 雅西措组与那益雄组断层接触关系素描(185点)

pollenites, *Podocarpidites*, *Piceaepollenites*, *Cedripites*, *Quercoidites*, *Platanoidites*, *Tricolpites*, *Didymoporispollenites*。指示时代为中新世,代表干旱气候下针叶乔木林带植物面貌。

该组在区域上产丰富的轮藻 *Obtuscochara brevicylindrica* Xu et Huang, *O.* sp., *Tectochara boui* Wang, *Amblyochara subejensis* Huang et Xǔ, *Hornichara qinghaiensis* Di;介形类 *Eucypris lenghuensis* Yang F., *E.* sp., *Darwinula* sp., *Candoniella albicans*(Brady), *C. suzini* Schneider, *Cyprinofus* sp., *Ilyocgpris* sp.;昆虫 *Lycoria* sp.(Imago), *Bibio* sp.(Imago), *Lycoria* sp.(Larra), *Lycoria* sp.(Prepupa)及孢粉等。据化石组合分析,沉积时代以渐新世为主,下跨始新世,区域上延至中新世。

(三) 五道梁组(Nw)

由青海省区调综合地质大队(1990)创名"五道梁群"于格尔木市唐古拉山乡五道梁。《青海省岩石地层》(1997)降群为组,并修订为:"指不整合于曲果组之下,整合于雅西措组之上,由橘红色泥岩、浅灰绿色泥灰岩夹石膏及盐岩等组合而成的地层体。顶以不整合面或粗碎屑岩的始现与上覆曲果组分界,底以石膏层的始现与雅西措组分隔,区域上多未见顶。产介形类、孢粉等化石。"并指定选层型为前述测区内格尔木市唐古拉山乡阿布日阿加宰剖面第14～18层。

区内五道梁组展布于勒玛曲上游与测区西南角琼扎南部一带,出露总面积小于 $1km^2$,分属于不同的构造盆地,总体呈近东西向展布,盆地长轴方向与区域构造线方向一致。

1. 剖面描述

地表覆盖造成五道梁组区内出露并不理想,通过路线地质剖面对出露于测区内五道梁组地层体进行了控制,现以 219～220 地质点间路线剖面为例(图 2-64)。

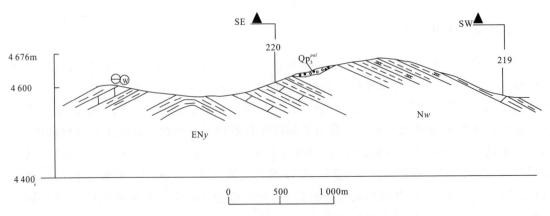

图 2-64 219～220 地质点路线信手剖面

路线剖面出露岩性主要为暗紫色含石膏粉砂质泥岩与暗—灰紫色泥岩互层出现,局部夹薄片状石膏层;粉砂质泥岩,单层厚10~80cm,具水平纹层理构造,层面具不太明显的干裂现象,局部夹泥灰岩团块及极薄层状石膏晶体;泥岩呈均匀的中—厚层状,水平纹层理构造明显,粉砂质泥岩与泥岩层接触面基本上保持平整状态,但局部亦见有流水冲刷面。在路线剖面上可见该组的岩石组合与下伏的雅西措组泥灰岩呈整合接触。

2. 基本层序特征

作为新生代盆地盖层的五道梁组地层体,在区内岩性变化不明显,将其作为统一盆地沉积体来描述,该组的基本层序特征揭示出由泥岩—含石膏质泥岩—泥岩—石膏质泥岩的韵律性旋回性特征,沉积环境体现出干旱气候下湖滨—盐湖相特征,在相对较湿润气候与相对干旱气候的主宰下,使得沉积体现出水流充沛较短暂时期与较长时期大量蒸发气候体制旋回出现的状态(图2-65)。

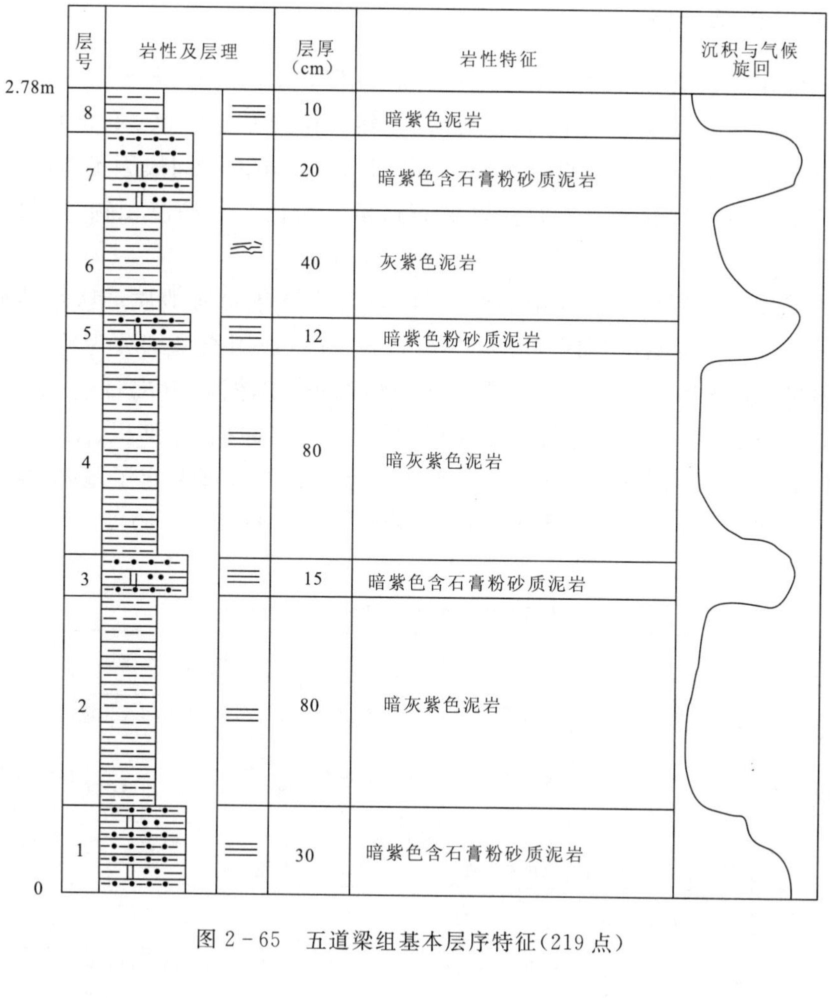

层号	岩性及层理	层厚(cm)	岩性特征	沉积与气候旋回
8		10	暗紫色泥岩	
7		20	暗紫色含石膏粉砂质泥岩	
6		40	灰紫色泥岩	
5		12	暗紫色粉砂质泥岩	
4		80	暗灰紫色泥岩	
3		15	暗紫色含石膏粉砂质泥岩	
2		80	暗灰紫色泥岩	
1		30	暗紫色含石膏粉砂质泥岩	

图2-65 五道梁组基本层序特征(219点)

3. 岩相变化与时代讨论

测区内五道梁组岩性主要由浅灰紫色、灰黄色薄层—中厚层状泥岩、泥晶灰岩夹浅灰色含灰质粘土岩、石膏岩及少量的岩屑砂岩等组成,以含石膏、石膏层的出现作为本组的始现而与下伏的雅西措组分开。该组的岩相变化表现在横向上,在测区外图幅西部的阿布日阿加宰一带,沉积厚度巨大,测区北部勒玛措新生代沉积盆地出露厚度较大,向东的玛吾当扎一带沉积厚度变薄,岩石组合中碎屑岩夹层增多,沉积物粒度变粗。

测区内该套地层中生物化石稀少,基本上无准确时代依据的古生物化石,但从出露岩性特征上看,可以同区域上具有充足年代依据的该套地层相对比,如阿布日阿加宰一带以微体古生物孢粉和介形类为主。孢粉有 *Verrutetraspora*, *Verrucosa*, *Abietineaepollenites*, *Pinuspollenites*, *Piceites*, *Cedripites*, *Podocarpidites*, *Laricoidites* 等,被子植物花粉如 *Tricolpites*, *Quercoidites* 等,该孢粉组合所显示的时代为渐新世晚期至中新世早期;介形类有 *Eucypris goibeigouensis* Sun, *E.* sp., *E. qaibeigouensis* Sun, *Limnocythere limbosa* Bodina, *Candoniella*, *Marcida*, *Mandelstam*, *Cyclocypris* sp., *Darwinula nadinae* Bodina 等,介形类组合同样显示该地层为中新世。

第六节　第四纪沉积

一、第四纪划分及分布

第四纪地层体作为盖层沉积跨越了测区所有的构造单元,分布面积约 2 850km²。主要展布在勒玛措、勒池曲、反帝大队以及以沱沱河(通天河)为纽带横向穿越测区,不同的梯度带其组成物各不相同。早期湖相沉积被后期的冰水堆积物、冲洪积物及全新世不同成因类型的沉积堆所覆盖,测区现存的湖泊大部分可以代表自早更新世以来的湖相沉积且多元的沉积物,反映出不同环境背景下的产物。

前人对测区第四纪地层作了较详细的调研,1965—1970 年青海地质局区域地质测量队在进行 1∶100 万温泉幅区调时,将测区第四系划分为全新统,并按成因类型细分为冲洪积、冲积、湖积、风积等。1989—1993 年,先后开展的 1∶20 万区域地质调查(沱沱河、章岗日松、错仁德加、五道梁与扎河幅)对测区所有的第四系地层进行了较详细调研,划分出冲积、冲洪积、冰水积与风积等不同的沉积类型,总体缺乏年代学的约束。前人的工作为本次工作的开展奠定了基础,同时也为进一步工作提供了方向。通过调研,对测区出露第四纪沉积物作了划分(表 2-10)。

表 2-10　测区第四纪地层划分

地质年代	年代地层单位	代号	成因类型	主要岩性组合	典型地形、地貌	地层分布
全新世	全新统	Qh^{al}	冲积	灰色冲积砂砾石,分选性差,磨圆度差或好,松散	现代河流、河床Ⅰ、Ⅱ级阶地	测区主要河流均有分布
		Qh^{pal}	冲洪积	灰色冲洪积砂、砾石层,砾石成分接近物源,松散	现代河流阶地、冲洪积扇	分布于各大山体周缘,呈扇形台地地形
		Qh^{eol}	风积	灰黄色风成亚砂土,细—中粒砂分选性良好,松散,偶见槽状斜层理	新月形沙丘、砂垄、砂链、平缓台地	主要分布于山前平原及大河流域、河谷
		Qh^f、Qh^{fl}	沼泽及湖沼积	灰褐色、灰黑色淤泥、腐殖泥、泥炭	融冻湖塘、冻土草沼(甸)	主要分布于勒池勒玛曲盆地及现代湖泊边缘、山前低地带
		Qh^l	湖积	黄褐色、灰褐色、灰黑色粉砂、亚砂土、淤泥组成,具水平层,半胶结或松散	湖岸、湖滩、砂堤,出露海拔高程为 4 500~4 800m	主要分布于现代湖泊沿岸
晚更新世	晚更新统	Qp_3^{pal}	冲洪积	土黄色—灰黄色含细砂粘土层,分选性差,砾石磨圆度中等,具水平层理	山前倾斜平原、河谷阶地(Ⅲ级)、沟口冲洪积扇、台地	测区主要河流两岸及山前滩地
		Qp_3^{glf}	冰水堆积	灰褐色砂、泥、砾石层,分选性、磨圆度均较差,无层理	侧积垄、底碛垄或山前终碛垄	通天河北岸支流上游
中更新世	中更新统	Qp_2^{gl}	冰碛	灰色砂、砾、漂砾,略层状,分选性、磨圆度均较差	冰蚀台地、扇台地	分布于窝构卡依哈查木,海拔 4 900~5 000m

二、第四纪盆地充填及类型分析

区内第四纪地层体极为发育,分布于不同的地质地貌单元,展现出不同的地质体,在以长江水系为主体的外流水系主导下,全新世不同时段的地质体更为丰富,处于高原整体基准面尚未被破坏的、以湖盆为中心的湖沼沉积体系随处可见。不同的沉积类型展示出不同的环境效应,通过研究测区内新生代不同沉积体的特征,辅以测年资料(表 2-11),发现了与地史时期不同的沉积介质所携带的环境效应因子,从而揭示出晚新生代以来地质环境演化的规律。

表 2-11 测区新生代测年样一览表

序号	野外编号	实验室编号	岩性	年龄	测试单位	地质时代
1	VQESR1140-1	QH9		110.5Ma		早更新世晚期
2	VQESR1140-2	QH10		138.3Ma		早更新世中期
3	VQTL0516-2		砂土	165.57±4.41ka	环境地质开放研究实验室	中更新世
4	VQTL1115		灰色砂土	17.88±1.75ka		晚更新世
5	VQTL1386		土黄色砂、粘土	69.00±3.11ka		晚更新世
6	VQTL0516		灰色砂土	12.34±1.19ka		晚更新世晚期
7	VQESR1667-1		灰色砂土层	75ka	地调局海洋地质实验检测中心	晚更新世
8	VQESR1670-1		风积沙	70.9ka		晚更新世
9	VQP$_8$ESR2-1		泥质粉砂	45.4ka		晚更新世
10	VQP$_8$ESR7-1		泥质粉砂	43.4ka		晚更新世
11	VQP$_8$ESR12-1		泥质粉砂	61.3ka		晚更新世
12	VQP$_8$ESR15-1		风成沙	48.2ka		晚更新世

(一)中更新世冰碛物(Qp_2^{gl})

测区中更新世冰碛物分布于窝构卡依哈查木南,地貌上形成高山,山脊呈浑圆状,与周围山脊地貌特征区别明显;出露高度最高可达海拔 5 000m 以上,一般为 4 600m。冰碛物由漂砾、砾石、砂及粘土组成。漂砾成分为灰色—灰白色结晶灰岩、灰绿色砂岩及少量火山岩,砾径最大为 2.5m,长条状者长 1m,宽约 30cm,其中灰岩砾石磨圆度呈次圆状,局部见冰蚀凹坑,砂岩砾石呈棱角状—次棱角状,漂砾含量为 60%。细小砾石含量为 30%,成分以灰岩、砂岩为主,分选性差,磨圆度中等—棱角状,与粘土、砂构成基质充填于由巨大砾石构成的空隙之间。该期冰碛物的形成时代相当于区内开心岭冰期。

(二)晚更新世

测区晚更新世堆积物占第四纪沉积物的 50%,广泛分布于沱沱河沿岸、苟鲁山克措、茶错、唐日加旁、勒池勒玛曲、夏俄巴及扎河一带,大遍的冲、洪积及冰水堆积物分布于山体周围,间歇性的湖泊、沼泽与冲、洪积沉积物主宰的事件沉积成为晚更新世以来的主要沉积特征。沉积类型除以冲洪积物为主体外,尚可从天然剖面划分出湖积、风积、冰水碛等不同成因类型的沉积物,地貌上可划分出山地、丘陵、台地和平原等不同成因类型。

1. 晚更新世冰水碛物(Qp_3^{glf})

(1)分布特点

晚更新世冰水碛物在测区分布较广,自南而北、自东而西均有出露,但面积并不大,主要沿接近

4 700～4 800m海拔高度分布,在测区的琼扎、菜白加琼、奥格折希陇涌等地最为发育。

(2)主要地貌特征

地貌上形成山前低缓小山包、小丘状起伏、岗地或次级支谷的谷肩地貌。

(3)堆积物特征

冰碛物受物源区影响,于测区不同地段表现不一。在琼扎一带呈面状、块状展布,由砂土和砾石混杂堆积而成,砾石约占60%,成分较简单,主要为砂岩,次有灰岩、火山岩等,砾径大小不一,最大达30cm,最小为0.2cm,一般在3～5cm之间,砾石磨圆度差,以棱角状、次棱角状为主,分选性差。在菜白加琼一带则由泥砾、砂混杂在一起,砾石排列无规律,砾石大小在0.3～10cm之间,多数为次圆状,部分为棱角状,成分复杂,以紫红色砂岩和生物灰岩为主,地貌上形成一个冰水堆积形成的小山垅;奥格折希陇涌北东由砾石、砂及亚砂土组成,呈松散堆积,砾石多呈棱角—次棱角状,砾径一般为2～4cm,最大可达7.5cm,砾石成分以灰白色、灰绿色和紫红色砂岩为主,灰黑色泥灰岩次之,含少量的碎石英,其中砾石含量可达40%～55%,在局部地段,砾石具有一定的分选性。

2. 晚更新世冲洪积物(Qp_3^{pal})

晚更新世冲洪积物广泛分布于测区勒池曲、采白加琼、巴木曲、通天河两岸及广阔的冲洪积平原或谷地等区域。受物源区影响,不同的地区沉积有所差异。晚更新世冲洪积物,地貌上形成沟谷,植被层较发育,岩性有砂、砂砾石层、亚砂土等,大部分被植被层覆盖。在牙包查依曲,为现代河床河床Ⅱ级阶地,阶面平整,阶高为0.5～1.5m,阶地垂向剖面上显示:上部植被层由植物和植物毛细根和黑色腐殖土组成,厚为10～20cm,中部为亚砂土,厚20～30cm,下部为砂砾石层及砂,厚度大于1.5m。采白加琼一带晚更新冲洪积物由砂、砾石、亚砂土等组成,其中砾石为25%～30%,成分主要为砂岩、灰岩,砾石分选性中等,磨圆度呈次棱角状—次圆状,砂及亚砂土为70%～75%,地表见有沙化现象,多处见有风蚀阶坎阶地,阶坎高0.5～1m,并不断侵进。冬日通晚更世冲洪积物由冲洪积砂、砾石及亚砂土等组成,其中砾石占25%～30%,成分主要为砂、板岩,分选性差,磨圆度呈次棱角状,砂及亚砂土占70%～75%,堆积物构成扇形冲积地貌。

晚更新冲洪积物除以扇形台地为主要地貌表现形式外,在沿沱沱河、通天河及其一级支流如勒池曲等更多以河流阶地形式出现:

青海省玉树治多县索加乡莫曲河流阶地剖面(VQP$_8$)见图2-66。

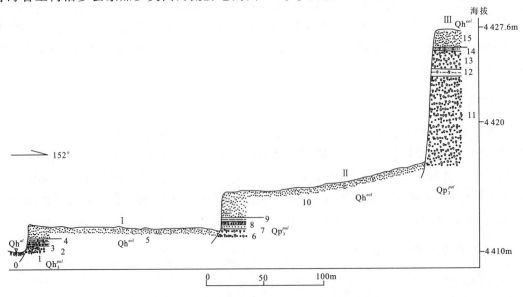

图2-66 玉树治多县索加乡莫曲河流阶地剖面

Ⅲ级阶地

13：土黄色风成沙   1.9m

4：土黄色含砾粉砂质泥岩，该层采有孢粉共计14粒（表2-12），其中木本植物花粉占28.6%；
主要有：松属（*Pinus*）为28.6%；草本植物花粉占71.4%，其中蒿属（*Artemisia*）为35.7%，
禾本科（Gramineae）为14.3%，藜科（Chenopodiaceae）为21.4%   0.08m

表2-12 莫曲河流阶地孢子花粉含量一览表

样品编号	VQP$_8$Bf2-1	VQP$_8$Bf4-1	VQP$_8$Bf7-1	VQP$_8$Bf9-1	VQP$_8$Bf12-1	VQP$_8$Bf14-1
孢子花粉总数（粒）	84	66	52	49	16	14
木本植物花粉总数（%）	96.4	93.9	78.8	42.9	18.8	28.6
草本植物花粉总数（%）	2.4	4.5	21.2	57.1	81.3	71.4
蕨类植物孢子总数（%）	1.2	1.5	0.0	0.0	0.0	0.0
柏科 Cupressaceae	1.2	0.0	0.0	0.0	0.0	0.0
冷杉属 *Abies*	1.2	0.0	0.0	0.0	0.0	0.0
云杉属 *Picea*	42.9	47.0	34.6	24.5	0.0	0.0
松属 *Pinus*	29.8	39.4	44.2	18.4	18.8	28.6
桦属 *Betula*	10.7	0.0	0.0	0.0	0.0	0.0
鹅耳枥属 *Carpinus*	1.2	0.0	0.0	0.0	0.0	0.0
榆属 *Ulmus*	1.2	0.0	0.0	0.0	0.0	0.0
柳属 *Salix*	0.0	0.0	0.0	0.0	0.0	0.0
麻黄属 *Ephedra*	7.1	7.6	0.0	0.0	0.0	0.0
木樨属 *Oleaceae*	1.2	0.0	0.0	0.0	0.0	0.0
蒿属 *Artemisia*	1.2	1.5	5.8	32.7	43.8	35.7
藜科 Chenopodiaceae		0.0	1.9	12.2	12.5	21.4
禾本科 Gramineae	1.2	3.0	11.5	8.2	18.8	14.3
毛茛科 Ranunculaceae	0.0	0.0	1.9	0.0	0.0	0.0
唐松草属 *Thalictrum*	0.0	0.0	0.0	2.0	0.0	0.0
豆科 Leguminosae	0.0	0.0	0.0	2.0	6.3	0.0
水龙骨科 Polypodiaceae	1.2	1.5	0.0	0.0	0.0	0.0

3：灰色砂砾石层   1.53m

2：灰黄色含砾砂土层，ESR测年为61.3ka。该层采有孢粉共计16粒，其中木本植物花粉占18.8%，
主要有：松属（*Pinus*）为18.8%；草本植物花粉占81.3%，其中蒿属（*Artemisia*）为43.8%，
禾本科（Gramineae）为12.5%，藜科（Chenopodiaceae）为18.8%，豆科（Leguminosae）为6.3%   0.38m

1：灰色砂砾石层   6.51m

Ⅱ级阶地

13：土黄色风成沙   2.0m

8：土黄色泥层，该层采有孢粉共计49粒，其中木本植物花粉占42.9%，主要有：松属（*Pinus*）
为18.4%，云杉属（*Picea*）为24.5%；草本植物花粉占57.1%，其中蒿属（*Artemisia*）为32.7%，
禾本科（Gramineae）为8.2%，藜科（Chenopodiaceae）为12.2%，唐松草属（*Thalictrum*）为2.0%，
豆科（Leguminosae）为2.0%   0.23m

7：灰色含砾粗砂岩   0.17m

6：灰黄色细砂岩，该层采有孢粉共计52粒，其中木本植物花粉占78.8%，主要有：松属（*Pinus*）
为44.2%，云杉属（*Picea*）为34.6%；草本植物花粉占21.2%，其中蒿属（*Artemisia*）为5.8%，
禾本科（Gramineae）为11.5%，藜科（Chenopodiaceae）为1.9%，毛茛科（Raunculaceae）为1.9%。
于该层所夹粉砂层中获得ESR测年为43.4ka   0.14m

5：灰色含砾粗砂岩   0.22m

Ⅰ级阶地

13：土黄色风成沙   1.65m

12：土黄色含粉砂质泥岩，该层采有孢粉共计66粒，其中木本植物花粉占93.9%，主要有：
　　松属（Pinus）为39.4%，云杉属（Picea）为47.0%，麻黄属（Ephedra）为7.6%等；草本植物花粉
　　占4.5%，其中蒿属（Artemisia）为1.5%，禾本科（Gramineae）为3.0%；水龙骨科（Polypodiaceae）
　　为1.5%　　　　　　　　　　　　　　　　　　　　　　　　　　　　　　　　　　　　　　0.23m
11：灰黄色含泥细—粉砂层　　　　　　　　　　　　　　　　　　　　　　　　　　　　　　　0.08m
10：灰褐色含粉砂质泥岩，该层采有孢粉共计84粒，其中木本植物花粉占96.4%，主要有：
　　松属（Pinus）为29.8%，云杉属（Picea）为42.9%，麻黄属（Ephedra）为7.1%，桦属（Betula）
　　为10.7%，少量榆属（Ulmus）、冷杉属（Abies）、柏科（Cupressaceae）、木樨科（Oleaceae）等；
　　草本植物花粉占2.4%，其中蒿属（Artemisia）为1.2%，禾本科（Gramineae）为1.2%；
　　水龙骨科（Polypodiaceae）为1.2%。该层内获得ESR测年为45.4ka　　　　　　　　　　　　0.08m
9：灰色砂砾石层　　　　　　　　　　　　　　　　　　　　　　　　　　　　　　　　　　　0.27m
----------------------侵　　蚀----------------------
0：第四系全新世冲积物

该剖面Ⅰ级阶地高2.5m，Ⅱ级阶地地面宽67m，而Ⅱ级阶地与Ⅲ级阶地面宽75m。所有阶地均被第四系风成沙覆盖。

根据孢粉组合特征，剖面沉积时气候环境可作如下划分（图2-67）。早期，相当于剖面（VQP$_8$Bf9-1、12-1、14-1）9～15层，沉积特征出现由快速堆积的河道—冲洪积砂砾石相向较稳定的河湖相细—粉砂层转变，从不同的细碎屑层内所采孢子花粉分析，草本植物花粉占57.1%～81.8%，主要有蒿属、藜科、禾本科，还有唐松草属及豆科，木本植物花粉占18.8%～42.9%，为针叶植物花粉松、云杉属。此孢粉组合特征反映出针叶林草原植被景观，气候温凉较干。

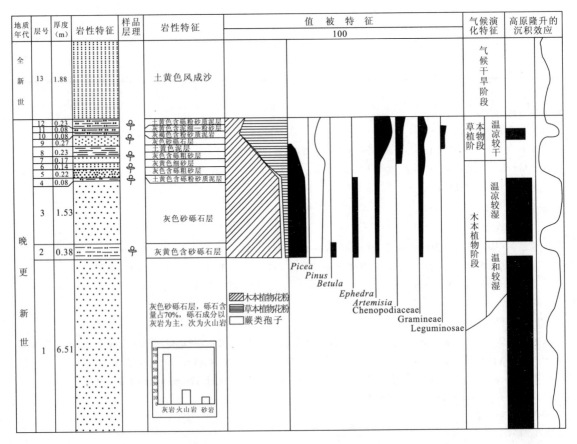

图2-67　青海省玉树治多县索加乡莫曲河流阶地剖面沉积特征图

中期,相当于剖面(VQP₈Bf4-1、7-1)4~7层,在该阶段木本植物花粉占78.8%~93.9%,主要有针叶植物花粉云杉、松属,还有灌木麻黄属;草本植物花粉占4.5%~21.2%,主要有蒿属、藜科、禾本科、毛茛科;蕨类植物孢子水龙骨科占0~1.5%。本孢粉组合特征反映出针叶林植被景观,气候温凉较湿。

晚期,相当于剖面(VQP₈Bf2-1)1~3层,在该阶段木本植物花粉占孢粉的96.4%,以针叶植物花粉云杉、松属为主,还有冷杉属和柏科;落叶阔叶植物花粉有桦、鹅耳枥属、榆及灌木麻黄、木犀科;草本植物花粉占2.4%,有蒿属、禾本科;蕨类植物孢子水龙骨科占1.2%。本孢粉组合特征反映出针阔混交林植被景观,气候温和较湿。

(三)全新世

全新世堆积物按地貌-成因可以划分为冲洪积物(Qh^{pal})、冲积物(Qh^{al})、风积物(Qh^{eol})、湖沼积(Qh^{fl})等。物源区不同,测区各沉积地段所表现的沉堆积物各不相同(表2-13)。

表2-13 测区全新世地层分布及特征

时代	位置	沱沱河—通天河段 中段(沱沱河—莫曲)	沱沱河—通天河段 东段(莫曲—曲柔尕卡)	勒玛曲盆地	勒池曲盆地
全新世	Qh^{al}	现代河床的一支流,发育Ⅰ级阶地,阶坎高1~2m,宽20~100m,阶级坡度约2°,阶坎坡角30°±,局部大阶坎具二元结构:上部为厚20~40cm的深灰色腐殖土层,由粘土、砂土、亚砂土组成,其上草本植物发育,牧草覆盖率达70%,鼠类洞穴较多,密度达23个/m²,草皮之上有一层薄薄的风成沙;下部为砂砾石,厚度大于1.5m,由砾石(70%)、砂(20%)、粘土、亚砂土(10%)构成,砾石成分复杂,以灰色—紫红色砂岩为主,少量火成岩、脉石英,砾石的磨圆度较好,多为次圆状、次棱角状,砾形以椭球状、片状为主,由底往顶砾径有逐渐减少的趋势,AB面产状为290°<29°			
	Qh^{pal}	主要由砂砾石及亚砂土组成,其中砾石占20%,成分有灰紫色砂岩、碎石英及少量灰岩;砾石粒径一般在1~2.5cm之间,磨圆度较差,多为棱角状,无分选性,砂含量达60%,以粗砂为主,亚砂土占20%	由冲洪积砂、砾石、亚砂土等组成,以冲积物为主,组分中砾石含量占40%~50%,成分主要为灰岩,其次为火山岩、砂岩等,分选性中等,磨圆度为次棱角一次圆状,砂及亚砂土占50%~60%。冲积积河流地貌	冲洪积物,呈面状展布,具典型二元结构:上部为厚15~30cm不等的灰黑色腐殖土层,由粘土、砂土构成,其上发育牧草;下部为砂砾石层,其厚度大于1m,砾石磨圆度较好,无分选性,具定向排列,AB面产状为190°<25°	冲洪积物具二元结构:上部为深灰色腐殖土层,由粘土、砂土、亚砂土组成,植物发育;下部为砂砾石层,砾石成分复杂,以砂岩为主,火成岩脉石英、泥灰岩等次之,砾石磨圆度中等,分选性差,砾石下粗上细,略具定向排列
	Qh^{eol}	风积物由粉砂—粗砂黄土及少量棱角状砾石构成,以粉砂、细砂为主,砂以石英为主,坚硬岩屑次之,长石少量,发育砂丘和砂垅,砂丘为月牙形,高2~3m,从砂丘形态观察,四季以向东吹的风为主。在琼扎等地呈风积砂丘和砂垅,从砂丘、砂垅的分布形态观察,常年以向东吹风为主,砂丘高者达2~3m,物质组成主要为土黄色中粗粒砂亚砂土、砂土等,砂成分以石英为主,岩屑次之,长石少量,磨圆度较好,分选性好			
	Qh^{fl}	由深灰色—黑色淤泥淤沙植被腐泥等组成,地表为草灰植被,生长比较密,形成草甸,积水洼地较多分布,地湿松软,为较典型的泥沼、湖沼地貌,地貌上较平坦			堆积物组分为深灰色—黑色淤泥淤沙腐殖泥、草类植物残骸等,地貌上丘陵山地之低洼地带,湖泊沼泽平原,有机质、粘土质矿物十分丰富,地表草类植物生长较茂盛,富含有机质物质
	Qh^{f}	第四系沼泽堆积物,地貌形成上前倾斜平原(滩),由黑色腐殖土、黑色淤泥、淤沙和植被组成			
	Qh^{l}	湖积物由淤泥和砾石及部分砂泥组成,砾石成分为紫红色砂岩和少量的花岗岩及极少量的石英,含量可达25%,砾径一般在3~4.5cm之间,最大可达11cm,砾石磨圆度较好,多为次棱角状—次圆状,分选性较好,淤泥及砂含量可达75%,表面大部分盐咸化和沙化植被生长极差		沉积物主要为有机物,散的砂砾石层,局部可见盐类沉积,湖水面中心退缩的迹象明显,湖岸线处堆积砂,砾石层宽度4m说明该湖水向中心退缩,属有源供给湖	

第三章 岩浆岩

第一节 侵入岩

测区侵入岩极不发育,出露面积为 60km²,约占测区总面积的 4‰。岩石类型以中酸性岩石为主,基性岩分布很少。分布于测区的冬日日纠、若侯陇恩、阿西涌、俄日邦陇、日玛者果、诺瓦囊依等地,以浅成—超浅成岩为主,深成岩次之。单岩体个体较小,以岩滴、岩株状为主,除个别岩体外,80%的岩体成分单一,无需解体。相同成因、相同时代的侵入岩群居性比较强,很少出现不同时代、不同成因的侵入岩共居一起的现象。

岩浆侵入活动发生在晚三叠世、晚侏罗世和始新世,以晚三叠世、晚侏罗世相对强烈。测区侵入岩严格受控于北西-南东向断裂的挟持,不同时代的侵入岩带状分布明显,大致可划分为白日榨加岩浆带,主要为晚侏罗世岩浆侵入;诺瓦囊依-阿西涌岩浆带,主体为晚三叠世岩浆侵入,其次有少量的始新世侵入岩;冬日日纠岩浆岩带,主体为晚三叠世基性岩,其次有少量的始新世岩浆侵入。

测区侵入岩调查以 1∶250 000 区域地质调查(暂行)为准则,对中酸性侵入岩用"花岗岩类岩石谱系单位的划分原则及调查方法"合理建立单元,归并超单元。对基性岩不作单元、超单元调查,相同时代的基性岩按岩性分别给予描述。不论是中酸性侵入岩,还是基性岩,图面均按"时代+岩性"表示。

测区圈定了不同大小的侵入体 16 个(表 3-1),其中基性岩体 1 个。对其中的 15 个侵入体依据时代、结构、群居特征、所处构造部位、成因特征等,建立了 6 个单元,分别归并为 3 个超单元。对 1 个基性岩体,不建立单元、超单元填图单位,按不同岩石类型给予描述。

侵入岩的岩石化学计算以原地矿部推荐的 B6-13 程序进行铁调整,以 QBASIC 程序进行百分比调整,然后用 B6-1 程序进行 CIPW 标准矿物计算。

表 3-1 测区侵入岩的岩石谱系单位划分

岩浆期	时代	超单元	单元	代号	岩性	侵入体个数	面积(km²)	同位素(Ma)
喜马拉雅期	始新世	岗齐曲上游	扎拉夏格涌	$E_2\delta o\mu$	灰白色石英闪长玢岩	3	9.19	
			约改	$E_2\delta\mu$	灰白色闪长玢岩	2	0.55	
燕山期	晚侏罗世	白日榨加	日玛者果	$J_3\eta\gamma$	灰色斑状黑云母二长花岗岩	2	11.25	162±8(K-Ar)
			俄日邦陇	$J_3\gamma\delta$	灰色中细粒花岗闪长岩	3	13.25	158.8±1.4(K-Ar)
印支期	晚三叠世	纳吉卡色	阿西涌	$T_3\delta\iota$	灰色中细粒英云闪长岩	2	15.4	139(K-Ar)
			若侯陇恩	$T_3\delta o$	灰色中细粒石英闪长岩	3	8.25	204(K-Ar)
		邦可钦-冬日日纠基性岩		$T_3\beta\mu$	灰绿色灰绿玢岩	1	1.13	

一、晚三叠世冬日日纠辉绿玢岩体（$T_3\beta\mu$）

测区内冬日日纠总体呈东西向带状展布，与区域构造线的方向一致。该类岩体数目较少，分布面局限，呈岩株状分布。岩石类型为辉绿玢岩，只有1个岩体，总面积为1.13km²，以下就其特征分别描述。

（一）地质特征

测区内尕日哇达西北呈脉状分布，出露面积约1.13km²。该岩体侵入于晚三叠世波里拉组灰岩中，南界被北西向断裂切割，北西部被第四系覆盖。因此，将该基性岩的侵入时代放在晚三叠世比较适合。

该岩体的岩性单一，均为岗纹石英辉绿玢岩，灰绿色色调，斑状结构，基质具辉绿结构、岗纹结构，岩石由少量的斜长石斑晶（5%）和大量基质（95%）组成。斜长石斑晶呈半自形板状晶，为基性斜长石，具碳酸盐化，大小为0.5～1.2mm±。基质由斜长石（61%）、石英（10%）、少量钾长石、绿泥石（20%）、不透明矿物（3%）、磷灰石（1%）及少量锆石组成。斜长石呈长条状半自形晶，分布无规律，在其构成的三角空隙中分布着绿帘石。石英或石英与钾长石呈显微连晶充填于钾长石的空隙之间，前者构成辉绿结构，后者构成岗纹结构。

（二）岩石化学特征

该岩体中取1件硅酸盐样品，经硅酸盐全分析，成果见表3-2。有限样品中SiO_2的含量为54.88×10^{-2}，据SiO_2含量，该岩体属基性岩范畴，该类岩石与北京西山辉绿岩的岩石化学平均值相比其SiO_2含量基本一致，TiO_2、FeO、MnO、CaO、Na_2O含量均高于北京西山辉绿岩。其他氧化物低于北京西山辉绿岩。Na_2O+K_2O总量也比北京西山辉绿岩略高。

表3-2 测区侵入岩超单元、单元的岩石化学特征

时代	超单元	单元	岩性	样品编号	氧化物百分含量（$\times10^{-2}$）												
					SiO_2	TiO_2	Al_2O_3	Fe_2O_3	FeO	MnO	MgO	CaO	Na_2O	K_2O	P_2O_5	H_2O	LOS	Σ
T_3	邦可钦-冬日日纠辉绿岩		$\beta\mu$	VQGS0582	54.88	1.82	14.47	2.52	6.95	0.14	2.51	5.14	4.03	1.31	0.67	3.44	5.96	100.41
T_3	那吉卡色	阿西涌	$\delta\iota$	VQP₇GS1-1	65.07	0.48	15.98	0.73	3.27	0.07	2.75	5.77	2.05	2.20	0.08	0.95	1.40	99.85
				VQP₇GS2-1	63.73	0.49	16.3	0.78	3.67	0.09	2.38	5.69	2.03	2.22	0.09	0.97	1.40	99.79
				VQP₇GS3-1	64.15	0.53	16.19	0.79	3.23	0.07	2.72	5.39	2.05	1.88	0.08	2.34	2.84	99.91
		若侯陇恩	δo	VQGS0565	52.35	0.75	18.57	2.01	5.92	0.16	4.76	7.03	2.24	1.24	0.12	3.18	4.83	99.98
				VQGS1187	62.33	0.53	15.50	0.83	4.25	0.11	3.79	5.85	1.85	1.85	0.10	1.64	2.61	99.60
J_3	白日榨加	日玛者果	$\eta\gamma$	VQGS148-1	72.98	0.07	15.05	0.57	0.78	0.06	0.25	1.65	3.91	3.31	0.07	0.75	1.29	100.01
				WDGS708-2	73.36	0.07	14.73	0.76	0.64	0.05	0.23	0.84	3.86	4.15	0.05	0.02	1.06	99.98
		俄日邦陇	$\gamma\delta$	VQGS1132	65.90	0.16	15.83	0.98	3.67	0.09	1.85	4.42	2.30	2.79	0.14	0.79	1.51	99.93
				VQGS2468	65.12	0.54	16.32	1.68	2.40	0.08	2.18	4.03	2.13	2.91	0.20	1.18	2.27	99.86
E_2	岗齐曲上游	扎拉夏格涌	$\delta o\mu$	VTGS0431*	71.64	0.30	13.94	1.79	0.31	0.06	0.77	1.89	3.70	3.73	0.14	0.92	1.51	99.78
				VTGS0443*	72.82	0.16	13.80	0.57	0.26	0.02	0.27	2.26	3.78	4.07	0.11	0.62	1.45	99.57
				VTGS1922-1*	62.00	0.46	17.11	1.83	3.78	0.10	2.12	2.64	2.94	2.94	0.33	2.75	3.22	99.86
				VTGS2418*	62.97	0.74	16.36	3.04	1.03	0.04	1.35	3.31	3.89	4.34	0.54	1.22	2.02	99.64
		约改	$\delta\mu$	VTGS0464-1*	65.92	0.71	16.41	2.69	0.79	0.03	0.81	2.66	3.74	4.36	0.47	1.04	1.19	99.78
				VTGS0465*	67.20	0.91	16.23	2.31	0.95	0.02	0.62	2.57	3.52	4.02	0.40	0.93	1.13	99.88
				VTGS1915-1*	68.44	0.58	16.50	1.79	0.36	0.01	0.42	1.72	3.56	4.81	0.42	0.99	1.21	99.81
				VTGS1588*	67.36	0.48	14.73	1.80	0.44	0.02	2.66	1.70	3.42	4.87	0.50	1.56	1.94	99.74

注："*"者为邻幅资料。

有关特征值见表3-3。其中里特曼指数为0.95，且 $K_2O<Na_2O$，说明该类基性岩为钙碱性系列，属太平洋型。在 AFM 图中投影，为拉斑玄武岩系列（图3-1），固结指数 SI 最大为 14.49，MF 值为 79.05，M/F 为 0.49，说明岩石中镁含量低于铁含量；长英指数 FL 为 50.95，说明岩浆分离结晶作用程度中等到差。N/K 值为 4.6，说明岩石中钠含量高于钾含量，A/NKC 值为 0.85，说明岩石中铝处于不饱和状态。DI 值为 55.65，说明岩石的分异程度较低，基性程度较高。AR 值为 1.8，说明岩石的碱性程度非常低。OX 值为 0.25，说明遭受分化剥蚀作用较弱。

标准矿物特征见表3-4。从标准矿物计算结果看，测区基性岩其标准矿物组合为：$Ab+An+Di+Hy+Ol$ 组合，属正常类型，SiO_2 低度不饱和。

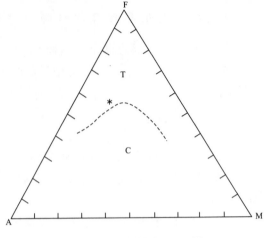

图 3-1　测区基性岩 AFM 图

T. 拉斑玄武岩系列；C. 钙碱性系列

表 3-3　测区侵入岩各单元岩石化学特征值

时代	超单元	单元	样品编号	有关特征值									
				σ	SI	MF	M/F	FL	N/K	A/NKC	DI	AR	OX
T_3	邦可钦-冬日日纠辉绿玢岩		VQGS0582	0.95	14.49	79.05	0.47	50.95	4.6	0.85	55.65	1.8	0.25
T_3	那吉卡色超单元	阿西涌	VQP_7GS1-1	0.82	25				0.93	0.98		1.49	
			VQP_7GS2-1	0.87	21.5				0.91	1.02		1.48	
			VQP_7GS3-1	0.73	25.5				1.09	1.07		1.45	
			平均值	0.80	24.0				0.97	1.02		1.47	
		若侯陇恩	VQGS0565	1.29	29.0				1.80	1.05		1.32	
			VQGS1187	0.71	29.6				1.0	0.99		1.42	
			平均值	1.0	29.3				1.4	1.02		1.37	
J_3	白日榨加超单元	日玛者果	VQGS148-1	1.74	2.83				1.18	1.16		2.52	0.42
			ZHGS708-2	2.11	2.39				0.93	1.20		2.82	0.54
			平均值	1.93	2.61				1.06	1.18		2.67	0.48
		俄日邦陇	VQGS1132	1.13	15.96				0.82	1.06		1.67	0.21
			VQGA2468	1.15	19.29				0.73	1.17		1.66	0.41
			平均值	1.14	17.63				0.78	1.13		1.66	0.31
E_2	岗齐曲上游	扎拉夏格涌	VTGS0431	1.93	7.48				0.99	1.03		2.76	0.82
			VTGS0443	2.06	3.02				0.93	0.94		2.91	0.70
			VTGS1922-1	2.07	15.14				1.13	1.28		1.97	0.29
			VTGS2418	3.47	9.85				0.89	0.96		1.39	0.73
			平均值	2.38	8.87				0.98	1.06		2.26	0.63
		约改	VTGS0464-1	2.86	6.97				0.86	1.05		2.51	0.75
			VTGS0465	2.35	5.42				0.86	1.11		2.34	0.68
			VTGS1915-1	2.75	3.85				0.74	1.17		2.69	0.81
			VTGS1588	2.82	20.17				0.70	1.05		3.04	0.79
			平均值	2.70	9.10				0.79	1.09		2.64	0.75

表 3-4 测区侵入岩超单元、单元标准矿物特征

超单元	单元	样品编号	标准矿物含量(×10^{-2})													
			Ap	Il	Mt	Or	Ab	An	Di			Ol		Hy		Q	SUM
									Wo	En'	Fs'	Fo	Fa	En	Fs		
邦可钦-冬日日纠灰绿玢岩		VQGS0582	1.549	3.660	3.868	8.196	36.109	18.558	1.594	0.701	0.889			5.920	7.513	11.354	99.911
那吉卡色	阿西涌	VQP₇GS1-1	0.177	0.927	1.074	13.207	17.619	28.344	0.085	0.048	0.033			6.909	4.779	26.788	99.991
		VQP₇GS2-1	0.201	0.955	1.16	13.455	17.619	28.352						6.080	5.591	26.108	99.990
		VQP₇GS3-1	0.179	1.037	1.18	11.446	17.873	27.008						6.979	4.669	28.413	99.992
	若侯陇恩	VQGS0565	0.275	1.497	3.026	7.70	19.920	35.830	C:1.103					12.461	8.692	9.446	99.986
		VQGS1187	0.225	1.037	1.241	11.269	16.138	29.253	C:0.059					9.734	6.648	24.385	99.988
白日榨加	日玛者果	VQGS148-1	0.155	0.135	0.838	19.818	33.520	7.831	C:2.231					0.630	0.969	33.864	99.994
		VQGS708-2	0.111	0.135	0.924	24.842	33.088	3.889	C:2.512					0.580	0.862	33.055	99.998
	俄日邦陇	VQGS1132	0.312	0.310	1.448	16.800	19.836	21.411	C:1.352					4.695	5.994	27.876	99.985
		VQGS2468	0.448	1.050	2.172	17.627	18.473	19.151	C:2.888					5.564	2.888	29.712	99.975
岗齐曲上游	扎拉夏格涌	VTGS0431	0.312	0.581	1.290	22.449	31.985	8.617	C:0.729					1.953	0.994	31.165	99.985
		VTGS0443	0.245	0.310	0.536	24.517	32.606	8.835	0.779	0.506	0.220			0.179	0.078	31.177	99.987
		VTGS1922-1	0.745	0.904	2.746	17.976	29.161	11.328	C:4.592					5.465	5.023	22.019	99.959
		VTGS2418	1.208	1.440	2.610	26.284	34.518	13.218	C:0.398					3.447	1.451	15.355	99.930
	约改	VTGS0464-1	1.042	1.369	2.198	26.166	32.140	11.296	C:1.854					2.050	1.096	21.738	99.940
		VTGS0465	0.885	1.751	2.007	24.080	30.194	11.280	C:2.403					1.564	0.724	26.060	99.948
		VTGS1915-1	0.931	1.119	1.385	28.849	30.575	5.882	C:3.364					1.061	0.352	26.431	99.947

(三)微量元素特征

该类基性岩的微量元素含量见表 3-5,仅有的 1 个基岩光谱定量样经分析 Ba、Hf、Sc、Cr、Co、Ni、V、Zn、Ti 等元素含量较高,其他元素均接近或低于泰勒值,该基性岩类副矿物简单,其类型为电气石-磷灰石型,锆石为无色或淡黄褐色,透明短柱状,个别锆石晶体中可见黑色包体。

表 3-5 测区侵入岩各单元微量元素含量特征

岩 性	微量元素及含量(×10^{-6})														
	Sr	Rb	Ba	Zr	Hf	Sc	Cr	Co	Ni	V	Cs	Ga	Cu	Pb	Zn	Ti
灰绿玢岩	360	17.5	233	154	4	25	322	34	96	18	4	15	51	8.6	80	6523
英云闪长岩	940		1200	180		5	68	5	11	48			17	44	52	
石英闪长岩	504	179	796	151	4.9	1.8	7.9	3.5	6.1			3.2	5.6	62	98	
	380	84	488	108	3	0.8	8.1	3.2	7			2.3	4.2	17	23	
	984	83	1590	138	2.7	7	9.5	8.6	5.9			4.5	13	25	57	
	2268	149	3981	322	6.7	8.8	38	12.8	33			9.1	10	25	47	
二长花岗岩	24	404	43	32	1.8	0.8	9.5	1.2	3	4.1	10	31	5.6	58	122	104
花岗闪长岩	290	115	613	101	3.6	10	10.9	8.8	3.2	55	10	17	5.6	16	53	3198
	248	130	495	169	3.4	10	15	8.6	7.5	46	9.7	20	7.8	19	56	2988
	128	206	466	108	2.5	6.3	6.8	5.9	6.8	26	17	17	4.6	26	49	1280
石英闪长玢岩	504	197	796	151	4.9	1.8	7.9	3.5	6.1			3.2	5.6	62	98	
闪长玢岩	1359	147	3641	365	8.2	4.4	27	8.7	19			4.5	14	28	62	
泰勒值	375	90	425	165	3	22	100	25	75	135	3	15	55	13	70	6000

(四) 稀土元素特征

稀土元素特征见表 3-6。从表 3-6 上看,基性岩的稀土元素总量为 252.9×10^{-6}。轻稀土元素总量为 179.67×10^{-6},重稀土元素总量为 73.21×10^{-6},轻、重稀土之比为 1.41。这些特征值反映了测区的基性岩具有富轻稀土特征,δEu 值为 0.82,说明测区基性岩中稀土铕有微弱的亏损。

(五) 基性岩的构造环境分析

该类岩体的岩石化学反映,岩石类型为拉斑玄武岩;在 $TiO_2-10MnO-10P_2O_5$ 图(图 3-2)上样品落于 CAB 区,即钙碱性玄武岩,微量元素中 Cr、Co、Ni、V 各元素较高,说明该类岩体物源较深。从稀土配分模式图(图 3-3)上看,曲线为右倾斜的轻稀土富集性折线,铕具微弱的负异常,这种曲线形式与高铝玄武岩的稀土配分曲线较为相似,可能反映测区基性岩形成于低度部分熔融。

根据以上特征,结合区内地质构造特征,我们认为,测区基性岩的物源以地幔物质为主,构造环境属晚三叠世局部扩张的产物。

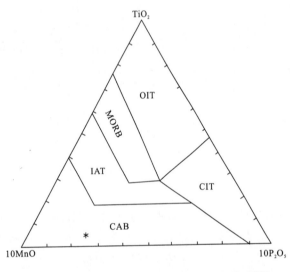

图 3-2 测区基性岩 $TiO_2-10MnO-10P_2O_5$ 图解
IAT. 岛弧拉斑玄武岩;OIT. 大洋岛屿拉斑玄武岩;MORB. 洋中脊玄武岩;CAB. 钙碱性玄武岩;CIT. 大洋岛屿碱性玄武岩

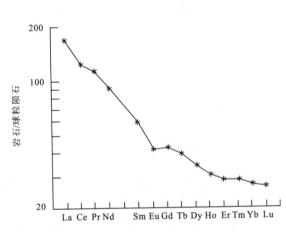

图 3-3 测区基性岩稀土配分模式图
T. 拉斑玄武岩系列;C. 钙碱性系列

二、晚三叠世纳吉卡色超单元

该超单元集中分布于图区东部的阿西涌、若侯陇恩、俄日邦陇等地,岩性组合为灰白色石英闪长岩和英云闪长岩两个单元。石英闪长岩单元与英云闪长岩单元之间为脉动接触关系。

该超单元由 5 个侵入体组成,总出露面积为 $23.65km^2$。依据超单元各单元侵入体侵入于晚三叠世巴塘群碎屑岩组及 1:20 万获得的 K-Ar 法同位素年龄为 139Ma 和 204Ma,将其时代归属为晚三叠世。

(一) 若侯陇恩单元($T_3\delta o$)

该单元由 3 个侵入体组成,分布于若侯陇、纳吉卡色、阿西涌 3 个地方,这 3 个岩体群居性好,岩性、结构一致,具有同一单元的共性,分布面积为 $8.25km^2$。依据 K-Ar 法年龄为 204Ma 及该单元侵入体侵入晚三叠世巴塘群地层的关系,将其时代归属为晚三叠世。

表 3-6 测区侵入岩各单元稀土元素及其特征

稀土元素含量（$\times 10^{-6}$）

时代	岩性	样品编号	La	Ce	Pr	Nd	Sm	Eu	Gd	Tb	Dy	Ho	Er	Tm	Yb	Lu	Y	REE	LREE	HREE	LREE/HREE	δEu
晚三叠世	灰绿色灰绿斑岩	VQXT0582	39.01	75.85	10.7	42.62	9.07	2.44	8.83	1.50	8.68	1.73	4.71	0.73	4.57	0.67	41.78	252.9	179.69	73.21	1.41	0.82
	英云闪长岩	VQP₇XT1-1	14.11	33.56	4.99	20.24	5.02	0.79	4.80	0.88	5.30	1.11	3.08	0.49	3.10	0.45	27.81	125.7	78.71	46.99	1.68	0.12
		VQP₇XT2-1	19.57	40.28	5.14	18.91	3.86	0.84	3.40	0.55	3.26	0.68	1.89	0.30	1.94	0.29	16.44	117.5	88.6	28.9	3.07	0.17
		VQP₇XT3-1	24.79	51.35	6.95	24.77	5.05	1.00	4.55	0.75	4.11	0.83	2.28	0.34	2.19	0.31	20.14	149.4	113.91	35.49	3.21	0.16
	石英闪长岩	VQXT1187	13.08	26.61	4.34	15.45	3.63	0.84	3.61	0.65	3.90	0.77	2.27	0.39	2.32	0.33	19.04	97.2	63.95	33.25	1.92	0.18
晚侏罗世	二长花岗岩	VQXT148-1	5.75	10.48	1.53	5.68	2.95	0.07	2.83	0.17	0.42	0.04	0.07	0.01	0.03	0.00	0.98	31.0	26.46	4.54	5.83	0.02
	花岗闪长岩	VQXT1132	25.43	52.73	5.43	20.27	4.18	1.09	3.49	0.55	2.96	0.57	1.55	0.26	1.49	0.24	14.1	134.3	109.13	25.17	4.35	0.2
		VQXT2468	29.73	57.41	7.36	25.29	5.05	1.09	4.21	0.68	3.60	0.70	1.85	0.30	1.83	0.27	17.66	157.0	125.93	31.07	4.05	0.18
		VQXT2523	21.47	36.37	4.63	16.48	3.78	0.74	4.14	0.80	5.33	1.15	3.32	0.53	3.32	0.50	30.82	133.4	83.47	49.93	1.67	0.14
始新世	石英闪长斑岩	VTXT0431	41.67	70.22	7.25	22.33	3.29	0.77	2.05	0.28	1.27	0.23	0.61	0.1	0.61	0.1	6.48	157.8	146.03	11.77	12.41	0.85
		VTXT0443	10.97	22.82	2.72	7.83	1.21	0.33	0.64	0.09	0.5	0.1	0.29	0.05	0.38	0.07	2.72	50.7	45.88	4.82	9.52	1.03
	闪长斑岩	VTXT0464-1	132.2	250.1	26.13	92.26	13.87	3.5	8.5	0.95	4.21	0.73	1.62	0.21	1.09	0.15	15.54	551.1	518.06	33.04	15.68	0.29
		VTXT0465	107.7	186.9	20.42	65.82	8.65	2.23	4.83	0.55	2.39	0.45	0.96	0.13	0.71	0.11	8.37	410.2	391.72	18.48	21.19	0.96

1. 地质特征

本单元侵入体侵入围岩为晚三叠世巴塘群中组（T_3B_2）灰色厚—中薄层状变岩屑长石砂岩、长石石英砂岩，野外调查表明接触面两侧岩性突变，二者的接触界线弯曲，接触带外侧灰黑色粉砂质板岩具角岩化蚀变，该蚀变带宽约15m，围岩中有侵入岩岩枝贯入，岩体边部有围岩的捕虏体，捕虏体的边部角岩化十分明显，岩体与围岩的接触面向南倾斜（外倾），倾角约45°左右，各岩体斜切围岩层理（图3-4）。

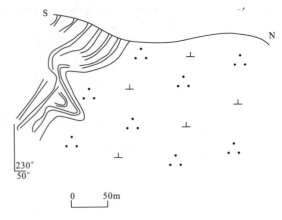

图3-4 石英闪长岩侵入晚三叠世巴塘群板岩素描

2. 岩石学特征

该单元采集薄片鉴定样品2块，分别采自于若侯陇恩岩体和阿西涌上游1187点的北部，以下就以阿西涌岩体为代表对其岩石化学特征进行描述。岩石呈灰色，全晶质中细粒半自形粒状结构，矿物粒径在1.5～2.5mm之间，岩性为中细粒石英闪长岩，岩石由石英（16%）、斜长石（66%）、黑云母（12%）、普通角闪石（6%）及少量的磷灰石组成，其中，斜长石呈半自形柱晶，大部分具绢云母化和帘石化现象，An≈38%，属中长石，有时见环带构造。黑云母呈半自形板状晶，Ng—红褐色，Np—浅黄褐色。角闪石为普通角闪石，呈柱状、不规则粒状晶，Ng—褐绿色，Np—绿色，具多色性，横切面角闪石式解理发育，少数具帘石化，有的被黑云母交代。石英呈他形粒状晶，分布于其他矿物粒间空隙中。磷灰石呈细粒状分布于黑云母之中。

3. 岩石化学特征

本单元共取2件硅酸盐样，经青海省地质矿产厅中心实验室分析。

其结果见表3-2。该单元的SiO_2含量分别为52.35×10^{-2}和62.33×10^{-2}，平均为57.34×10^{-2}，与中国主要岩浆岩种类的平均化学成分（黎彤、饶纪龙，1962）中的石英闪长岩SiO_2含量相比较低；Al_2O_3分别为15.50×10^{-2}和18.57×10^{-2}，平均为17.03×10^{-2}，与中国石英闪长岩（16.70×10^{-2}）相差不大；碱量为3.48×10^{-2}～3.70×10^{-2}，平均为3.59×10^{-2}，与中国石英闪长岩接近。

有关特征值见表3-3。从表3-3看，该单元里特曼指数为0.71～1.29，平均为1，属钙碱性岩，$Na_2O>K_2O$。在硅-碱图（图3-5）中投影，各样点落于"S"区，即亚碱性岩区；在AFM图解（图3-6）中投影，各样点落于"C"区，即钙碱性岩区。A/NKC值数为0.99、1.05，平均为1.02，小于1.1，说明岩石中铝处于饱和，同时也说明该类岩石具"I"型花岗岩特征，固结指数SI平均为29.3，说明岩石的酸性程度较高，岩浆的分异程度较高，碱度率分别为1.32、1.42，平均为1.37，说明岩石碱性程度较低，从Fe^{2+}和Fe^{3+}的含量看，$Fe^{2+}>Fe^{3+}$说明岩石遭受了较轻微的风化剥蚀作用。

标准矿物特征见表3-4。该单元的标准矿物组合为：Or+Ab+An+c+Hy+Ol，属铝过饱和类型，SiO_2低度不饱和。

4. 微量元素特征

有关本单元的微量元素见表3-5。该单元共取2件光谱样，经地矿部武汉综合岩矿测试中心分析，共测出27种元素的含量，同种元素不同样品经平均后与泰勒值（1964）对比发现，本单元岩浆岩中Pb、Zn、Sc、Cr、Cs元素高于泰勒值，Cu、Co元素比较接近于泰勒值，其他19种元素明显低于泰勒值，从成矿角度考虑，该单元岩体有利于Cu、Pb、Zn多金属矿的富集形成。

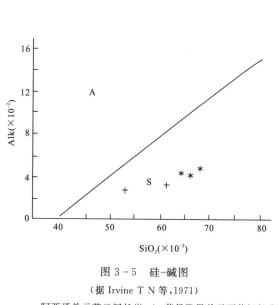

图 3-5 硅-碱图
（据 Irvine T N 等,1971）
*.阿西涌单元英云闪长岩；+.若侯陇恩单元石英闪长岩

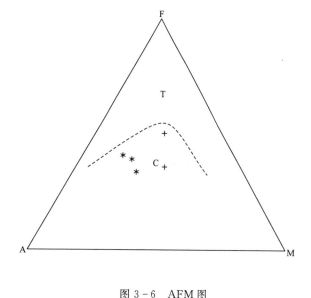

图 3-6 AFM 图
（据 Irvine T N 等,1971）
*.阿西涌单元英云闪长岩；+.若侯陇恩单元石英闪长岩

5. 稀土元素特征

本单元 1 件稀土样品经武汉综合岩矿测试中心分析,其结果见表 3-6。从表 3-6 中可看出,该单元稀土总量为 97.2×10^{-6},Eu 为 0.84,说明该单元侵入岩的 Eu 具有弱亏损,从轻重稀土总量和轻重稀之比看,本单元侵入体岩属轻稀土强烈富集,δEu 值为 0.18,据王中刚(1986)的划分 δEu<0.3 为晚期演化阶段形成的花岗岩。在稀土配分模式图上投影,发现为倾斜的 Eu 具"V"字形负异常的配分模式曲线(图 3-7)。

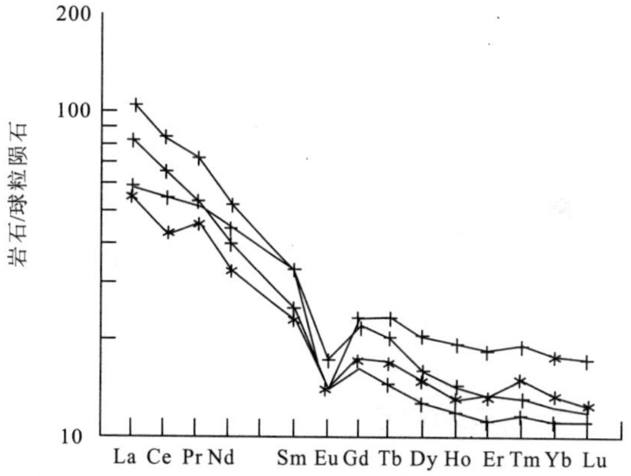

（二）阿西涌单元（$T_3\delta\iota$）

该单元分布于测区的阿西涌地区,由 2 个侵入体组成,出露面积为 $15.4km^2$。

图 3-7 纳古卡色超单元各单元稀土配分模式图
+.阿西涌单元英云闪长岩；*.若侯陇恩单元石英闪长岩

1. 地质特征

该单元的侵入体呈不规则长条状侵入最新地层巴塘群（T_3B_3）砂岩、板岩中,由于阿西涌地区第四系覆盖大,侵入体与围岩的接触关系资料缺乏,只在尕若贡卡西南部发现在岩体与围岩接触处二者界线分明,界线弯曲,岩体边部有细粒边,围岩角岩化,发育岩体岩枝,接触面产状南倾（外倾）,为 170°∠68°。岩体内含有大块的中—晚元古代宁多群的片麻岩块体,该块体周边有强烈的角岩化,主要岩石类型有深灰色细粒含白云母透闪石角岩、深灰色含石榴黑云堇青石角岩和灰黄色细粒含石榴透闪绿帘石角岩等,说明该侵入体侵入的最老地层应该是中—晚元古代宁多群,由于宁多群出露有限,大部分被侵入岩吞食,只有少量部分呈残蚀顶盖状保留在岩体内(图 3-8)。剖面资料反映,该岩体内见有后期闪长玢岩脉侵入(图 3-9)。据 1∶20 万扎河县幅资料,该岩体中采获 1 件 K-Ar 法同位素,其年龄为 139Ma,由于 K-Ar 法测年时的封闭温度较低,所测年龄往往偏新。因此,我们依据该单元岩体侵入晚三叠世巴塘群及同一超单元的石英闪长岩所获年龄(K-Ar法,204Ma),将其时代置于晚三叠世。

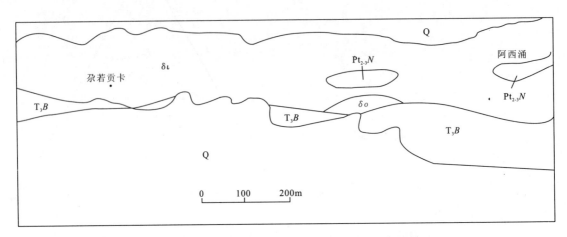

图 3-8 测区阿西涌单元侵入岩与围岩接触关系平面地质图
Q.第四系;T_3B.巴塘群;δo.石英闪长岩;$\delta \iota$.英云闪长岩

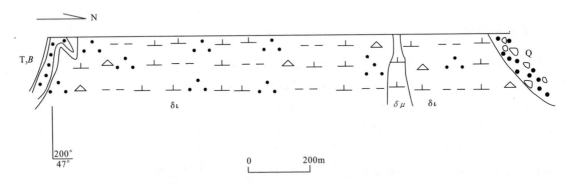

图 3-9 阿西涌单元(英云闪长岩)实测地质剖面图
T_3B.巴塘群砂岩;$\delta \mu$.闪长玢岩;$\delta \iota$.英云闪长岩;Q.第四纪地层

2. 岩石学特征

本单元共采集5块岩矿鉴定标本,各样的鉴定名称均为灰色中粒英云闪长岩,为全晶质中粒半自形粒状结构,局部出现似斑状结构和碎裂岩化结构,块状构造,因后期构造作用局部出现定向构造(发育在碎裂岩化岩石中),岩石由斜长石(52%)、石英(23%)、钾长石(5%)、黑云母(10%)、角闪石(10%)及少量的磷灰石组成。

斜长石呈半自形板状晶,An为40,属中长石,发育聚片双晶和环带构造,一般比较新鲜,少数具绢云母化现象,局部见斜长石边部具显微蠕英结构。钾长石呈不规则粒状晶,属微斜长石。石英呈他形粒状,分布于其他矿物粒间空隙中。黑云母多呈半自形—不规则柱粒状,Ng—深红褐色,Np—浅褐色—无色,多色性明显,常具次闪石化。磷灰石呈粒柱状散布。岩石受后期构造应力影响,具破碎现象,黑云母具弯曲现象。

3. 岩石化学特征

该单元共采集硅酸盐样品3件,经青海省地矿厅中心实验室分析,结果见表3-2。从表3-2上看,该单元的SiO_2含量变化于$63.73 \times 10^{-2} \sim 65.07 \times 10^{-2}$之间,平均为$64.32 \times 10^{-2}$,与世界39

类火成岩平均化学成分中的英云闪长岩的 SiO_2 含量(61.50×10^{-2})相比,高 2.8×10^{-2};Al_2O_3 变化于 $15.98\times10^{-2}\sim16.33\times10^{-2}$ 之间,平均为 16.17×10^{-2},与 16.48×10^{-2} 相比较接近;Na_2O+K_2O 总量变化于 $4.25\times10^{-2}\sim4.93\times10^{-2}$ 之间,平均为 4.47×10^{-2},与 5.69×10^{-2} 相比较低;CaO 变化于 $5.39\times10^{-2}\sim5.72\times10^{-2}$ 之间,平均为 5.62×10^{-2},与 5.42×10^{-2} 相比十分接近。

有关特征值见表 3-3。里特曼指数 σ 变化于 $0.73\sim0.82$ 之间,平均为 0.80,Na_2O 与 K_2O 含量比较接近,说明岩石为钙碱性系列;在硅-碱图(图 3-5)上投影,各样点落于"S"区,即亚碱性岩区;在 AFM 图解(图 3-6)中投影,各样点均落于"C"区,即钙碱性岩区。A/NKC 值变化在 $0.98\sim1.07$ 之间,平均为 1.02,小于 1.1,说明岩石为次铝的,从岩浆成因方面分析,A/NKC 值小于 1.1,具有"I"型花岗岩的特点;固结指数 SI 变化在 $21.5\sim25.5$ 之间,平均为 2.4,说明岩石为中酸性,分异程度较高;碱度率 AR 变化在 $1.45\sim1.49$ 之间,平均为 1.47,说明岩石的碱性程度差。

标准矿物特征见表 3-4。该单元的标准矿物组合为:$Or+Ab+An+c+Hy+Ol$,属铝过饱和类型,SiO_2 低度不饱和。

4. 微量元素特征

该单元采集了 3 件基岩光谱样,经地矿部武汉综合测试中心分析,共测出 27 种元素的含量(表 3-5),经各样品的平均值与泰勒值(1964)相比发现,本单元岩浆岩中的 Pb、Ba、Cs、Ga 高于泰勒值,而 Sb、Rb、Th、Hf 接近于泰勒值,其他元素均低于泰勒值,从成矿角度看,该单元有利于方铅矿的富集。

5. 稀土元素特征

本单元 3 件稀土样品经武汉综合岩矿测试中心分析,结果见表 3-6。该单元的稀土总量为 $117.5\times10^{-6}\sim149.4\times10^{-6}$,Eu 为 $0.79\times10^{-6}\sim1.00\times10^{-6}$,轻稀土总量大于重稀土总量,轻、重稀土之比为 $1.68\sim3.21$,说明轻稀土富集较强,δEu 值变化于 $0.12\sim0.17$ 之间,说明 Eu 出现亏损。

各样品投影于稀土配分模式图(图 3-7)上,其曲线为右倾斜的、Eu 具"V"字型负异常的轻稀土富集型折线,各样曲线的一致性说明,不同样品控制的各侵入体具同源岩浆特征。

(三)超单元的演化特征

岩石学特征表明:早期单元岩性为灰色中细粒石英闪长岩,而晚期单元岩性为灰色中粒英云闪长岩,说明该超单元由早期单元向晚期单元石英含量呈逐渐增加的趋势,显示超单元由基性向酸性演化。

岩石化学表明,SiO_2 含量在早期单元平均为 57.34×10^{-2};而晚期单元平均为 64.32×10^{-2};TiO_2 平均含量由早期单元向晚期单元逐渐降低;Al_2O_3 变化不明显;FeO 平均含量由早期单元向晚期单元逐渐降低;MnO、MgO、CaO 平均含量从早期单元向晚期单元也逐渐降低;碱总量(Na_2O+K_2O)从早期单元向晚期单元逐渐增加。稀土总量早期单元低;而晚期单元高,配分模式图的一致性说明各单元为同源岩浆演化。

(四)岩体的剥蚀深度、温压条件及定位机制分析

1. 岩体的剥蚀深度

(1)野外宏观特征表明,该单元的阿西涌英云闪长岩体和若侯陇恩石英闪长岩体在平面图上呈不规则长条状出露,出露面积较大,两岩体附近及围岩没有发现小型岩体(岩枝)和岩脉出露,岩体边部有细粒边,围岩接触面产状外倾,倾角在 $45°\sim65°$ 之间,岩体中见有黄铁矿晶体,其中,阿西涌英云闪长岩体中见有浑圆状围岩残蚀顶盖。据以上特征,我们认为,两个岩体的剥蚀深度为中—浅

剥蚀,其中,若侯陇恩岩体的剥蚀深度可能比阿西涌英云闪长岩体稍深(后者有围岩的残蚀顶盖)。

(2)据室内薄片鉴定发现,若侯陇恩石英闪长岩体中的矿物普通有帘石化、绢云母化蚀变,而阿西涌岩体中的大部分比较新鲜,只有少部分具帘石化,这也同样说明若侯陇恩石英闪长岩体的剥蚀作用强于阿西涌英云闪长岩体。

(3)从岩石化学角度分析,本超单元各样品的 $Fe_2O_3<FeO$、FeO 的含量高于 Fe_2O_3 六倍之多,这样的信息告诉我们,岩体所遭受的风化剥蚀作用较弱。

2. 岩体形成的温压条件

依据岩石化学分析中的 Fe_2O_3 和 FeO 的比值关系,利用 $Fe_2O_3\times100/FeO+Fe_2O_3$ 数字公式计算,本超单元各样品该比值不超过 20%,说明本超单元是一个深成岩体,在 Ab-Q-Or-H_2O 四元相系图(图 3-10)中投影,各样点落于 0.5kb 线的上部,其结果:形成温度为 750~800℃,压力在 0.5kb 左右,岩浆房形成深度在 16.6km 左右。

(五)定位机制

超单元岩体宏观特征表现为不规则长条状,与区内北西向区域构造线相吻合,与围岩有锯齿状界线,没有内部定向组构,围岩未因岩浆侵入而发生强烈变形,即使靠近接触带也未受到大的改造,在岩体边部常见有围岩的棱角状捕虏体。

微观特征也没有发现岩体内的原始定向组构特征,只是出现因后期构造改造后形成的矿物局部定向排列。据以上特征,我们认为,那吉卡色超单元侵入体为被动就位的产物,与北西向断裂紧密伴生。

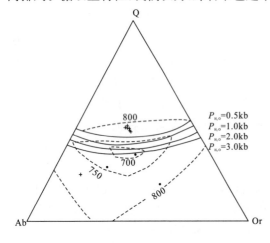

图 3-10 那吉卡色超单元 Q-Ab-Or 图解
*.阿西涌单元;+.若侯陇恩单元

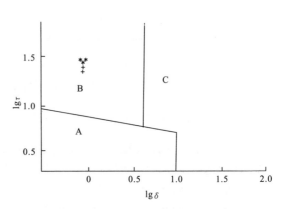

图 3-11 那吉卡色超单元 $lg\delta-lg\tau$ 图
*.阿西涌单元;+.若侯陇恩单元

(六)岩浆成因与构造环境分析

本超单元各单元的岩石化学特征表明,均为钙碱性系列岩石,含铝指数 A/NKC 的值均小于 1.1,以微量元素中 Pb、Ba、Cs、Ga、Zn、V、Cr 等元素的含量高为特征,稀土元素分析结果及配分模式图反映,Eu 具"V"型负异常,SiO_2 变化在 $56\times10^{-2}\sim75\times10^{-2}$ 之间,$Fe_2O_3^*/MgO>2.0$,$K_2O/Na_2O>0.6$。据 Jakes 等(1972)的研究,属活动陆缘。在 $lg\tau-lg\delta$ 图解(图 3-11)中投影,各样点均落于 B 区,即消减带侵入岩,结合测区资料,我们认为,该侵入岩形成于晚三叠世,此时西金乌兰洋已关闭而陆内俯冲作用表现十分强烈,从而引起中下地壳岩石的熔融、上侵。其大地构造环境应属于碰撞期后钙碱性侵入岩。

三、晚侏罗世白日榨加超单元

该超单元分布于测区白日榨加、阿尕松尕日玛、日玛者果和俄日邦陇等地,由5个侵入体组成,根据侵入体的岩性、结构和构造,分别归属为俄日邦陇灰白色中—细粒花岗岩闪长岩单元($J_3\gamma\delta$)和日玛者果浅灰色中粗粒黑云母二长花岗斑岩单元($J_3\eta\gamma\pi$),二者未见直接接触,各岩体呈不规则长条状分布,岩体大部分侵入于晚三叠世巴颜喀拉山群,个别侵入晚三叠世巴塘群,总出露面积为24.5km^2。依据162Ma,158.8±1.4Ma的K-Ar法年龄和岩石侵入晚三叠世地层的关系,将本超单元的时代确定为晚侏罗世。

(一)俄日邦陇单元

该单元分布于测区的俄日邦陇、阿尕松尕日玛等地,由3个侵入体组成,总面积约13.25km^2。

1. 地质特征

该超单元岩体主要侵入晚三叠世巴颜喀拉群砂岩夹板岩组中,岩体与围岩之间界线清楚,呈弯曲状,围岩经岩体烘烤后具轻微的角岩化蚀变,围岩中见该岩体的岩枝贯入,岩体边部发育宽约50cm的细冷凝边,边部见有少量的围岩捕虏体,接触面外倾,倾角为60°,个别侵入于晚三叠世巴塘群。

2. 岩石学特征

该单元的岩性为花岗闪长岩,颜色为灰色—灰白色,中细粒粒状结构,粒径为0.9~1.6mm,个别为2~3.2mm。岩石由斜长石、石英、钾长石和黑云母等组成。经对本单元3块薄片鉴定样统计平均,其斜长石(52%)呈半自形粒状晶体,由于受应力影响,具破碎现象,但没有位移,局部碎裂明显,属中长石,具环带构造且很发育,中心具轻微绢云母化。钾长石(12%)呈不规则粒状晶,为微斜长石,有的见卡氏双晶。石英(25%)呈不规则状粒状晶,分布于其他矿物粒间,常见裂痕;在斜长石与石英接触处见显微状蠕英结构。黑云母呈片状,Ng—褐色,Np—浅黄褐色,多色性、吸收性明显,除少许具绿化现象外,基本上都很新鲜。

3. 岩石化学特征

本单元采集2件硅酸盐样品,经青海省地矿厅中心试验室分析,结果见表3-2。由表3-2可知,本单元的SiO$_2$含量分别为65.12×10^{-2}和65.90×10^{-2},平均为65.51×10^{-2},与中国主要岩浆岩种类的平均化学成分(黎彤、饶纪龙,1962)中的花岗闪长岩(64.98%)相比十分接近,Al$_2$O$_3$平均含量为16.08×10^{-2},与16.33×10^{-2}相比也很接近,Na$_2$O+K$_2$O总量平均为5.07×10^{-2},与6.63×10^{-2}相比低1.57×10^{-2}。

有关特征值见表3-3。里特曼指数σ=1.13~1.15,平均为1.14,小于4,属钙碱性岩石系列。在AFM图解中(图3-12)投影各样点均落于"C"区,即钙碱性岩区。N/K比值分别为1.06、1.17,平均为1.13,说明岩石中Na$_2$O>K$_2$O;A/NKC值分别为1.06、1.17,平均为1.12,说明岩石中的Al$_2$O$_3$处于过

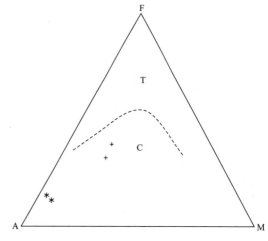

图3-12 白日榨加超单元AFM图
(据Irvine T N等,1971)
*. 日玛者果单元;+. 俄日邦陇单元

饱和,从岩浆成因角度分析,具有"S"型花岗岩的特点;固结指数 SI 分别为 15.96、19.29,平均为 17.63,说明岩石为中酸性岩,分异程度较差;氧化度 OX 为 0.2~0.41,平均为 0.31,说明岩石遭受风化比剥蚀作用较弱。

标准矿物特征见表 3-4。从表 3-4 中可看出,本单元岩石的标准矿物组合为:$Or+Ab+An+c+Hy+Ol$,属铝过饱和类型,SiO_2 低度不饱和。

4. 微量元素特征

本单元共采 3 件全定量基岩光谱样品,经武汉综合岩矿测试中心分析,其结果见表 3-5。从表 3-5 中可看出,该单元中 Rb、Ba、Th、Hf、Cs、Ga、Pb 等各元素含量均高于泰勒值,尤其是 Pb 元素高出泰勒值 1.5 倍,Zr、Zn 元素比较接近于泰勒值,其他元素均低于泰勒值,从成矿的角度看,该单元有利于方铅矿的富集形成。

5. 稀土元素特征

本单元共取 3 件稀土样品,经武汉综合岩矿测试中心测试分析,结果见表 3-6。由表 3-6 可知,本单元各样品稀土总量为 $83.47×10^{-6} \sim 125.93×10^{-6}$,总量较低。轻稀土总量大于重稀土总量,说明轻稀土具有富集型,δEu 值分别为 0.14、0.18、0.20,说明单元岩浆 Eu 具亏损的特征,在稀土配分模式图(图 3-13)上,各样品曲线协调一致,均为右倾的、Eu 具"V"型负异常的倾斜折线,说明单元内各侵入体具有同源特征。

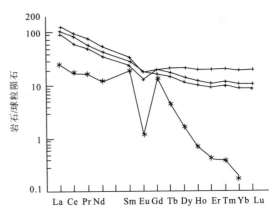

图 3-13　白日榨加超单元稀土配分模式图
*.日玛者果单元;+.俄日邦陇单元

(二) 日玛者果单元

该单元分布于测区的日玛者果、白日榨加等地,由 2 个侵入体组成,总面积约 $11.25km^2$。

1. 地质特征

该单元岩体侵入于晚三叠世巴颜喀拉山群砂岩夹板岩中,界线清楚,呈港湾状,接触面产状陡立,岩体切穿围岩层理,外接触带具有烘烤现象,岩体内见有围岩(砂板岩)的捕虏体(图 3-14)。

2. 岩石学特征

单元各岩体呈近东西向展布的长条状,岩性单一,均为黑云母二长花岗岩,灰红色斑,岩石由斑晶和基质两部分组成,斑晶成分主要为石英(7%)、斜长石(4%)和黑云母(3%),斑晶大小在 0.307mm×0.31mm~0.86mm×1.48mm 之间,钾长石具粘土化。基质有石英(20%)、斜长石(28%)、钾长石(25%)和黑云母(3%),基质被白云母交代明显。

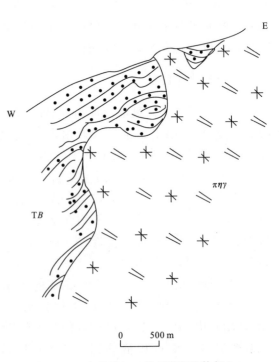

图 3-14　白日榨加二长花岗斑岩体侵入巴颜喀拉山群砂板岩素描图

3. 岩石化学特征

该单元的岩石化学特征见表 3-2。从表 3-2 中可看出，2 件硅酸盐样品经硅酸盐全分析其 SiO_2 含量分别为 $72.98×10^{-2}$、$73.36×10^{-2}$，平均为 $73.17×10^{-2}$；Al_2O_3 分别为 $14.73×10^{-2}$、$15.05×10^{-2}$，平均为 $14.98×10^{-2}$；Na_2O+K_2O 分别为 $7.22×10^{-2}$、$8.01×10^{-2}$，平均为 $7.62×10^{-2}$，与中国主要岩浆岩种类的平均化学成分（黎彤、饶纪龙，1962）中的黑云母花岗岩相比，本单元的 SiO_2 含量高出 $1.18×10^{-2}$，Al_2O_3 高出 $1.38×10^{-2}$，Na_2O+K_2O 总量与相比值相近。

有关特征值见表 3-3。其中里特曼指数 σ 分别为 1.74、2.1，平均为 1.93，属钙碱性岩石系列。在 AFM 图（图 3-12）解上投影各点均落于"C"区，即钙碱性岩区。N/K 分别为 0.93、1.18，平均为 1.06，说明岩石中的 Na_2O 含量大于 K_2O；A/KNC 值分别为 1.16、1.20，平均为 1.18，说明岩石中的 Al_2O_3 含量过于饱和；固结指数 SI 分别为 2.39、2.83，平均为 2.61，说明岩石的酸性程度高，岩浆的异程度也高；AR 值分别为 2.52、2.82，平均为 2.67，说明岩石具有弱碱特征；氧化度 OX 分别为 0.42、0.54，平均为 0.48，说明岩石属深成岩体，遭受风化剥蚀作用较弱。另外，根据 A/KNC 值大于 1.1 的特征反映该单元岩浆的成因具有"S"型特点。

标准矿物特征见表 3-4。从表 3-4 中可看出，该单元的标准矿物组合为：Or+Ab+An+c+Hy+Ol，属铝过饱和类型，SiO_2 低度不饱和。

4. 微量元素特征

本单元仅有的 1 件基岩光谱样品，经全定量光谱分析，其结果见表 3-5。从表 3-5 中可知，该单元的 Rb、Cs、Ga、Pb、Zn 微量元素含量高于泰勒值，且 Pb 元素含量高出泰勒值近 5 倍，Zn 高出近 2 倍，从成矿角度分析，该单元有利于 Pb、Zn 等多金属矿床的富集形成，其他元素均低于泰勒值。

5. 稀土元素特征

本单元仅有 1 个稀土样品控制，稀土全析其结果见表 3-6。从表 3-6 中可看出，该单元的稀土总量为 $31×10^{-6}$，总量偏低，从轻重稀土比值看，轻稀土强烈富集，δEu 值为 0.02，说明本单元的 Eu 处于强烈亏损。

在稀土配分模式图（图 3-13）上，该样品为右倾斜的 Eu 严重负异常的折线。

（三）超单元的演化特征

超单元的早期单元岩性为灰色—灰白色花岗闪长岩，而晚期单元岩性为灰红色斑状黑云母二长花岗岩，说明超单元由早期单元向晚期单元石英矿物逐渐增多，同时钾长石含量也有明显的增高，岩石的结构由细变粗。

岩石化学中 SiO_2 的平均含量由早期单元的 $65.12×10^{-2}$ 向晚期单元的 $73.17×10^{-2}$，呈增加趋势；TiO_2 平均含量逐渐降低；MnO、MgO、CaO 平均含量从早期单元向晚期单元也逐渐降低；碱总量（Na_2O+K_2O）从早期单元向晚期单元逐渐增加。

稀土总量早期单元高，而晚期单元低。晚期单元中 Eu 亏损强烈，早期单元 Eu 亏损微弱。

（四）岩体的剥蚀深度、温压条件及定位机制分析

1. 岩体的剥蚀深度

本单元各岩体出露面积较小，岩性单一，在野外调查中未发现复始岩体，岩体与围岩的接触带常常是弯曲的，并伴有角岩化蚀变，在岩体边部常常会发现围岩的捕虏体，捕虏体的形态为棱角状，

磨圆度差，大部分岩体与围岩的接触比较平缓。以上特征说明超单元岩体的剥蚀程度较浅，一般处于浅剥蚀。

2. 温压条件及就位机制分析

依据岩石化学分析中 Fe_2O_3 和 FeO 的比值关系，利用 $Fe_2O_3 \times 100/Fe_2O_3 + FeO$ 数学公式计算，本超单元各样品的该比值最低为 21%，一般都为 31%~48%，说明超单元各单元岩体均为深成岩体。依据岩石化学中水的含量分别为 0.75%、0.02%、0.79%、1.18%，平均为 0.685%，推算该超单元各单元侵入体形成的平均深度为 1km 以内。

超单元各岩体均呈长条状分布，其长轴方向与区内北西向构造线方向一致，岩体内除了见有因构造应力作用形成的矿物定向分布外，没有发现原生矿物定向分布特征。该超单元岩体除早期的花岗闪长岩为中细粒结构外，二长花岗岩单元以似斑状结构为特征。形成似斑状结构要有一定的空间，我们认为只有先期构造作用才能提供这种空间。据以上特征，我们认为该超单元侵入体具有被动就位的特点。

（五）岩浆成因与构造环境分析

本超单元各单元的岩石化学特征表明，岩石均属钙碱性系列，含铝指数 A/NKC 的值均大于 1.1，微量元素分析结果表明以高 Rb、Cs、Pb、Zn 而贫 Cr、Ni、Co、V 为特征，稀土元素特征表明 Eu 具强烈的负异常，"V"型谷十分明显，在 ACF 图解（图 3-15）中各样点明显有分散性，其中 3 个样点落于"I"型花岗岩区并非常靠近"I"型与"S"型分界线的附近，1 个样品落于"I"型花岗岩区，显示"I"型"S"型双重成因特征。在 $\lg\tau - \lg\delta$ 图解（图 3-16）上落于 B 区，即消减带火山岩。综合以上特征，我们认为该超单元应属"S"型花岗岩。结合区内地质构造特点，我们认为该超单元岩浆是在大规模造山作用虽已停止、但陆内汇集作用依然在测区持续、这种持续作用导致上地壳岩石的部分熔融形成的岩浆沿构造薄弱面上侵而成。其构造环境应属造山期后。

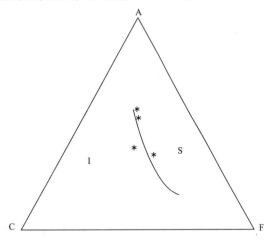

图 3-15 白日榨加超单元 ACF 图解

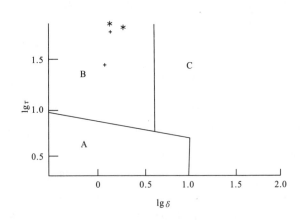

图 3-16 白日榨加超单元 $\lg\delta - \lg\tau$ 图解

＊. 日玛者果单元；＋. 俄日邦陇单元

四、始新世岗齐曲上游超单元

该超单元集中分布在测区诺哇囊依、尕日哇拉则、若侯陇恩等地，由 5 个侵入体组成，出露面积为 9.74km²。本超单元各侵入体侵入的最老地层为早二叠世开心岭群，最新地层为晚三叠世巴塘群。沱沱河幅在该类岩体中采获的 K-Ar 同位素年龄为：35.64Ma、37.86Ma、37.74±0.52Ma、

38.44 ± 0.58Ma、41.19 ± 0.48Ma,将该超单元时代归属为新生代始新世。

(一)约改单元($E_2\delta\mu$)

该单元分布于测区的尕日哇拉则附近,由两个侵入体组成,出露面积为$0.55km^2$。

1. 地质特征

该单元各侵入体侵入的最老地层为早二叠世扎日根组灰岩,最新地层为晚二叠世乌丽群那益雄组碎屑岩,其中岩体侵入那益雄组时关系清楚,接触界线弯曲,砂岩在靠近岩体处产状突然变陡,沿接触面形成宽约2m的橘红色热蚀变带,接触面产状外倾,倾角在60°~65°之间。

2. 岩石学特征

该单元的岩性单一,均为灰白色闪长玢岩,斑状结构,基质具显微粒状—隐晶质结构,岩石由斑晶和基质两部分组成,斑晶由斜长石、黑云母和角闪石组成,其斑晶大小呈两种状态,一种斑晶大小为0.5~0.9mm,另一种大小为1~3mm,除此,还有一种很小的斑晶为0.06~0.09及0.1mm,数量较少,无论哪种斑晶,虽大小不同但成分相同,且斜长石呈半自形板状晶,较新鲜,普通发育环带构造,有的发育聚片双晶,有的不发育,为中长石。因受应力影响,晶内不规则裂隙很发育。黑云母呈半自形板条状,暗褐色,多色性明显,具暗化边。角闪石为普通角闪石,呈半自形柱粒状,红褐色,多色性明显,解理发育,并常见暗化边(即在角闪石边缘具一层不透明的边),反映岩石为浅成产状。基质由斜长石组成,斜长石的一部分呈显微粒状,还有一部分呈隐晶质,其中夹少量不透明矿物及绿泥石等,副矿物磷灰石和锆石散布,具破碎现象。

3. 岩石化学特征

该单元的岩石化学特征见表3-2。SiO_2含量最低为65.92×10^{-2},最高者为68.44×10^{-2},平均为67.23×10^{-2},比中国闪长岩平均值高出10×10^{-2},其主要原因可能是玢岩体属于残余岩浆产物,残余岩浆的酸度大,SiO_2含量高。K_2O+Na_2O总量最低为7.52×10^{-2},最高为8.37×10^{-2},平均为8.08×10^{-2},高出中国闪长岩的平均值0.25×10^{-2},同样说明残余岩浆中碱富集。

有关特征值见表3-3。里特曼指数σ介于2.35~2.86之间,平均为2.70,说明该单元岩浆属钙碱性岩系。N/K介于0.70~0.86之间,平均为0.79,说明岩石中低Na,而高K。A/NKC介于1.05~1.17之间,平均为1.09,说明岩石中Al_2O_3处于过饱和,固结指数SI介于3.85~20.17之间,平均为9.10,说明该单元岩体为残余熔浆侵入形成。碱度率AR介于2.34~3.04之间,平均为2.64,说明岩中的碱性较低,氧化度OX介于0.68~0.81之间,平均为0.75,说明岩石遭受风化剥蚀作用较强。

CIPW标准矿物计算出现刚玉标准分子(表3-4),$Al_2O_3>Al_2O_3+K_2O+Na_2O+CaO$,属铝过饱和类型。在硅-碱图(图3-17)上投影各点均落于"S"区,即亚碱性岩区,在AFM图(图3-18)中各类投影于钙碱性岩区。

4. 微量元素特征

本单元的微量元素特征见表3-5。该单元微量元素与泰勒值(1964)相比,Sr高出泰勒值3.5倍,Rb高出1.5倍,Th高出2倍,Zr高出1.5倍,Hf高出2倍,P高出1.2倍,Ba高出9倍,Ce高出1倍,Nd高出1倍,Cr、Y、Cu、Pb、Zn和Co均低于泰勒值。

5. 稀土元素特征

本单元的稀土元素含量见表3-6。由表3-6可知,单元内各样品的稀土总量高,最低为

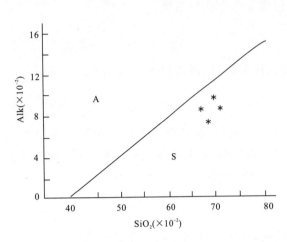

图 3-17 硅-碱图
（据 Irvine T N 等,1971）
A.碱性系列；S.亚碱性系列

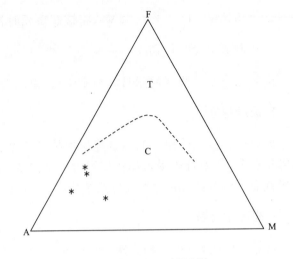

图 3-18 AFM 图
（据 Irvine T N 等,1971）
T.拉斑玄武岩系列；C.钙碱性系列

$260.66×10^{-6}$,一般在 $410.2×10^{-6}$ 以上,各样品以轻稀土总量高；而重稀土总量低。轻、重稀土比值普遍大于 10,说明该单元以轻稀土富集为特征。δEu 介于 $0.55\sim0.96$ 之间,说明岩浆中 Eu 处于亏损；$(La/Sm)_N$ 介于 $5.70\sim7.83$ 之间,$(Gd/Yb)_N$ 介于 $3.29\sim6.29$ 之间也说明轻稀土富集,且分馏程度高。在稀土配分模式图(图 3-19)上,单元中各样品投影曲线均为右倾斜,轻稀土富集而重稀土亏损。从各样品曲线之间的相互一致性分析,单元各岩体具同源岩浆特点。

(二)扎拉夏格涌单元($E_2\delta o\mu$)

该单元分布于诺哇囊依、若侯陇恩等地,由 3 个侵入体组成,总面积为 $9.19km^2$。

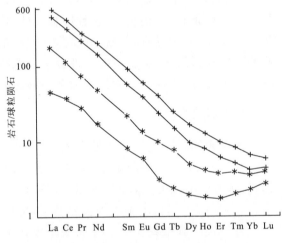

图 3-19 测区岗齐曲上游超单元各单元稀土配分模式图
*.石英闪长岩；+.闪长玢岩

1. 地质特征

该单元的侵入体侵入晚三叠世巴塘群碎屑岩中。岩体与围岩接触界线分明,界线弯曲,围岩具烘烤蚀变现象,并见有岩体岩枝穿插,岩体有围岩捕虏体,捕虏体为棱角状,接触面外倾。

2. 岩石学特征

该单元共有 4 块薄片鉴定样,分别控制了 6 个岩体,据薄片鉴定,岩性均为灰白色石英闪长玢岩,斑状结构,基质具粒状结构,岩石由斑晶(22%)和基质(78%)两部分组成,并有少量的榍石、锆石、磷灰石,斑晶由斜长石(5%)、石英(8%)、黑云母(8%)和角闪石(1%)组成,大小在 $0.4\sim0.6mm$ 之间,个别为 $0.9\sim1.6mm$,其中斜长石呈半自形板柱状晶,为中长石,有的具环带构造阴影。石英呈不规则粒状,有的被熔蚀。黑云母呈板状晶,多色性明显,有的交代角闪石。角闪石呈半自形假象,已全部被碳酸盐矿物交代或被黑云母交代,并析出铁质,斑晶矿物多发育晶内碎裂。基质由斜长石和少许石英及氧化物组成,斜长石(70%)呈不规则微粒状或半自形微粒状,个别有轻微绢云母化现象,石英(<5%)呈微粒状分布于斜长石粒间空隙,这些斜长石粒间分布较多的铁质(3%)粉末,榍石、锆石、磷灰石多分布于其他矿物之中,呈包裹体存在或散布于岩石中。

3. 岩石化学特征

该单元的岩石化学特征见表3-2。单元共采集硅酸盐样品4件,由表3-2中可知,这4件硅酸盐样经硅酸盐全分析,其SiO_2含量最高为72.82×10^{-2},最低为62×10^{-2},属中酸性侵入岩,平均为67.36×10^{-2},与中国石英闪长岩的60.51×10^{-2}相比高6.85×10^{-2}。碱总量在$6.27 \times 10^{-2} \sim 7.85 \times 10^{-2}$之间,4件样品中,3件$Na_2O<K_2O$,只有1件$K_2O<Na_2O$。

有关特征值见表3-3。里特曼指数σ在$1.93 \sim 3.47$之间,平均为2.38,属于钙碱性系列。在硅-碱图(图3-20)上投影,各点均落于亚碱性岩区,在AFM图(图3-21)中各点均于钙碱性岩区,从各点投影位置看,个别样品含碱较高。在4个样品中只有1个样品的A/NKC值大于1.1,其他各样均小于1.1,说明岩石具有"I"型花岗岩的特点;固结指数SI在$3.02 \sim 15.14$之间,说明该单元岩浆已经历了较高程度的分异作用;氧化度平均为0.79,说明岩石遭受风化剥蚀作用强烈。标准矿物计算除个别样品反应正常类型外,大部分以铝过饱和类型为特征,出现刚玉C分子(表3-4)。

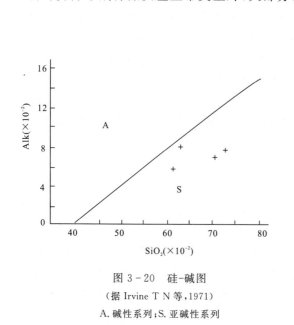

图3-20 硅-碱图
(据Irvine T N等,1971)
A.碱性系列;S.亚碱性系列

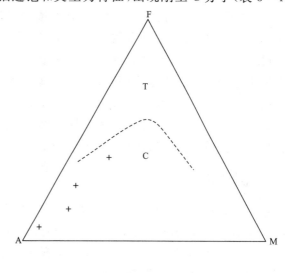

图3-21 AFM图
(据Irvine T N等,1971)
T.拉斑玄武岩系列;C.钙碱性系列;+.扎拉夏格涌单元

4. 微量元素特征

由表3-5可知,本单元的微量元素表现为Sr、Rb、Th、Zr、Hf、P、Ba、Sm、Cs等含量明显高于泰勒值,Zn接近于泰勒值,Pb明显高出泰勒值2倍。从成矿角度看,该单元有利于Pb矿的富集。

5. 稀土元素特征

有关稀土元素含量及特征见表3-6。本单元共取2件稀土样品,经分析发现,该单元的稀土总量最高为591.1×10^{-6},最低为50.7×10^{-6},各总量相互差异较大,只有一个样品的Eu出现弱正异常,另外1个样品均反映出Eu具有弱负异常,各样品均反映轻稀土富集型。$(La/Sm)_N$值变化在$5.53 \sim 7.97$之间,说明轻稀土分馏程度高,轻稀土富集;$(Gd/Yb)_N$值变化在$5.95 \sim 1.36$之间,说明重稀土富集程度较差。在稀土配分模式图(图3-19)上,单元内各样品的曲线为右倾斜,各样品的曲线基本一致说明各岩体具同源岩浆性。

(三) 超单元演化特征

岩石学特征表明:超单元从早期单元—晚期单元岩性变化为:灰白色闪长玢岩—灰白色石英闪长玢岩—灰白色石英二长闪长玢岩,即石英含量从早期单元向晚期单元逐渐增高,也说明超单元内从早期单元向晚期单元岩石中的酸度呈增高趋势。

岩石化学特征表明:超单元从早期单元—晚期单元 SiO_2 平均含量逐渐增大(最早单元为 67.23×10^{-2};中间单元为 67.32×10^{-2};晚期单元为 67.35×10^{-2}); TiO_2 平均含量逐渐降低;$NaO+K_2O$ 呈逐渐增大的趋势。

稀土总量从早期单元向晚期单元呈递减式,各单元稀土曲线的一致性表明同源岩浆岩化特征。

(四) 岩体形成的深度和剥蚀程度

1. 岩体形成的深度

超单元内各单元侵入体岩石以斑状结构为特征,岩石的粒度存在明显的不均匀性,岩体内部缺乏叶理,与围岩具明显的接触关系,并切割围岩层理,近岩体边部围岩具烘烤等热蚀变,并携带围岩捕虏体,该捕虏体保留了原岩的形态和原岩结构特征。据此我们认为,超单元各岩体属高位深成岩,依据岩石中化合水的含量我们认为,约改单元各岩体形成于 $1.5\sim3km$ 之内,而扎拉夏格涌单元形成于 $3\sim6km$ 之内,依据 $Fe_2O_3\times100/Fe_2O_3+FeO$ 比值推算,约改单元 $Fe_2O_3\times100Fe_2O_3+FeO$ 的平均值为 77×10^{-2},扎拉夏格涌单元的平均值为 57.5×10^{-2},通过计算发现,约改单元的该比值均大于 62×10^{-2},属浅成侵入岩体,也就是说,约改单元的各岩体在近地表形成,氧化程度高,而扎拉夏格涌单元的各岩体相对还会深些。

2. 剥蚀程度

超单元各单元侵入体的氧化度均在 0.68 以上,只有个别为 0.29,说明超单元各岩体遭受了较强的氧化剥蚀作用,其中,氧化最强的为约改单元各岩体,氧化度平均为 0.75,氧化最弱的是扎拉夏格涌单元岩体,氧化度平均为 0.63。超单元各岩体的岩性为玢岩,玢岩作为浅一超浅成岩体,在图区内以岩株状分布,且群居性很好,说明该地区的剥蚀程度较强。另外,从玢岩体的分布面积看,其出露面积较大,同样也说明了该地区的风化剥蚀作用强烈。鉴于以上特征,我们认为,该超单元各侵入体所遭受的风化剥蚀作用处于中—深剥蚀。

(五) 就位机制及岩浆成因与构造环境分析

1. 就位机制

超单元各单元侵入体呈长条状、不规则状分布,岩体的长轴方向与北西-南东向展布的构造线相一致,岩体内部均未发现矿物定向排列特征,超单元各单元侵入体均具有斑状结构,形成斑状结构必须要有足够的空间,在岩体边部常见有围岩棱角状捕虏体,围岩未因岩浆侵入体而发生强烈变形。根据以上特征分析,超单元各单元侵入体属被动就位,即由线状或环状断裂构造提供岩浆通导,致使超单元各单元侵入体上侵。

2. 岩浆成因及构造环境分析

通过岩石化学分析,超单元各单元以高 Al、低 Mg 与 Mn 为特征,说明岩浆来源于地壳的部分熔融;微量元素研究以高 Sr、Rb、Th、Zr、Hf、Ba 而低 Cr、Ni、Co、Cu 为特征,反映"S"型花岗岩的特点;稀土元素特征表明超单元以稀土总量高为特征,同样具有"S"型花岗岩的特点。在 lgδ-lgτ 图(图 3-22)上投影,超单元各点均落于 B 区,即挤压消减的产物,在 R_1-R_2 图(图 3-23)上投影发现,在 8 个样品中有 3 个样品落于 4 区,即晚造山期花岗岩,有 2 个样品落于 3 区,即高钾钙碱性花岗岩,有 2 个样品落于 6 区,即地壳熔融的花岗岩,有 1 个样品落于 2 区和 3 区的分界线附近。综合以上资料,结合测区的地质特征,我们认为,在古近纪中晚期由于测区受南北向强烈挤压,在这种挤压作用促使下导致地壳层间的滑脱,局部造成壳源物质的部分熔融形成局部岩浆房,岩浆房中的岩浆沿滑脱面上侵在近地表附近就位形成。

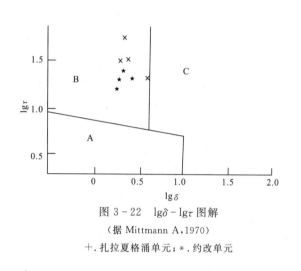

图 3-22　lgδ-lgτ 图解

(据 Mittmann A,1970)

+．扎拉夏格涌单元;*．约改单元

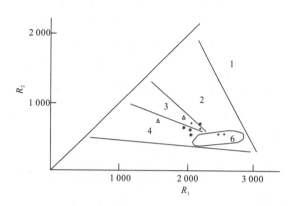

图 3-23　R_1-R_2 图解

(据 Batchelor R A 等,1985)

1．幔源花岗岩;2．板块碰撞前消减区花岗岩;3．高钾钙碱性花岗岩;4．晚造山期花岗岩;6．地壳熔融的花岗岩

+．扎拉夏格涌单元;*．约改单元

五、侵入岩与矿产的关系

(一)基性岩与矿产的关系

区内的邦可钦-冬日日纠辉绿玢岩体的微量元素研究表明,该类岩体明显含 Zn 高。在区调过程中发现,该岩体有明显的褐铁矿化特征,1∶20 万区化扫面 Cu、Pb、Zn 和 Fe 等富集。因此,该类岩体对形成多金属矿十分有利。

(二)纳吉卡色超单元与矿产的关系

纳吉卡色超单元中对若侯陇恩单元的微量元素研究表明,以 Pb、Zn 富集为特征,阿西涌单元以富 Pb 为特征,有利于 Pb、Zn 矿的富集形成。

(三)白日榨加超单元与矿产的关系

该超单元的俄日邦单元微量元素中以富 Pb 为特征,Pb 含量明显高出泰勒值 1.5 倍,而日玛者果单元中的 Pb 超出泰勒值 5 倍,说明该超单元有利于方铅矿的富集形成。

(四)岗齐曲上游超单元与矿产的关系

该超单元在野外调查中未出现十分明显的矿化现象,在微量元素中扎拉夏格涌单元(石英闪长岩)的 Pb 明显高出泰勒值 2 倍,而约改单元中的 Ba 高出泰勒值 9 倍,据此,我们认为,在该超单中应注意寻找重晶石矿和方铅矿。

第二节 火山岩

1. 火山岩的时空分布概况

测区火山活动时间跨度较大,始于中—新元古代,终于古—新近纪,其中二叠纪、三叠纪火山活动最为强烈。中—新元古代火山岩赋存在羌塘陆块中—新元古代宁多群中,均呈厚度不等的似层状,个别呈透镜状产出,岩性为石英片岩、斜长浅粒岩,原岩恢复为基性火山岩(它们均已属变质岩研究范畴,详见变质岩部分章节)。晚古生代,在羌塘陆块乌丽—达哈曲地区中—晚二叠世乌丽群地层中,均有基性—中基性火山岩及火山岩呈夹层状产出。中生代早期,区内火山活动的最强烈期为晚三叠世,也是最发育时期,具有明显的分区性,并且表现出"南强北弱"的火山活动特征。以通天河蛇绿构造混杂岩带为界,北部火山岩赋存在巴颜喀拉边缘前陆盆地的晚三叠世巴颜喀拉山群地层中,火山岩出露少,仅呈透镜状、夹层状,火山活动较弱,持续时间短,分布面积小,区内白日扎加地区见及。而南部火山活动强烈,持续时间长,且分布面积广,火山岩产于羌塘陆块,火山岩属海相,以火山地层、夹层状、透镜状赋存于晚三叠世结扎群的甲丕拉组、波里拉组及巴贡组中,以甲丕拉组火山活动最为强烈,分布在扎苏—囊极—郭仓抢玛一带。在通天河蛇绿构造混杂岩带中火山活动与南部相比较弱,而与北部相比则较强,火山岩主要分布在牙曲—达春加族一带晚三叠世巴塘群、夏俄巴改冒贡玛古—新近纪雅西措组地层中,雅西措组火山岩为陆相喷发,火山活动微弱。

2. 火山构造划分

"火山构造"是在火山岩分布区内由火山作用形成的火山产物及构造形迹的总称。它既可包括单一的火山机构,也可包括由区域构造控制而形成的、具有不同的构造属性的火山构造组合群体。目前,国内外关于火山构造的划分很不统一。

根据我们对本区的实际工作,并参考前人的研究成果以及《火山岩地区区域地质调查方法指南》(以下简称"指南"),本着简明、实用的原则,提出了火山构造级别划分方案(表3-7)。

表3-7 测区火山构造级别划分表

一级	二级	三级	四级	五级
巴颜卡拉边缘前陆盆地	早中生代古火山岩带	白日榨加裂隙式火山喷发(局部较弱)		
通天河蛇绿构造混杂岩带	早中生代及新-古近纪火山岩带	夏俄巴的改冒窝玛中-古新世裂隙式火山喷发(局部)		
		牙曲-达春加族早中生代晚三叠世裂隙式喷发带	牙曲-达春加族裂隙式线状火山喷发	
羌塘陆块火山活动带	晚古生代及早中生代古火山岩带	通天河-沱沱河晚古生代及早中生代火山断裂喷发带	扎苏-囊极-郭仓抢玛早中生代晚三叠世裂隙式喷发	扎苏层状古火山机构
				日阿吾德贤破古火山机构
		乌丽-达哈曲晚二叠世火山断裂喷发带	乌丽-达哈曲裂隙式线状火山喷发	

(1)火山活动带及火山带

羌塘陆块火山活动带为Ⅰ级火山构造。通天河蛇绿构造混杂岩带为测区构造分区界线,以此为界,将测区分为南北两个岩石区,控制着测区的侵入岩、火山岩及地层的分布。测区火山岩有通天河构造混杂岩带南晚二叠世乌丽群那益雄组、拉卜查日组火山岩、结扎群甲丕拉组、波里拉组、巴贡组火山岩。在通天河蛇绿构造混杂岩带中有晚三叠世巴塘群火山岩和古—新近纪雅西措组火山岩。通天河构造混杂岩带北有晚三叠世巴颜喀拉山群火山岩。

(2)喷发带(裂隙式线状火山喷发)

应属羌塘陆块火山活动带三级和四级火山构造。区内火山喷发带内断裂构造较发育,且与基底断裂构造密切相关,火山喷发带主要受深断裂控制,多个三级构造沿深断裂主方向呈带状展布,一般规模较大,可延长数十至数百千米;火山断裂喷发带呈北西-南东向或近东西向展布,各时代火山岩空间展布明显受断裂控制,各火山断裂喷发带多具溢流相为主的火山活动特征,在部分地区见有较强烈爆发相产物。现初步划分为通天河-沱沱河晚古生代及早中生代火山断裂喷发带;牙曲-达春加族早中生代晚三叠世裂隙式喷发带;夏俄巴的改冒窝玛中—古新世裂隙式火山喷发;白日榨加裂隙式火山喷发(局部较弱)。各喷发带受后期构造运动的破坏,岩石普遍蚀变,部分地段强烈剪切变形糜棱岩化。

3. 火山旋回

(1)旋回划分原则

火山旋回是指在一个火山活动期内,由火山作用不同阶段形成并与一定火山构造形式相联系的火山产物的总和。因此,正确划分火山活动旋回是阐明火山作用基本规律的基础之一。

划分火山活动旋回必须考虑以下基本原则。

①火山活动的间断性与时差性。

一个火山活动旋回只代表一个火山活动期,在同一活动期内,火山虽然多次喷发,但火山活动基本连续。不同火山旋回之间由火山活动间断期分开,间断期可由区域性沉积事件、不整合面表现出来;不同旋回的火山岩在形成时间上存在一定的差异性。

②火山产物特征。

不同旋回的火山产物,如火山岩岩石类型、岩相及组合,其岩石化学及地球化学特征、潜火山岩、与火山岩有关的侵入岩及矿产物不可能完全相同。

③不同时期火山构造叠置关系。

不同火山旋回产物组成的火山构造虽有共性,但由于火山作用方式及所处构造环境变异,故不仅构造类型可反映出差异性,其火山构造的分布格局、叠置关系亦有不同的特征。同旋回以并列为主,不同旋回火山构造则主要表现为晚期构造叠置于早期构造之上。

(2)火山旋回划分概述

测区火山活动具明显的时空分布规律,与华力西期—印支期主造山期不同演化阶段的关系密切。

本区火山活动始于中—新元古代,终于古近纪—渐新世。区内火山活动最强烈的时期是二叠纪—晚三叠世的火山活动,故本书将着重研究二叠纪—三叠纪以及古近纪—渐新世火山活动的特征,火山旋回划分亦与此相对应。

与测区构造分区相一致,将测区火山活动划分为3个构造-岩浆活动区(表3-8)。

表 3-8　测区火山活动旋回划分表

地质时代		羌塘构造-岩浆活动区		通天河蛇绿构造混杂岩带-岩浆活动区	巴颜喀拉边缘前陆盆地-岩浆活动区
	旋回	赋存岩石地层		赋存岩石地层	赋存岩石地层
新生代	E—N			雅西措组	
晚三叠世	T_3^3	$Ⅱ_3$	结扎群	巴贡组	巴塘群	巴颜喀拉山群
	T_3^2	$Ⅱ_2$		波里拉组		
	T_3^1	$Ⅱ_1$		甲丕拉组		
晚二叠世	P_3	$Ⅰ_2$	乌丽群	拉卜查日组		
		$Ⅰ_1$		那益雄组		

一、羌塘陆块晚二叠世火山岩

该火山岩分布在通天河构造混杂岩带通天河北的达哈曲—冬布里曲和测区西侧的乌丽拉卜查日一带，呈近东西向展布。火山岩剖面控制厚度为 48.12m，反映出该期火山活动较弱、规模较小，仅在局部分布。该期火山活动由西向东逐渐由弱变强，火山岩呈夹层状分布在地层中，岩石地层单位为晚二叠世乌丽群，并划分为两个组级地层单位，即那益雄组和拉卜查日组（有关地层的时代、岩石地层单位划分详见第二章地层部分）。与晚三叠世结扎群和古近纪沱沱河组为不整合接触关系，部分地区与晚三叠世结扎群为断层接触。岩石普遍遭受不同程度的蚀变，部分地段强烈，普遍具绿泥石化、绿帘石化。火山岩的时代依据赋存地层所产化石而定。

（一）火山旋回及火山韵律划分

依据区域资料和测区的实际情况综合分析研究，测区乌丽群岩石地层单位划分为两个岩组，即那益雄组和拉卜查日组，两组均有火山岩分布，呈夹层状产出，但从出现的情况来看火山活动比较弱，相比之下那益雄组火山活动较强。由下向上大致可以划分为两个喷发亚旋回（表 3-8），分别与岩石地层单位那益雄组（$Ⅰ_1$）和拉卜查日组（$Ⅰ_2$）相对应。

$Ⅰ_1$ 亚旋回（那益雄组）及韵律

本旋回火山岩分布在通天河北达哈曲一带，以溢流相、爆发相和爆发沉积相产于晚二叠世乌丽群那益雄组中，呈夹层状和透镜状产出。在沱沱河幅的乌丽拉卜查日组剖面上见有一层厚约 48.12m 的火山岩，其岩性为晶屑岩屑钙质沉凝灰岩，与剖面沉积碎屑岩组成沉积—爆发沉积—沉积的韵律（1 个），在剖面西侧不远的相邻路线见有溢流相的熔岩，岩性为蚀变安山岩。在测区东侧的通天河北侧达哈曲一带的路线见有由熔岩—凝灰岩—熔岩—凝灰岩—沉积组 2 个韵律，表现出火山活动由宁静溢流—爆发—静止的由弱→强→终止的活动规律。

$Ⅰ_2$ 亚旋回（拉卜查日组）

本旋回火山岩仅分布在通天河北达哈曲东侧一带，以爆发相和爆发沉积相产于晚二叠世拉卜查日组中，呈夹层状和透镜状产出。据路线观察，由角砾状晶屑岩屑凝灰岩—沉凝灰岩—正常沉积岩组成，表现出火山活动由火山爆发—爆发沉积—终止的由强→弱→终止的活动规律，组成 1~2 个韵律层。

（二）火山岩相及火山构造的划分

1. 火山岩相划分

据剖面和路线资料，那益雄组火山岩主要由溢流相、火山爆发相和火山爆发沉积相组成。

溢流相：由蚀变玄武安山岩、玄武岩、蚀变安山岩组成，颜色均为灰绿色，分布在测区乌丽和通天河北达哈曲一带。

爆发相：由浅灰绿色角砾安山质晶屑岩屑凝灰岩、灰绿色安山质晶屑岩屑凝灰岩组成，仅分布在通天河北达哈曲一带。

爆发沉积相：由晶屑岩屑钙质沉凝灰岩组成，仅分布在乌丽一带。

拉卜查日组火山岩中主要由爆发相和爆发沉积相组成。爆发相由浅灰绿色晶屑岩屑凝灰岩组成，爆发沉积相由浅灰绿色晶屑岩屑沉凝灰岩和褐紫色沉凝灰岩组成。爆发相和爆发沉积相仅分布在通天河北的达哈曲一带。

2. 火山构造划分

为羌塘陆块火山活动带的一部分，位于结合带南沱沱河-通天河晚古生代火山断裂喷发带的乌丽-达哈曲晚二叠世火山断裂喷发带、乌丽-达哈曲裂隙式线状火山喷发（表3-7）。

（三）火山岩岩石类型及特征

1. 熔岩类

（1）玄武安山岩

玄武安山岩呈灰绿色，斑状结构、基质交织结构，杏仁状构造。岩石由斑晶和基质与杏仁体组成。斑晶含量为10%，由斜长石组成，粒度一般在0.93~0.58mm之间，全部绿帘石化、绿泥石化。基质含量为85%，由斜长石、暗色矿物的不透明矿物组成，其中斜长石含量为57%，呈柱状、板柱状，略具定向排列趋势，全部被绿泥化，在其空隙之间充填有柱状暗色矿物，暗色矿物全部被绿泥石化，不透明矿物微粒状分布均匀。杏仁含量为5%，近似椭圆状、不规则状，粒度在0.45~0.22mm之间，在岩石中分布均匀，其内充填有方解石。

（2）安山岩

安山岩呈浅灰绿色—灰绿色，斑状结构，基质具交织结构，块状构造，部分地段见有流动构造。岩石由斑晶和基质两部分组成。斑晶含量为8%左右，由斜长石组成，粒度在0.98~0.77mm之间，呈板状、柱状，表面普遍泥化和不均匀帘石化，在岩石中分布均匀，具定向排列，长轴方向与岩石构造方向一致。基质成分为斜长石、暗色矿物，粒度一般在0.19~0.05mm之间，斜长石呈长柱状，含量为68%，普遍被钠长石化、绿帘石化，具明显的定向排列，长轴方向与岩石构造方向一致，暗色矿物含量为24%，呈柱状、粒状，全部被绿泥石化、绿帘石化，均匀分布在斜长石孔隙间，不均匀地析出少量铁质。

在部分岩石中见有杏仁体含量在4%~5%之间，呈椭圆状，粒度一般在0.78~2.96mm之间，均匀分布在岩石中，其内充填有绿帘石、石英和方解石等。在乌丽一带岩石流动构造发育。

2. 火山碎屑岩类

区内火山碎屑岩有正常火山碎屑岩和沉积火山碎屑岩。

（1）正常火山碎屑岩

此类岩石由火山喷发碎屑物质坠落后压结而形成的，其中正常火山岩成因碎屑物质占95%以上。在那益雄旋回和拉卜查日旋回中都见有。岩性有角砾状晶屑岩屑凝灰岩、角砾状安山质岩屑晶屑凝灰岩和安山质晶屑岩屑凝灰岩。

（2）沉积火山碎屑岩

此类岩石的特征是正常火山成因碎屑物占岩石的69%~90%，成分单一，非火山成因混入物占 20%～31%，其中常见者是方解石组成填隙物（胶结物），经压结和化学胶结成岩。岩石多为浅灰绿色、褐紫色。岩性主要为晶屑岩屑沉凝灰岩、沉凝灰岩、晶屑岩屑钙质沉凝灰岩。

（四）岩石化学及地球化学特征

岩石氧化物成分含量见表 3-9，将熔岩类样品投于 TAS 图解（图 3-24）上，样品落在粗面玄武岩和玄武粗安岩、玄武安山岩及粗安岩中，与镜下鉴定有误差，其原因可能与水含量有关，经较正基本上与镜下鉴定吻合。岩石化学分类以安山岩和玄武岩为主，少量碱性玄武岩。岩石标准矿物见表 3-10，其标准矿物组合为 Q、Or、Ab、An、Di、Hy，为正常类型的 SiO_2 过饱和，属于铝过饱和类型，仅见有一样品为 Or、Ab、An、Di、Hy、C，属铝过饱和类型的 SiO_2 低度不饱和。岩石 Na_2O＞K_2O，属钠质岩石。在表 3-11 中由特征参数可知 SI、DI 均在碱性玄武岩、玄武安山岩、安山岩范围，与镜下和投图基本吻合。里特曼指数 σ 一般为 2.312～2.456，小于 3.3，为钙碱性系列，1 个样品大于 3.3，为碱性系列。

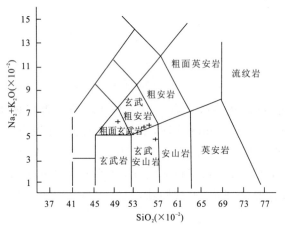

图 3-24 火山岩 TAS 图解

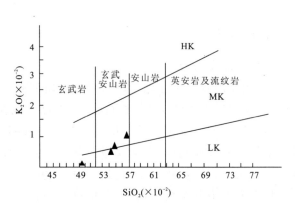

图 3-25 火山岩 SiO_2-K_2O 图解

在 SiO_2-K_2O 图（图 3-25）中属中钾—低钾，以低钾为主，在 Ol'-Ne'-Q' 图（图 3-26）中样品投在亚碱性系列区。在 AFM 图（图 3-27）中投图均落在钙碱性系列。

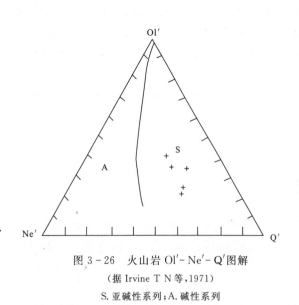

图 3-26 火山岩 Ol'-Ne'-Q' 图解
（据 Irvine T N 等，1971）
S. 亚碱性系列；A. 碱性系列

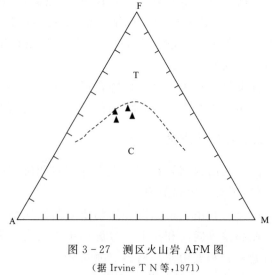

图 3-27 测区火山岩 AFM 图
（据 Irvine T N 等，1971）
T. 拉斑玄武岩系列；C. 钙碱性系列

表 3-9 测区晚二叠世乌丽群火山岩岩石化学特征

时代	群	地层组	样品编号	岩石名称	氧化物组合及含量（×10⁻²）												
					SiO_2	TiO_2	Al_2O_3	Fe_2O_3	FeO	MnO	MgO	CaO	Na_2O	K_2O	P_2O_5	H_2O^+	LOS	Σ
晚二叠世	乌丽群	拉卜查日组	VQGS663-1	晶屑岩屑凝灰岩	46.63	0.86	17.82	2.7	6.06	0.17	4.76	8.19	4.57	0.93	0.19	3.6	5.28	99.09
			VQGS663-2	晶屑岩屑凝灰岩	47.88	0.73	19.89	4.78	4.46	0.17	5.95	6.0	3.92	1.33	0.18	3.81	3.80	99.11
			VQGS663-3	沉凝灰岩	46.01	0.61	14.80	4.87	1.46	0.21	1.68	12.59	5.22	0.52	0.08	4.26	12.13	100.18
			VQGS663-4	流纹岩凝灰岩	80.26	0.24	8.61	3.27	0.82	0.05	0.16	0.58	4.68	0.34	0.02	0.57	0.59	99.49
			VQGS653-1	蚀变玄武岩凝灰岩	54.84	1.04	17.4	1.48	6.11	0.10	2.78	5.31	5.02	0.69	0.47	3.81	3.68	98.92
		那益雄组	VQGS654-1	晶屑岩屑凝灰岩	51.58	0.64	18.79	7.87	2.60	0.11	3.39	2.78	7.17	0.56	0.16	3.67	4.19	99.85
			VQGS654-2	杏仁状碱性玄武岩	49.43	0.71	18.69	9.23	1.82	0.17	4.51	4.88	5.69	0.36	0.33	3.25	3.54	99.37
			VQGS1546-1	晶屑岩屑凝灰岩	55.71	0.72	19.41	6.16	1.68	0.06	3.15	1.20	8.04	0.41	0.31	2.61	2.87	99.72
			VQGS1545-1	蚀变安山岩	56.97	1.25	15.78	1.33	7.46	0.09	2.87	2.82	3.63	1.02	0.64	4.39	4.71	98.64
			VQGS930-1	杏仁状玄武安山岩	54.47	0.87	16.25	3.57	4.84	0.16	2.04	4.50	5.02	0.59	0.11	4.36	6.84	99.27

表 3-10 测区晚二叠世乌丽群火山岩 CIPW 特征

时代	群	地层组	样品编号	岩石名称	CIPW														
					Ap	Il	Mt	Q	Or	Ab	An	Ne	Wo	En	Fs	C	Fo	Fn	En	Fs	Sum
晚二叠世	乌丽群	拉卜查日组	VQGS663-1	晶屑岩屑凝灰岩	0.444	1.742	4.174		5.862	33.634	27.040	4.119	6.244	3.574	2.395		6.186	4.567			99.981
			VQGS663-2	晶屑岩屑凝灰岩	0.413	1.457	5.368		8.255	34.848	30.041					1.600	5.071	7.637	2.957	4.040	101.688
			VQGS663-3	沉凝灰岩	0.199	1.320	3.910	1.906	3.498	50.309	17.559		11.735	5.722	5.803						101.956
			VQGS663-4	流纹岩凝灰岩	0.044	0.462	3.011	50.442	2.033	40.044	1.495		0.535	0.119	0.451				0.285	1.080	100.002
			VQGS653-1	蚀变玄武岩凝灰岩	1.077	2.074	2.253		4.278	44.605	24.053		0.162	0.072	0.088				7.198	8.800	99.934
		那益雄组	VQGS654-1	晶屑岩屑凝灰岩	0.367	1.274	7.049	5.278	3.475	60.124	13.375	1.192									99.985
			VQGS654-2	杏仁状碱性玄武岩	0.756	1.415	6.596		2.234	50.512	23.137					1.790	6.208	14.828	0.116	2.020	103.282
			VQGS1546-1	晶屑岩屑凝灰岩	0.771	1.415	5.583		2.505	70.407	3.858					0.898	0.768	0.279	6.804	3.520	100.154
			VQGS1545-1	蚀变安山岩	1.490	2.582	2.053	19.565	6.731	32.707	10.447					4.525	0.490		7.612	11.390	99.914
			VQGS930-1	杏仁状玄武安山岩	0.260	1.787	5.569	9.484	3.770	45.968	21.709		0.697	0.349	0.333	5.383			5.148	4.920	99.984

岩石稀土元素含量列于表 3-12,其火山熔岩类 $\Sigma REE=65.07\times 10^{-6}\sim 202.13\times 10^{-6}$,变化范围较大,$Sm/Nd=0.22\sim 0.29$,$(La/Yb)_N=2.03\sim 5.29$,$(Ce/Yb)_N=1.66\sim 4.53$,$La/Lu=19.14\sim 57.24$。稀土配分曲线为右倾斜式,部分铕显负异常(图 3-28、图 3-29),具岛弧安山岩特征。

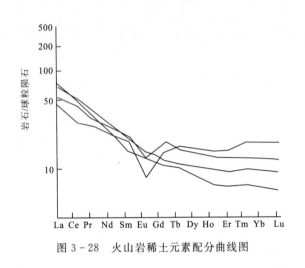

图 3-28 火山岩稀土元素配分曲线图

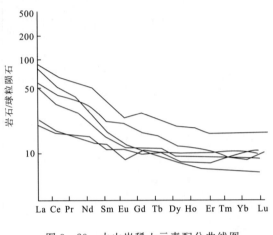

图 3-29 火山岩稀土元素配分曲线图

岩石微量元素 Y、Yb、Nb、Sc、Cu、Pb、N 变化不大,与中性岩相比(涂和费,1961),亲石元素 Ti、V、W、Rb、Sr、U、Th、Y、La 相近,Ba、Nb 等相近,Sc、V、Cr 较高,亲铁元素 Co、Ni、Mo 相近,亲铜元素 Cu、Pb、Zn 较高,均为钙碱性系列范围,与岛弧火山岩有相似之处。

(五)火山岩构造环境判别

将测区乌丽群火山岩熔岩样品投在 $TiO_2-10MnO-10P_2O_5$ 图解(图 3-30)上和 $Fe*/MgO-TiO_2$ 图(图 3-31)中,绝大多数样品投在岛弧拉斑玄武岩区。

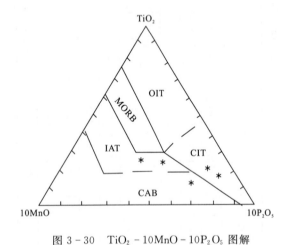

图 3-30 $TiO_2-10MnO-10P_2O_5$ 图解
(据 Mallen E D,1983)
OIT. 大洋岛屿拉斑玄武岩;CIT. 大洋岛屿碱性玄武岩;
MORB. 洋中脊玄武岩;IAT. 岛弧拉斑玄武岩;
CAB. 钙碱性玄武岩

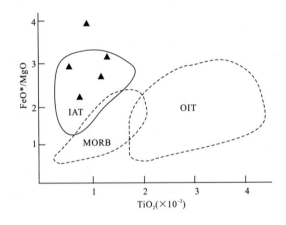

图 3-31 测区火山岩 $FeO*/MgO-TiO_2$ 图
(据 Glassiey W,1974)
IAT. 岛弧拉斑玄武岩;OIT. 大洋岛屿拉斑玄武岩;
MORB. 洋中脊拉斑玄武岩;▲. 晚二叠世乌丽群那益雄组火山岩

利用同位素 Sr 初始比值进行对比来判别构造环境,测区火山岩同位素 $^{87}Sr/^{86}Sr$ 比值与岛弧火山岩相似。

表 3-11 测区晚二叠世乌丽群火山岩的岩石化学特征参数

时代	地层 群	地层 组	样品编号	岩石名称	δ	SI	FL	ANT	DI	NK	QU	OX	LI	M/F	N/K	AR	MF
晚二叠世	乌丽群	拉卜查日组	VQGS663-1	晶屑岩屑凝灰岩	4.419	24.668	40.179	15.406	43.614	5.865	4.102	0.281	-5.024	0.402	7.466	1.536	0.652
			VQGS663-2	晶屑岩屑凝灰岩	4.165	29.359	46.662	21.875	43.103	5.515	3.524	0.355	-3.796	0.466	4.480	1.509	0.604
			VQGS663-3	沉凝灰岩	4.545	12.442	31.313	15.699	55.712	6.537	7.685	0.352	-5.087	0.194	15.263	1.530	0.784
			VQGS663-4	流纹岩凝灰岩	0.675	1.751	89.650	16.350	92.518	5.076	26.511	0.485	22.788	0.026	20.908	3.409	20.908
		那益雄组	VQGS653-1	蚀变玄武安山岩	2.465	17.290	51.815	11.904	54.162	5.995	6.316	0.177	3.505	0.303	11.066	1.672	0.732
			VQGS654-1	晶屑岩屑凝灰岩	5.918	15.941	73.547	18.154	65.510	8.110	5.033	0.426	1.877	0.228	19.444	2.118	0.750
			VQGS654-2	杏仁状碱性玄武岩	4.551	21.412	55.355	18.305	52.745	6.347	4.011	0.379	-2.988	0.299	24.001	1.691	0.701
			VQGS1546-1	晶屑岩屑凝灰岩	5.219	16.412	87.563	15.792	72.912	8.744	6.690	0.460	7.601	0.277	29.825	2.390	0.707
			VQGS1545-1	蚀变安山岩	1.418	17.543	62.495	9.721	59.002	5.004	5.676	0.137	5.987	0.281	5.158	1.676	0.754
			VQGS930-1	杏仁状玄武安山岩	2.312	12.702	55.490	12.913	59.221	6.070	6.645	0.389	4.321	0.168	12.941	1.741	0.805

表 3-12 测区晚二叠世乌丽群火山岩的稀土元素含量(×10⁻⁶)

时代	地层 群	地层 组	样品编号	岩石名称	La	Ce	Pr	Nd	Sm	Eu	Gd	Tb	Dy	Ho	Er	Tm	Yb	Lu	Y	Σ
晚二叠世	乌丽群	拉卜查日组	VQXT663-1	晶屑岩屑凝灰岩	24.60	39.71	4.54	16.61	3.28	1.06	3.13	0.51	2.97	0.60	1.66	0.26	1.60	0.24	14.63	115.40
			VQXT663-2	晶屑岩屑凝灰岩	24.3	42.36	5.11	18.90	3.92	1.24	3.81	0.61	3.72	0.75	2.09	0.34	2.13	0.32	18.56	128.17
			VQXT663-3	沉凝灰岩	17.52	36.55	4.60	18.58	4.41	1.08	4.96	0.84	5.28	1.11	3.14	0.50	3.06	0.47	30.61	132.71
			VQXT663-4	流纹岩凝灰岩	15.0	27.76	3.68	14.80	3.91	0.46	4.34	0.85	5.67	1.21	3.74	0.63	4.11	0.63	32.08	118.87
		那益雄组	VQXT653-1	蚀变玄武安山岩	18.89	37.66	5.03	21.55	4.87	1.63	4.72	0.79	4.23	0.87	2.26	0.36	2.15	0.33	19.87	125.21
			VQXT654-1	晶屑岩屑凝灰岩	27.50	45.94	5.52	18.93	3.35	1.10	2.99	0.47	2.84	0.59	1.67	0.26	1.55	0.25	14.45	127.41
			VQXT654-2	杏仁状碱性玄武岩	7.46	15.36	2.22	9.81	2.47	0.89	2.63	0.48	2.95	0.64	1.89	0.32	1.99	0.34	15.64	65.09
			VQXT1546-1	晶屑岩屑凝灰岩	17.27	32.05	4.00	14.62	3.31	0.99	3.36	0.58	3.16	0.68	1.86	0.31	1.92	0.30	16.80	1.1021
			VQXT1545-1	蚀变安山岩	28.19	61.67	7.92	33.19	7.76	2.16	8.12	1.27	6.93	1.41	3.81	0.60	3.85	0.60	34.65	202.13
			VQXT930-1	杏仁状玄武安山岩	6.89	14.74	2.15	9.15	2.62	0.57	3.16	0.56	3.50	0.75	2.31	0.36	2.29	0.36	18.64	68.05

综上所述，所有证据显示火山岩的构造环境为岛弧环境。

二、羌塘陆块晚三叠世火山岩

（一）地层特征

该火山岩分布在通天河蛇绿构造混杂岩带南侧的沱沱河—通天河一带，呈近东西向或北西西-南东东向带状展布，总体呈近东西向展布，与区域构造线基本一致。该期火山活动是测区最强烈的一期，时间跨度较长，纵贯整个晚三叠世地层。火山岩层由西向东整体表现出由薄变厚，在扎苏尼通地区 VQP_1 剖面的控制厚度为 2 364.28m，火山岩厚 2 301.52m（占地层厚度的 97.35%），向东至通天河火山岩呈夹层状，出露厚度较小，反映出火山活动东强西弱的变化规律。

火山岩赋存的地层单位为晚三叠世结扎群，并划分为 3 个组级岩石地层单位，即甲丕拉组、波里拉组和巴贡组。各组均见有火山岩发育，其中尤以甲丕拉组的火山活动最强烈、最发育，与晚二叠世乌丽群那益雄组和第三系沱沱河组为不整合接触关系，局部地段与乌丽群那益雄组为断层接触关系，与中二叠世九十道班组呈断层接触关系，局部与岩体呈侵入接触关系。

（二）火山旋回及火山韵律划分

火山岩系可分为 1 个旋回、3 个亚旋回，表 3-8 清楚地显示，该区晚三叠世火山岩具有多亚旋回活动的特点，各亚旋回火山岩岩性、岩相组合及地层结构类型均有其自身特征。现按亚旋回分别将其主要特征叙述于下。

1. 第一亚旋回（II_1）

与本亚旋回相当的火山岩地层为结扎群甲丕拉组。其火山活动经历了静止—初始期的间歇性喷发，大规模火山喷发—爆发至晚期爆发—最后次火山岩侵入。本亚旋回分上、中、下 3 段，即一段、二段、三段（图 3-32）。

一段（下岩性段）为第一亚旋回早期阶段性间歇性喷发活动产物，分布于测区扎苏、囊极、多尔玛一带，岩性为杏仁状玄武岩。

二段（中岩性段）：是大规模火山喷溢（溢流）活动产物，分布于测区扎苏一带，岩相组合为溢流相，岩性组合为玄武岩-粗玄岩-玄武安山岩等。

三段（上岩性段）：是大规模火山爆发—喷溢活动产物，仅分布于测区扎苏泥通一带，岩相组合为爆发相、溢流相，最后为次火山岩相。其岩性组合为火山集块岩-火山角砾岩-含角砾熔岩-凝灰岩-玄武岩-安山岩-玄武安山岩等。

本亚旋回以青海省格尔木市唐古拉山乡通天河北扎苏尼通晚三叠世结扎群甲丕拉组火山岩剖面（VQP_1）为代表。

因此，第一亚旋回的下岩性段以沉积相夹溢流相为主，中岩性段以溢流相的熔岩为主，上岩性段则以爆发相—溢流相为主，在扎苏尼通一带组成大面积的火山集块岩、火山角砾岩、熔岩等，反映火山活动经历了由溢流—沉积—溢流—爆发的由弱→强的活动规律。本亚旋回取得同位素年龄值为 231±28Ma（详见后有关同位素年龄），故将本旋回的时代归属晚三叠世早期，是测区火山活动最强烈时期。

2. 第二亚旋回（II_2）

本亚旋回在测区通天河北的日阿吾德贤、琼扎等地区出露，岩石地层单位为波里拉组。现将测区西邻沱沱河幅囊极剖面资料介绍如下。

本亚旋回的岩性主要由爆发相的火山角砾、爆发沉积相的沉凝灰岩组成,呈夹层状,沉积岩明显增多,火山岩夹层少。在日阿吾德贤以溢流相的碱玄岩和安山岩夹持在碳酸盐岩中,而在沱沱河南扎日根北一带则以溢流相的玄武安山岩夹持在灰岩中,火山机构以火山喷发破火山口为主。

3. 第三亚旋回(II_3)

第三亚旋回火山岩赋存于结扎群的上部巴贡组地层中,主要分布在测区外沱沱河北的郭仓尼亚陇巴一带,为火山活动晚期产物,火山岩明显减少,以基性熔岩溢流为主,形成溢流相玄武岩。本旋回火山活动微弱,火山岩多以夹层状产出。区内目前尚未发现由本旋回火山岩组成的火山机构,地层结构属沉积型。

4. 火山韵律

根据测区现有的火山岩资料,测区火山岩在不同地方和不同亚旋回中其韵律不同。由于断裂构造发育,致使剖面上火山岩出露不全,由西向东在测区沱沱河北郭仓尼亚陇巴地区第三亚旋回组成4个韵律,即溢流相—沉积相;在测区通天河北囊极一带,第二亚旋回组成了3个韵律,由爆发沉积相—沉积-爆发相—沉积相—爆发沉积相组成。

测区晚三叠世结扎群第一亚旋回火山岩最发育的扎苏尼通地区组成10个韵律(图3-32),即下部由溢流相—沉积相组成1个韵律,上部由爆发相—溢流相组成9个韵律。

(三)火山地层的对比

测区晚三叠世的火山活动经由萌发经高潮直至衰退的完整过程,可以明显地划分出3个喷发亚旋回;第一亚旋回反映火山活动的序幕到火山活动高潮期,早期以碎屑岩沉积为主,其中火山产物不足5%;中期火山活动渐强,由基性—中基性熔岩溢流组成,以溢流熔岩为主;晚期反映火山活动的高潮期,大量基性—中基性火山岩多次爆发、喷溢,火山产物占90%以上。第一亚旋回之后,火山经过一段时间休眠,到第二亚旋回又有几次火山喷发活动,但强度已大为减弱,间歇较多,最后到第三亚旋回火山活动经历了几次小规模火山喷发活动,间歇时间较长、较多,强度明显减弱,火山产物占10%左右,明显地显示出火山作用衰退,直至最后结束。

测区火山岩由西到东以火山活动阶段划分出的亚旋回具有可比性。通过对比发现,火山作用的强度与规模在中部的扎苏一带高于西部和东部,在成分上,中部基性—中基性成分多于东、西部两侧,火山爆发相多于东部和西部两侧。

(四)火山岩地质特征

1. 火山岩相划分

如前所述,岩相的划分是恢复古火山机构的重要途径,因此,对晚三叠世火山岩进行了岩相划分。

(1)爆发相

本岩相见有两种岩石类型,一种为爆发碎屑相,由火山剧烈爆发,抛出早先形成的火山岩及基底岩的碎屑坠落而成,以集块岩为主,次为火山角砾岩,岩相特征是碎屑大小混杂,分选性极差,多为棱角状,岩石缺乏层理,厚度变化很大;多分布在火山口、近火山口处,属于此类岩石的火山岩在第一亚旋回中发育,在其他旋回中不发育,仅在扎苏尼通一带分布,组成火山口,近火山口爆发碎屑相。

另一种为爆发火山灰流相,该相指火山强烈爆发时喷射出的炽热的火山灰流堆积,碎屑以火山

时代	群	组	亚旋回	韵律	喷发期	层号	柱状图	厚度(m)	岩性描述	岩相
晚三叠世	结扎群	丕拉组	第一亚旋回	10	第一喷发期	25		899	蚀变玄武安山质集块岩	爆发
						24		37.5	灰绿色蚀变橄榄玄武岩	喷溢
				9		23		28.7	蚀变杏仁状玄武质火山集块岩	爆发
						22		66.9	灰绿色蚀变橄榄玄武岩	喷溢
				8		21		55	灰绿色安山质火山集块岩	爆发
						20		23	灰绿色蚀变玄武岩	喷溢
				7		19		88.4	浅灰绿色安山质火山集块岩	爆发
						18		82.1	浅灰绿色玄武安山岩	喷溢
				6		17		141	浅灰绿色安山质火山集块岩	爆发
						16		31.4	浅灰绿色蚀变安山岩	喷溢
				5		15		106	蚀变玄武质火山集块岩夹杂色角砾凝灰岩	爆发
						14		51.4	灰绿色蚀变玄武岩	喷溢
				4		13		54.9	杏仁状安山质火山集块岩	爆发
						12		18.4	浅灰绿色蚀变安山岩	喷溢
				3		11		142	蚀变玄武质火山集块岩夹杂色角砾凝灰岩	爆发
						10		98.8	浅灰绿色蚀变安山岩	喷溢
				2		9		68.2	杏仁状安山质火山集块岩	爆发
						8		23.2	浅灰绿色蚀变玄武岩	喷溢
						7		158	浅绿色蚀变玄武安山岩	
						6		16.9	浅绿色蚀变玄武岩	
						5		4.23	浅灰绿色蚀变玄武岩	
						4		46.7	浅灰绿色蚀变玄武岩	
				1		3		45.3	浅紫红色细粒岩屑长石砂岩	沉积
						2		11.3	浅灰色碳酸盐杏仁状玄武岩	喷溢

图 3-32 通天河北扎苏尼通晚三叠世结扎群甲丕拉组火山岩喷发韵律、旋回柱状图

灰为主,次为在塑性状态下熔结而成的熔结火山碎屑岩类。其特征是火山灰粒度较细,呈凝灰级、较均匀;含少量细角砾,在火山口区缺乏灰流堆积,属于此类岩石的火山岩在第一亚旋回中发育,在其他旋回中较少见;岩性为含角砾凝灰岩、含角砾晶屑岩屑凝灰岩,分布在扎苏尼通、囊极和多尔玛一带。在塑性状态下熔结而成的熔结火山碎屑岩类,其特征是岩石中含有大量的、大小不同的塑性岩屑(又名浆屑),属于此类岩石的火山岩在第二亚旋回中见有,但较少,仅分布在囊极一带,岩性为中基性熔结角砾岩,含角砾中基性熔结凝灰岩。

(2)溢流相

本岩相主要为基性—中基性熔岩,具流动构造,流动不远,但受后期构造及蚀变破坏保留不好,不易辨认。它分布较广,属于本岩相的火山岩在3个亚旋回中都有产出,远离火山口的溢流相的特征是常夹细粒含角砾晶屑岩屑凝灰岩,如在囊极一带,熔岩流中夹有凝灰岩。

(3)爆发沉积相

本岩相在喷发带中分布较广,多位于距火山口较远的地方,空间上常常与爆发碎屑相及火山溢流相呈过渡关系。本相主要指火山喷发时喷出的火山碎屑物质坠落在积水凹地中形成的堆积物,是沉火山碎屑岩类,特点是其颜色多为灰色、灰绿色,物质主要来自火山爆发相产物,很少混有陆源碎屑、生物碎屑,但常混有水体中的化学沉积物,火山碎屑的磨圆度较好,呈凝灰级,并依重力分选成层,使岩石具水平层理,并常常呈现韵律层,属于此相的火山岩仅在第二亚旋回中发育,其他亚旋回中不发育,仅分布在囊极一带,岩性为蚀变沉凝灰岩,基性为沉凝灰岩。

2. 火山构造单位划分

测区该火山岩为羌塘陆块火山活动带的一部分,为沱沱河—通天河晚古生代及早中生代火山断裂喷发带的扎苏-囊极-多尔玛-郭仓枪玛早中生代晚三叠世火山断裂隙式喷发带,为Ⅲ级,扎苏-囊极-多尔玛-郭仓枪玛中心式—裂隙式火山喷发为四级,见有扎苏层状古火山机构和日阿吾贤德破火山机构。

3. 古火山机构

通过对火山构造单元的划分、对火山旋回与韵律、火山岩相的划分及对火山放射状断裂、环状断裂的调查,在扎苏新发现一处古火山机构和在日阿吾德贤发现破古火山机构,我们分别称之为扎苏层状古火山机构和日阿吾德贤古火山机构。

(1)扎苏层状古火山机构

该火山机构位于格尔木市唐古拉山乡通天河北的扎苏,东经为34°15′00″—34°18′00″,北纬为93°06′15″—93°11′00″,位于结合带深断裂南侧、通天河断裂北侧,平面形态略向北西方向延伸,呈椭圆状,火山机构部分保留不完整,其火山地貌已残缺不全。火山机构放射状、环状断裂(裂隙)发育,出露面积约$87km^2$。地貌上形成正地形。岩层围斜内倾呈负向的层状火山机构。由晚三叠世结扎群甲丕拉组基性—中基性—中性火山岩组成。它是岩浆多次喷溢与爆发交替、熔岩与火山碎屑岩交互成层产出的层状火山机构。

该火山机构经受过中—浅程度的剥蚀,喷发堆积物占其面积的90%以上,外围见有少量的次火山岩。

该火山机构主要由第一亚旋回喷发产物组成。按喷发产物形成顺序,以VQP_1为例自上而下可分为3段25层。

上段(三段):由第9~25层组成熔岩和火山碎屑岩,出现潜火山岩。

中段(二段):由第5~8层组成熔岩,成分变化。

下段(一段):由第1~4层组成沉积岩和熔岩互层。

按照喷发产物在火山机构中产出部位及形成方式,可划分为5个岩相。

①近火山口喷发中心碎屑岩相(爆发相)。

分布在火山口(喷发中心),呈环状产于下部溢流相之上,为火山爆发而成,未见更老的沉积岩,推断它是在早期火山的基础上喷发的,其产状围绕火山口向内倾斜,为该火山机构晚期的火山活动产物,岩性为玄武安山质集块岩。

②近火山口喷溢-爆发相。

分布于火山机构的外侧,为火山活动中晚期阶段爆发-岩熔溢流,未见更老的沉积岩,其产状围绕火山口向内倾斜。

③近—远火山口喷溢相。

分布于火山机构的最外侧,未见较老的沉积岩,其产状围绕火山口向内倾斜,为火山活动早期阶段的熔浆溢流产物。

④远火山口沉积-溢流相。

分布于火山机构的最外侧,见有早期的沉积岩,为火山活动初始阶段(萌发阶段)的沉积溢流产物。

⑤次火山岩相。

为脉状或墙状超浅成侵入体,主要分布于火山口西侧和南侧的外缘,呈半环状和放射状侵入火山机构外侧,岩性主要为次玄武岩,应属火山活动晚期的岩浆活动产物。

综上所述,扎苏古火山应属爆发—溢流为主的多次喷发类型,其发展过程可概括为溢流-沉积阶段—溢流阶段—强烈爆发-溢流阶段—晚期爆发阶段—熔岩超浅成侵入阶段。

(2)日阿吾德贤破古火山机构

该破火山机构发现于本次区调工作中,位于青海省格尔木市唐古拉山乡通天河北的日阿吾贤德一带,东经为34°15′30″—34°17′40″,北纬为93°44′25″—93°46′02″,位于结合带深大断裂南侧、通天河断裂北侧的日阿吾德贤、章岗日松—巴音赛诺北西-南东向断裂带上,在平面上形态呈长椭圆形,面积约25km²。

其基本特征如下。

①日阿吾德贤地区火山喷发活动有3个阶段,第1阶段为间歇性喷发阶段,形成一套溢流相的玄武岩、安山岩夹沉积岩。第2阶段为规模不大的中基性—基性岩浆爆发—溢流,第3个阶段为潜火山岩侵出。3个阶段构成一个火山活动旋回,即第二亚旋回。

破火山口的岩相分带明显,其中心部位为潜火山岩相(中—细粒闪长岩)、由内向外其岩性有显著的变化;中—细粒闪长岩(内部相)—辉绿岩(过渡相)—辉长辉绿岩(边缘相),呈半环状分布,向外依次为:溢流相安山岩、火山碎屑流相(凝灰岩)、溢流相(玄武岩)、沉积相。

②日阿吾贤德破火山构造以其独特的地貌形态、环状断裂、放射状断裂、十分规律的岩相分布格局显示破火山构造的地质特征。由于早期受北西-南东向断裂控制,后由裂隙式喷发转向中心式喷发,因而形成近长椭圆形破火山构造。环形断裂(裂隙)形成于破火山口塌陷过程中,之后被周围放射状断裂所切割,而破火山口内岩石则围绕破火山中心呈环状、半环状分布。

(五)火山岩同位素地质特征及时代

在测区西邻沱沱河幅结扎群甲丕拉组、波里拉组和巴贡组中的火山岩中取同位素,主要测试方法有Rb-Sr法、Sm-Nd法,其中在玄武岩获得Rb-Sr等时线同位素年龄为231±28Ma。单颗粒锆石U-Pb法测年样中,获得了表面年龄分别为325±1.7Ma、343±15.9Ma、469±21.9Ma、229±3.3Ma、237±67.2Ma、318±90.4Ma、156±1.2Ma、162±13.1Ma、252±20.4Ma、207±0.9Ma、213±6.7Ma、288±9.2Ma,其中207~237Ma年龄较多,与Rb-Sr等时线同位素给出的年龄相吻合,应属晚三叠世,另沉积岩所产化石也给予了充分证明。Sr同位素的初始比值 $Sr=0.70522\pm0.00023Ma$,少于 0.719,表明岩浆来源于上地幔,在上升的过程中受到地壳物质的混染。

(六)火山岩岩石类型及其特征

岩石种类繁多,有熔岩与碎屑熔岩、火山碎屑岩两大类。本区整个火山岩系以杏仁构造熔岩较多、火山碎屑中玻屑较少为特征。主要描述最能反映岩浆成分熔岩的特征。

1. 熔岩类

(1)玄武岩

岩石呈灰色—浅灰绿色,斑状结构,基质间隐结构,块状构造。岩石由斑晶和基质组成,斑晶含量在 40%~28% 之间,成分是斜长石(35%~25%)和少量暗色矿物(5%~3%),粒度在 0.37~3.74mm 之间。斜长石自形板状、柱状,普遍被帘石化、绿泥石化,局部被碳酸盐化,在岩石中分布均匀,仅保留柱状假象。基质含量在 65%~75% 之间,由斜长石、玻璃质和不透明矿物组成。斜长石(40%),呈板柱状、长柱状,普遍被帘石化和碳酸盐化,在岩石中呈杂乱分布,部分略具定向排列,在斜长石空隙之间,充填了隐晶质的玻璃质(23%~33%),后期脱玻化变成绿泥石和碳酸盐矿物。不透明矿物(2%~3%)呈微粒状,零星分布。此类岩石产于甲丕拉(第一亚旋回)、波里拉(第二亚旋回)二亚旋回中,分布范围较广,成分变化不大,蚀变较强。

(2)玄武安山岩

岩石呈灰绿色,斑状结构,基质具间隐结构,杏仁状构造和块状构造。岩石由斑晶和基质组成。斑晶在 3%~12% 之间,由斜长石和暗色矿物组成。斜长石多呈半自形板柱状,具不明显的环带构造,次生变化后完全被绢云母化、碳酸盐化。暗色矿物为角闪石,全部被绿泥石交代。基质含量在 67%~70% 之间,由斜长石、暗色矿物和不透明矿物组成;粒度在 0.048~2.024mm 之间,斜长石(48%~53%)呈长柱状、针状,略具定向排列。暗色矿物(17%)为普通角闪石,呈微粒状,不甚均匀地充填在长石微晶之间,次生变化后被绿帘石化。不透明矿物(2%~3%)呈微粒状分布。部分岩石中见有杏仁体,大小相近,呈云朵状外形,具花边,组成花边的是球粒状石英,内部为绿泥石集合体充填,零星分布。此类岩石产于第一亚旋回、第二亚旋回中,分布范围较广,成分变化不大,蚀变较强。

(3)安山岩

岩石呈灰褐色—灰绿色,斑状结构,基质交织结构,杏仁状构造或块状构造。岩石由斑晶和基质组成。斑晶含量在 30%~33% 之间。

(4)英安岩

岩石呈灰紫色,斑状结构,基质具微粒结构,流动构造或块状构造。岩石由斑晶和基质组成。斑晶在 4%~5% 之间,由更长石、石英和正长石组成。更长石(3%)呈自形板状晶体,聚片双晶发育,双晶带细而密,次生变化后轻微地被绢云母交代,长轴排列方向与岩石构造方向一致。正长石(10%)呈自形柱状晶体,具卡斯巴双晶。石英(1%)呈自形粒状晶体,裂纹发育,具有方向性排列,且与岩石构造方向一致。

基质含量在 95%~96% 之间,由更长石、石英、绢云母、方解石、磁铁矿、锆石组成。更长石(50%~55%)呈微粒状晶体。石英(28%~38%)呈显微粒状晶体,彼此紧密接触镶嵌,不甚均匀分布,局部见有不规则的粒状石英组成主晶,其中包含杂乱分布的长石微晶,成团块状分布。绢云母(4%)呈鳞片状不甚均匀分布在石英、更长石之间。磁铁矿(2%)呈粒状晶体和质点状褐铁矿不甚均匀地分布在石英、更长石之间。方解石(1%)呈微粒状不甚均匀分布在石英之间。见有流动构造。此类岩石产于第一亚旋回中,分布范围较小,仅在囊极一带出露。

(5)粗玄岩

岩石呈浅灰色、深灰色、灰绿色等,斑状结构,基质具间粒间隐结构,块状构造。岩石由斑晶和基质组成。斑晶(3%～35%)由基性斜长石、单斜辉石组成。基性斜长石(35%)呈自形板块晶体,聚片双晶发育,双晶带较宽,次生变化后完全被绢云母、绿泥石、碳酸盐交代,仅保留着晶体的假象,长轴排列方向与岩石构造方向一致。单斜辉石(3%)呈自形柱状晶体,次生变化后完全被碳酸盐交代。

基质(65%～97%)由基性斜长石、普通辉石、黑云母、石英和少量磁铁矿组成。基性斜长石(55%)呈半自形的长柱状晶体,交叉排列,格架状分布,次生变化后被绢云母、绿泥石、碳酸盐交代。普通辉石(8%)呈粒状晶体,不甚均匀地充填在其空隙之间,次生变化后被绿泥石、绿帘石交代。黑云母呈片状晶体不甚均匀地充填在其空隙中,次生变化后被绿泥石交代。石英呈微粒状不均匀地充填在其空隙中。此类岩石产于第一亚旋回和第三亚旋回中,分布范围较大,但不广,仅在扎苏和郭仓尼亚陇巴一带,成分变化较大,在第二旋回中岩石成分区别较大,在第一亚旋回中斑晶含量较多,达35%,为基性斜长石,而在第三亚旋回中斑晶含量仅3%,矿物为单斜辉石和拉长石;在第一亚旋回中基质含量为65%,矿物为基性斜长石(55%)、普通辉石(8%)、石英和少量磁铁矿,而在第三亚旋回中基质含量达97%,由拉长石(81%)、单斜辉石(6%)、基性玻璃(7%)、磁铁矿(3%)等组成。反映二者虽岩性相同,但其矿物含量明显不同,反映了两亚旋回岩浆成分的差异。

2. 火山碎屑

区内火山碎屑岩包括熔结火山碎屑岩、正常火山碎屑岩、沉积火山碎屑岩和火山碎屑沉积岩四大类。

(1)熔结火山碎屑岩

系指火碎屑物大于60%并以熔结方式成岩的火山碎屑岩,主要有蚀变中基性熔岩角砾岩。仅分布在测区囊极一带的第二亚旋回中。

岩石具熔岩角砾状结构,块状构造。角砾由岩屑和胶结物组成。角砾岩屑均为火山岩,含量为60%,角砾大小相近,呈次棱角状、次磨圆状外形。胶结物含量为40%,由基性熔岩组成。

(2)正常火山碎屑岩

此类岩石系由火山喷发碎屑物质坠落后经压结而形成,其中正常火山成因碎屑占95%以上,仅在第一亚旋回中见有安山质火山集块岩、玄武质集块岩、含角砾晶屑岩屑凝灰岩、中基性火山角砾岩。

(3)沉积火山碎屑岩

此类岩石的特征是正常火山成因碎屑物占岩石的80%～82%,成分单一,非火山成因混入物约占18%～20%,为方解石,经压结和水化学胶结成岩。岩石多为灰色、灰绿色。火山碎屑成分与同一旋回和此段的熔岩相近。仅在囊极一带的第二亚旋回中见有沉凝灰岩、基性沉凝灰岩。

(七)岩石化学及地球化学特征

1. 岩石化学特征

(1)岩石化学分类

测区晚三叠世结扎群岩石化学含量见表3-13。将熔岩类投点于国际地质科学联合会1989年推荐的划分方案TAS图解(图3-33)中,波里拉组火山岩落在碱玄岩、玄武岩、玄武安山岩、粗安岩中;甲丕拉组火山岩落在碱玄岩、玄武岩、粗面玄武岩、玄武粗安岩、玄武安山岩、粗安岩、安山岩、英安岩中。从投图情况看,与实际镜下鉴定有误差,其原因可能是与H_2O^+含量有关,绝大部多数样品的$H_2O^+>2\times10^{-2}$,我们把$H_2O^+<2\times10^{-2}$的样品投在TAS图上可用,而将$H_2O^+>2\times10^{-2}$

第三章 岩浆岩

表3-13 测区晚三叠世结扎群甲丕拉、波里拉、巴贡组火山岩的岩石化学含量

时代	地层群	地层组	样品编号	岩石名称	旋回	氧化物组合及含量($\times 10^{-2}$)												
						SiO_2	TiO_2	Al_2O_3	Fe_2O_3	FeO	MnO	MgO	CaO	Na_2O	K_2O	P_2O_5	H_2O^+	LOS	Σ
晚三叠世	结扎群	波里拉组	VQGS1540	蚀变粗安岩	第二旋回	56.46	0.66	17.41	3.59	2.06	0.08	1.88	3.73	7.01	2.18	0.44	2.06	3.96	99.46
			VQGS71-1	玄武岩		50.8	0.65	19.2	3.87	5.00	0.15	4.25	8.49	2.23	0.16	5.00	3.96	3.86	99.39
			VQGS962-7	蚀变玄武粗安岩		51.03	0.48	14.69	2.51	5.4	0.16	6.74	8.95	4.49	0.62	0.09	3.38	4.22	99.38
			VQGS962-8	蚀变杏仁状安山岩		46.32	1.0	17.57	4.75	4.46	0.17	5.51	4.81	5.17	1.58	0.32	7.76	7.47	99.13
		甲丕拉组	VQP₁GS2-1	杏仁状碱性玄武岩		50.03	0.99	15.62	2.99	2.24	0.32	1.8	8.98	7.37	0.37	0.46	2.32	8.12	99.28
			VQP₁GS4-1	玄武岩		55.39	0.70	17.92	5.34	3.06	0.09	3.34	4.28	5.04	1.28	0.19	2.96	2.89	99.57
			VQP₁GS7-1	蚀变玄武安山岩		54.97	0.69	17.91	5.09	3.66	0.13	3.02	6.85	3.43	0.94	0.18	1.20	2.34	99.22
			VQP₁GS9-1	安山质火山集块岩		54.28	0.84	18.89	4.32	2.04	0.08	1.64	6.7	6.41	0.81	0.17	2.68	3.44	99.61
			VQP₁GS9-2	玄武质火山角砾岩		52.28	0.74	16.65	4.95	3.76	0.21	1.99	6.97	3.40	2.11	4.95	2.85	5.60	99.94
			VQP₁GS11-1	玄武质火山集块岩	第三旋回	52.55	0.81	18.30	6.08	3.66	0.18	2.93	6.70	3.67	1.02	0.39	2.41	2.67	98.97
			VQP₁GS18-1	蚀变玄武安山岩		54.13	1.04	17.233	6.06	3.54	0.11	2.91	6.44	3.26	1.25	0.32	3.03	3.25	99.52
			VQP₁GS22-1	玄武岩		51.18	0.83	17.38	5.74	3.78	0.15	3.65	7.24	4.0	0.5	0.13	4.16	4.72	99.31
			VQP₁GS25-2a	蚀变安山岩		38.46	0.80	20.31	5.87	7.26	0.11	2.91	21.79	0.28	0.20	0.14	5.43	7.02	99.41
			VQP₁GS25-2b	蚀变杏仁状玄武岩		46.9	1.25	16.42	6.54	2.64	0.12	1.74	17.34	0.28	0.23	6.54	5.02	5.38	99.22
			VQP₁GS25-3	玄武安山岩		54.81	0.7	17.10	4.68	3.18	0.12	2.43	7.69	5.05	0.25	0.20	3.59	3.47	99.69
			VQP₁GS26-1	玄武安山岩		55.65	0.69	17.44	6.51	2.72	0.10	3.17	3.65	4.25	1.80	0.18	3.21	3.08	99.25
			VQGS658-1	杏仁状碱性玄武岩		49.2	1.19	17.63	1.44	7.02	0.10	4.27	4.61	6.23	0.47	0.51	4.44	6.35	99.02
			VQGS659-1	蚀变安山岩		57.98	0.63	15.37	5.10	2.28	0.23	1.89	4.24	4.21	1.49	0.13	3.16	4.28	99.84
			VQGS342-1	蚀变玄武岩		46.61	1.17	18.83	4.49	6.52	0.19	4.95	8.17	2.42	0.8	0.42	5.36	4.91	99.69

的样品进行修正,波里拉组火山岩可划分为碱玄岩、玄武安山岩、安山岩、粗安岩 4 个岩石类型;甲丕拉组火山岩可划分为碱性玄武岩、玄武岩、玄武安山岩、粗安岩、安山岩、英安岩 6 个岩石类型,上述样品的 K_2O 含量变化巴贡组在 $0.39\times10^{-2}\sim0.48\times10^{-2}$ 之间,变化范围较小;波里拉组在 $0.62\times10^{-2}\sim1.58\times10^{-2}$ 之间,变化范围略大;甲丕拉组火山岩在 $0.25\times10^{-2}\sim3.16\times10^{-2}$ 之间,变化范围较大,区间较宽,在 SiO_2-K_2O 分类图(图 3-34)中,波里拉组火山岩为中—高钾,以高钾为主,甲丕拉组火山岩为中—高钾,以中钾为主。

分析结果表明,测区火山岩样品的 H_2O^+ 及烧失量均较高,表明本区岩石均遭受过一定程度的蚀变/变质作用(低绿片岩相的变质作用)。

①碱玄岩。

SiO_2 含量为 $46.32\times10^{-2}\sim50.03\times10^{-2}$;$K_2O+Na_2O$ 含量为 $7.69\times10^{-2}\sim5.61\times10^{-2}$,且多数 $K_2O>Na_2O$,CaO 含量为 $4.61\times10^{-2}\sim8.98\times10^{-2}$,$TiO_2$ 含量为 $0.90\times10^{-2}\sim1.19\times10^{-2}$,以低硅、高钾与钛为特征。

②玄武岩类。

甲丕拉组中玄武岩的 SiO_2 含量为 $46.81\times10^{-2}\sim51.82\times10^{-2}$,平均为 49.86×10^{-2};K_2O+Na_2O 含量为 $3.22\times10^{-2}\sim4.96\times10^{-2}$,平均为 3.99×10^{-2},CaO 含量为 $7.24\times10^{-2}\sim14.66\times10^{-2}$,平均为 9.78×10^{-2},TiO_2 含量为 $0.55\times10^{-2}\sim1.17\times10^{-2}$,平均为 0.80×10^{-2},K_2O 含量为 $0.5\times10^{-2}\sim1.13\times10^{-2}$,平均为 0.83×10^{-2},且 $K_2O<Na_2O$,以低硅、中钾与钛、高钙、富钠为特征。

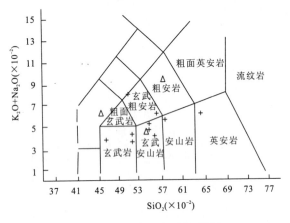

图 3-33 火山岩 TAS 图解
*.甲丕拉组火山岩;△.波里拉组火山岩

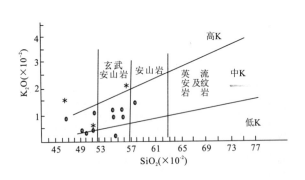

图 3-34 火山岩 SiO_2-K_2O 图
*.晚三叠世结扎群波里拉组火山岩;
●.晚三叠世结扎群甲丕拉组火山岩

③玄武安山岩类。

甲丕拉组中玄武安山岩的 SiO_2 含量为 $52.82\times10^{-2}\sim55.65\times10^{-2}$,平均为 54.48×10^{-2};K_2O+Na_2O 含量为 $4.37\times10^{-2}\sim6.05\times10^{-2}$,平均为 5.13×10^{-2},CaO 含量为 $3.65\times10^{-2}\sim7.69\times10^{-2}$,平均为 6.04×10^{-2},K_2O 含量为 $0.25\times10^{-2}\sim2.53\times10^{-2}$,平均为 1.35×10^{-2},TiO_2 含量为 $0.69\times10^{-2}\sim1.04\times10^{-2}$,平均为 0.78×10^{-2},且 $K_2O<Na_2O$,以低硅、中钾与钛、高钙为特征。

④安山岩类

据 3 个样品,其中 1 个样品为波里拉组中的火山岩,另 2 个样品为甲丕拉组中的火山岩。波里拉组中安山岩的 SiO_2 含量为 51.03×10^{-2},K_2O+Na_2O 含量为 5.11×10^{-2};K_2O 含量为 0.62×10^{-2},CaO 含量为 8.95×10^{-2},TiO_2 含量为 0.48×10^{-2},且 $K_2O<Na_2O$,以低硅、中钾与钛、高钙为特征。甲丕拉组中安山岩的 SiO_2 含量为 $53.39\times10^{-2}\sim57.98\times10^{-2}$,平均为 55.69×10^{-2};K_2O+Na_2O 含量为 $5.70\times10^{-2}\sim6.32\times10^{-2}$,平均为 6.01×10^{-2},CaO 含量为 $4.28\times10^{-2}\sim4.24\times$

10^{-2},平均为 4.24×10^{-2},K_2O 含量为 $1.28\times10^{-2}\sim1.49\times10^{-2}$,平均为 1.39×10^{-2},TiO_2 含量为 $0.70\times10^{-2}\sim1.63\times10^{-2}$,平均为 0.67×10^{-2},以低硅与钙、中钾与钛为特征。甲丕拉组中安山岩的 SiO_2、K_2O+Na_2O、K_2O、TiO_2 含量均高于波里拉组中安山岩的相应含量,而 CaO 含量则低于波里拉组中安山岩的相应含量,两者有区别。

⑤粗安岩类。

波里拉组中粗安岩的 SiO_2 含量为 56.46×10^{-2},K_2O+Na_2O 含量为 9.19×10^{-2};K_2O 含量为 2.18×10^{-2},CaO 含量为 3.73×10^{-2},TiO_2 含量为 0.66×10^{-2},且 $K_2O<Na_2O$,以低钙、中钾、钛与钙为特征。甲丕拉组中粗安岩的 SiO_2 含量为 $56.32\times10^{-2}\sim59.37\times10^{-2}$,平均为 57.85×10^{-2};K_2O+Na_2O 含量为 $8.48\times10^{-2}\sim9.76\times10^{-2}$,平均为 9.12×10^{-2},CaO 含量为 $5.11\times10^{-2}\sim1.79\times10^{-2}$,平均为 3.45×10^{-2},K_2O 含量为 $2.44\times10^{-2}\sim2.78\times10^{-2}$,平均为 2.61×10^{-2},TiO_2 含量为 $0.60\times10^{-2}\sim0.69\times10^{-2}$,平均为 0.65×10^{-2},且 $K_2O<Na_2O$,以低钙、中硅与钾、高钛为特征。

⑥英安岩类。

仅见有 1 样品在甲丕拉组中,其 SiO_2 含量为 64.40×10^{-2},K_2O+Na_2O 含量为 5.93×10^{-2};K_2O 含量为 1.51×10^{-2},CaO 含量为 2.90×10^{-2},TiO_2 含量为 0.61×10^{-2},且 $K_2O<Na_2O$,以低钙、中钛、高钾与硅为特征。

(2)岩石化学特征

测区火山岩岩石化学成分见表 3-13,CIPW 标准矿物扩岩石化学特征参数见表 3-14,岩石化学成分变化规律如下。

在表 3-13 中 SiO_2 含量介于 $38.46\times10^{-2}\sim64.46\times10^{-2}$ 之间,变化范围较大,区间较宽,应属基性—中基性—中性—酸性岩类,但总体以基性—中基性为主。

TiO_2 含量介于 $0.48\times10^{-2}\sim1.87\times10^{-2}$ 之间,为低钛—中钛岩石,反映出火山岩浆由超基性—中酸性,由中钛变低钛。

绝大多数样品的 $K_2O<Na_2O$,富钠为本区火山岩共同特征,且由基性—中性—酸性由富钠贫钾变为富钾贫钠,K_2O 的含量由基性—酸性增加,岩石总体应属中钾—高钾系列。

总之测区火山岩的岩石化学基性岩以贫硅与钾、高钛与钙,中性岩类以低硅、中钾、钛与钙,酸性岩类以高硅与钾、中钛、低钙为特征。

(3)主要岩石化学参数

①里特曼指数(表 3-15)$\sigma=0.031\sim7.163$ 之间,变化范围较大,16 个样品的 $\sigma<3.3$,其余样品的 $\sigma>3.3$。

②分异指数 DI 绝大多数在 $14.612\sim80.285$ 之间,变化范围较大,表明岩浆分异演化趋势由基性—中性—酸性增大。

③固结指数 SI 在 $6.58\sim39.248$ 之间,变化范围较宽。

④碱钙指数 FI 绝大多数在 $11.294\sim84.518$ 之间,变化范围较大。

⑤铁镁指数 FM 在 $0.518\sim0.859$,变化范围不大,指数明显偏低。

(4)CIPW 标准矿物特征

从表 3-14 可知,基性岩类有 4 个组合,即 Q、Or、Ab、An、C、Hy 铝过饱和类型 SiO_2 过饱和,Or、Ab、An、Di、Ne、Ol 正常类型 SiO_2 极度不饱和,Q、Or、Ab、An、Di、Hy 正常类型 SiO_2 过饱和以及 Or、Ab、An、Ol、Hy 正常类型 SiO_2 低度不饱和。中性岩类有 3 个组合,即 Q、Or、Ab、An、Di 、Hy 正常类型 SiO_2 过饱和,Or、Ab、An、Di、Hy、Ol 正常类型 SiO_2 极度不饱和以及 Q、Or、Ab、An、C、Hy 铝过饱和类型 SiO_2 过饱和。酸性岩为 Q、Or、Ab、Di、Hy 正常类型 SiO_2 过饱和。大多数为正常类型 SiO_2 过饱和。

表3-14 测区晚三叠世结扎群甲丕拉、波里拉、巴贡组火山岩的CIPW标准矿物

时代	地层群	组	样品编号	岩石名称	CIPW														
					Ap	Il	Mt	C	Q	Or	Ab	An	Wo	En'	Fs'	En	Fs	Fo	Fa	Ne	Sum
晚三叠世	结扎群	波里拉组	VQGS1540	蚀变粗安岩	1.007	1.314	4.313			13.502	60.892	10.060	2.640	1.779	0.66			2.191	0.896	0.690	99.947
			VQGS71-1	玄武岩	10.891	1.231	4.435	11.196	21.149	4.479	18.812	9.456				10.551	7.154				99.355
			VQGS962-7	蚀变玄武粗安岩	0.208	0.957	3.825			3.853	39.23	19.018	11.282	7.314	3.201			7.237	3.491	0.377	99.993
			VQGS962-8	蚀变杏仁状安山岩	0.763	2.074	5.959			10.199	37.407	27.913	0.780	0.520	0.204			10.14	4.378	5.623	99.96
		甲丕拉组	VQP₁GS2-1	杏仁状碱性玄武岩	1.104	2.064	3.702		-2.729	2.399	68.461	9.268	9.726	6.083	3.051						103.129
			VQP₁GS4-1	蚀变安山岩	0.430	1.516	5.46	0.949	5.791	7.836	44.182	20.711				8.618	4.485				99.979
			VQP₁GS7-1	蚀变玄武安山岩	0.406	1.356	5.108		10.928	5.744	30.016	31.744	0.913	0.497	0.383	7.281	5.603				99.980
			VQP₁GS9-1	安山质火山集块岩	0.387	1.658	4.142		0.155	1.165	56.393	23.118	4.292	2.054	2.175	2.192	2.321				99.994
			VQP₁GS9-2	玄武质火山角砾岩	11.053	1.436	5.214	8.114	18.754	12.740	29.398	2.320				5.064	5.652				60.493
			VQP₁GS11-1	玄武质火山集块岩	0.887	1.607	5.65		7.136	6.216	32.326	31.745	0.085	0.044	0.039	7.553	6.71				99.638
			VQP₁GS18-1	蚀变玄武安山岩	0.728	2.057	5.607		11.203	7.688	28.721	29.868	0.508	0.273	0.218	7.274	5.815				99.961
			VQP₁GS22-1	玄武岩	0.302	1.671	5.488		4.227	3.132	35.8720	29.662	3.131	1.754	1.25	7.880	5.617				99.986
			VQP₁GS25-2a	蚀变安山岩	0.372	1.650	2.948		5.730	1.282	2.573	58.225	16.089	6.528	9.693						105.05
			VQP₁GS25-2b	蚀变杏仁状玄武岩	14.35	2.384	3.552		19.724	1.365	2.378	43.045	0.196	0.072	0.128	4.280	7.670				99.145
			VQP₁GS25-3	玄武安山岩	0.455	1.385	4.853		5.986	1.516	44.487	24.206	5.908	3.217	2.482	3.084	2.379				99.978
			VQP₁GS26-1	玄武安山岩	0.411	1.366	5.926	2.392	10.099	11.092	37.505	17.665				8.232	5.303				99.980
			VQGS658-1	杏仁状碱性玄武岩	1.202	2.439	2.253			2.996	50.641	20.231	0.357	0.181	0.168			7.951	8.138	3.377	99.934
			VQGS659-1	蚀变安山岩	0.297	1.253	6.185		14.715	9.224	37.328	19.528	0.677	0.307	0.365	4.624	5.483				99.987
			VQGS342-1	蚀变玄武岩	0.970	2.347	5.647	0.142	2.132	4.993	21.630	39.906				13.022	9.159				99.948

表 3-15 测区晚三叠世结扎群甲丕拉、波里拉、巴贡组火山岩的岩石化学特征参数

时代	地层		样品编号	岩石名称	岩石化学特征参数											
	群	组			σ	SI	FL	ANT	DI	NK	QU	OX	LI	M/F	N/K	AR	MF
晚三叠世	结扎群	波里拉组	VQGS71-1	玄武岩	1.163	26.510	26.049	26.105	44.441	2.981	4.177	0.320	-3.668	0.354	4.458	1.242	0.674
			VQGS1540	蚀变粗安岩	5.737	11.294	71.130	15.750	75.084	9.031	10.079	0.476	10.50	0.221	4.886	2.538	0.748
			VQGS962-7	蚀变玄武粗安岩	2.714	34.109	36.345	21.268	43.459	5.370	3.679	0.289	-0.178	0.637	10.988	1.552	0.540
			VQGS962-8	蚀变杏仁状安山岩	7.163	25.782	58.395	12.401	53.229	7.373	3.761	0.380	-2.408	0.422	4.973	1.864	0.623
		甲丕拉组	VQP₁GS2-1	杏仁状碱性玄武岩	6.058	12.243	46.292	8.330	68.131	8.496	9.519	0.398	1.114	0.231	30.286	1.918	0.741
			VQP₁GS4-1	蚀变安山岩	2.981	18.669	59.612	16.721	57.809	6.547	5.780	0.411	4.317	0.279	5.985	1.796	0.711
			VQP₁GS7-1	蚀变玄武安山岩	1.475	18.909	38.947	20.972	46.688	4.519	5.514	0.366	1.058	0.249	5.546	1.429	0.740
			VQP₁GS9-1	安山质火山角砾岩	3.495	11.363	49.587	14.861	57.651	6.851	9.043	0.363	3.248	0.167	54.165	1.694	0.791
			VQP₁GS9-2	玄武质火山集块岩	3.042	12.384	44.150	17.909	60.493	5.630	6.259	0.376	2.198	0.162	2.449	1.608	0.872
			VQP₁GS11-1	玄武质火山集块岩	2.038	17.11	41.177	18.088	45.632	4.882	5.079	0.362	-0.421	0.218	5.467	1.461	0.764
			VQP₁GS18-1	蚀变杏仁状安山岩	1.651	17.339	41.188	13.429	41.613	4.695	5.232	0.367	0.873	0.221	3.965	1.471	0.763
			VQP₁GS22-1	玄武岩	2.204	20.914	38.333	16.172	43.231	4.769	4.611	0.353	-2.570	0.280	12.157	1.447	0.718
			VQP₁GS25-2a	蚀变安山岩	0.031	21.058	2.153	25.052	9.584	0.521	4.101	0.220	-20.229	0.226	2.129	1.023	0.779
			VQP₁GS25-2b	蚀变杏仁状玄武岩	0.064	15.789	2.857	12.914	23.467	0.512	4.910	0.254	-11.910	0.154	1.849	1.031	0.834
			VQP₁GS25-3	玄武安山岩	2.165	15.738	40.80	17.207	52.009	5.517	6.622	0.385	0.924	0.220	30.732	1.544	0.760
			VQP₁GS26-1	玄武安山岩	2.648	17.423	62.373	19.128	58.696	6.309	5.563	0.406	5.059	0.244	3.589	1.805	0.739
			VQGS658-1	杏仁状碱性玄武岩	5.183	22.055	59.236	9.579	57.014	7.228	4.635	0.154	-0.482	0.429	20.149	1.862	0.664
			VQGS659-1	蚀变安山岩	2.010	11.205	57.346	17.715	61.267	5.722	6.649	0.403	5.854	0.139	4.295	1.820	0.831
			VQGS342-1	蚀变玄武岩	1.797	25.917	28.273	14.021	28.755	3.401	3.240	0.309	-7.887	0.334	4.598	1.291	0.688

(5)火山岩的碱度、系列及组合划分

将测区熔岩类样品投在 $Ol'-Ne'-Q'$ 图解(图3-35)中,样品全部落在亚碱性系列。在AFM三角图解(图3-36)中,绝大部多数样品落在钙碱性系列,仅有3个样品落在拉斑玄武岩系列,并靠近钙碱性系列。里特曼指数显示存在碱性系列。

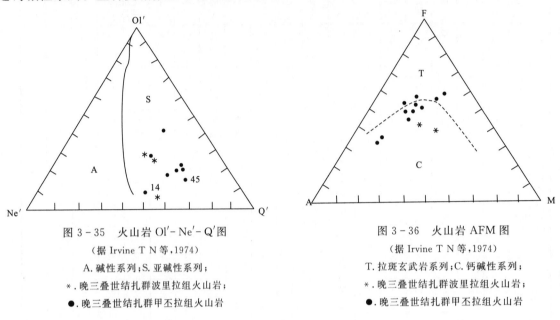

图3-35 火山岩 $Ol'-Ne'-Q'$ 图
(据 Irvine T N 等,1974)
A.碱性系列;S.亚碱性系列;
∗.晚三叠世结扎群波里拉组火山岩;
●.晚三叠世结扎群甲丕拉组火山岩

图3-36 火山岩 AFM 图
(据 Irvine T N 等,1974)
T.拉斑玄武岩系列;C.钙碱性系列;
∗.晚三叠世结扎群波里拉组火山岩;
●.晚三叠世结扎群甲丕拉组火山岩

综上所述,测区晚三叠世火山岩属于钙碱性系列—碱性系列。

2. 岩石地球化学特征

(1)火山岩的稀土元素地球化学特征

测区火山岩的稀土元素含量见表3-16,用推荐的球粒陨石平均值标准化后分别作配分模式图(图3-37,图3-38、图3-39)显示有如下特征。

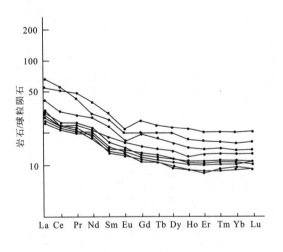

图3-37 甲丕拉组火山岩稀土配分模式(一)

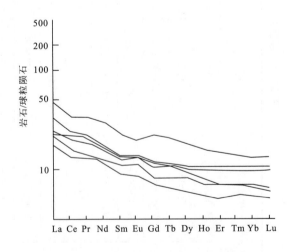

图3-38 甲丕拉组火山岩稀土配分模式(二)

①从表3-16中可知:ΣREE 在 $47.11 \times 10^{-6} \sim 338.37 \times 10^{-6}$ 之间,含量变化范围较大,其中第二亚旋回(波里拉组)的 ΣREE 为 $49.20 \times 10^{-6} \sim 338.37 \times 10^{-6}$,变化范围较大,平均为135.88;

第三章 岩浆岩

表 3-16 测区晚三叠世结扎群甲丕拉、波里拉、巴贡组火山岩的稀土元素含量

稀土元素含量($\times 10^{-6}$)

时代	地层群	地层组	样品编号	岩石名称	La	Ce	Pr	Nd	Sm	Eu	Gd	Tb	Dy	Ho	Er	Tm	Yb	Lu	Y	Σ
晚三叠世	结扎群	波里拉组	VQGS71-1	玄武岩	14.43	24.99	3.16	11.69	2.64	0.93	2.68	0.47	2.84	0.61	1.75	0.27	1.77	0.29	14.77	83.29
			VQGS1540	蚀变粗安岩	85.38	146.10	14.91	46.99	7.81	2.17	5.77	0.78	3.87	0.78	2.05	0.32	2.0	0.31	19.13	338.37
			VQGS962-7	蚀变玄武粗安岩	4.15	9.87	1.51	7.48	2.00	0.74	2.33	0.42	2.49	0.53	1.57	0.25	1.52	0.24	14.13	49.26
			VQGS962-8	蚀变杏仁状安山岩	8.07	19.22	2.83	12.71	3.47	1.20	3.82	0.64	3.83	0.80	2.28	0.36	2.30	0.35	19.33	81.21
		甲丕拉组	VQP₁GS2-1	杏仁状碱性玄武岩	18.59	41.70	5.90	24.92	6.65	1.62	7.52	1.25	7.78	1.59	4.39	0.67	4.22	0.65	40.88	168.33
			VQP₁GS4-1	蚀变玄武岩	10.52	20.39	2.81	11.47	2.78	0.97	3.05	0.51	3.14	0.65	1.85	0.30	1.98	0.30	16.29	77.01
			VQP₁GS7-1	蚀变玄武安山岩	10.88	20.86	2.78	11.05	2.80	1.01	3.00	0.51	3.09	0.65	1.87	0.30	1.97	0.30	16.53	77.60
			VQP₁GS9-1	安山质火山角砾岩	8.27	15.84	2.30	9.86	2.52	1.02	2.77	0.49	2.99	0.62	1.77	0.28	1.75	0.29	16.18	66.95
			VQP₁GS9-2	玄武质火山角砾岩	8.41	18.75	2.65	11.71	3.08	1.11	3.56	0.62	3.73	0.76	2.14	0.35	2.18	0.32	19.49	98.86
			VQP₁GS11-1	玄武质火山集块岩	9.06	19.76	2.76	12.25	3.13	1.09	3.22	0.55	3.30	0.69	1.96	0.32	2.05	0.33	17.23	77.70
			VQP₁GS18-1	蚀变玄武岩	10.43	22.9	3.44	14.35	3.43	1.19	3.5	0.6	3.78	0.76	2.16	0.35	2.26	0.34	19.01	88.5
			VQP₁GS22-1	玄武岩	10.19	22.03	3.19	14.12	3.68	1.31	4.25	0.73	4.77	0.93	2.71	0.43	2.83	0.43	23.71	95.36
			VQP₁GS25-2a	蚀变安山岩	6.63	13.66	1.86	7.95	2.16	0.81	2.48	0.41	2.75	0.54	1.54	0.25	1.49	0.22	13.43	56.18
			VQP₁GS25-2b	蚀变杏仁状安山岩	10.91	22.16	2.72	10.96	2.74	0.98	2.95	0.49	3.00	0.59	1.60	0.25	1.53	0.23	14.67	75.78
			VQP₁GS25-3	玄武安山岩	21.73	41.20	5.67	23.68	5.91	1.72	6.01	1.01	6.53	1.30	3.72	0.56	3.49	0.55	32.17	155.19
			VQP₁GS26-1	玄武安山岩	7.98	16.89	2.4	10.71	2.84	1.01	3.03	0.55	3.27	0.7	2.0	0.32	2.01	0.33	17.14	71.45
			VQGS658-1	杏仁状碱性玄武岩	14.84	30.67	4.31	19.74	5.32	1.42	6.09	0.98	6.06	1.16	3.17	0.47	2.89	0.44	31.43	128.99
			VQGS659-1	蚀变安山岩	5.43	11.36	1.67	7.14	1.79	0.66	2.09	0.35	2.22	0.45	1.24	0.20	1.26	0.19	11.09	47.11
			VQGS342-1	蚀变玄武岩	13.64	29.15	4.14	18.85	4.89	1.33	5.15	0.90	5.44	1.13	3.22	0.51	3.14	0.49	27.65	119.63

第一亚旋回(甲丕拉组)的$\sum REE$为47.11～307.21,变化范围较大,平均为129.64×10^{-6};明显可以看出稀土总量第二亚旋回—第三亚旋回增加;在同一亚旋回其稀土总量由基性—中性—酸性均渐增加,且喷溢相高于爆发相。

②稀土元素配分曲线均为右倾斜型,轻稀土元素$\sum Ce=25.72\times10^{-6}\sim303.36\times10^{-6}$,重稀土元素$\sum Y=14.23\times10^{-6}\sim146.85\times10^{-6}$,变化范围均较大,轻重稀土比值:$\sum Ce/\sum Y=1.01\sim11.70$,变化范围较大,$\delta Eu=0.74\sim1.46$,有部分铕异常(亏损)。第二亚旋回中$\sum Ce/\sum Y=1.09\sim8.66$,平均为3.60,第三亚旋回中$\sum Ce/\sum Y=1.66\sim5.72$,平均为3.84,稀土配分曲线第二亚旋回—第三亚旋回变陡。

③主要稀土特征参数:$Sm/Nd=0.17\sim0.28$,变化范围较窄,且均小于3.3,反映轻稀土富集型;$La/Yb=1.56\sim42.69$,变化范围较大,区间宽,$Gd/Yb=1.32\sim3.98$,变化范围较小,说明重稀土不富集;$Eu/Sm=0.21\sim2.78$,变化范围较大,$La/Lu=3.13\sim544.45$,变化范围较大,$La/Ce=0.21\sim1.26$,$Yb/Lu=6.10\sim6.83$,变化范围较小,与岛弧相似。

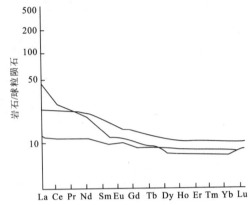

图3-39 波里拉组火山岩稀土配分模式

$(Ce/Yb)_N=1.54\sim23.73$,$(La/Yb)_N=1.05\sim59.44$,$(La/Sm)_N=0.82\sim9.23$,变化范围较大,绝大多数大于1。曲线均为右倾斜型,表明轻稀土富集。

④火山岩同岩性中溢流相的$\sum REE$高于爆发相的$\sum REE$,酸性岩的$\sum REE$高于中性、基性岩的,由基性—中性—酸性岩有增加趋势。

(2)火山岩微量元素地球化学特征

测区晚三叠世结扎群火山岩的微量元素分析数据列表(表3-17),由表3-17可知,微量元素有如下特征。

①铁族元素。

Ni与Cr低于泰勒(1964,后同)平均值,Co、V高于泰勒平均值,且酸性岩高于基性—中性岩及泰勒平均值。由早到晚Ni、Cr、Co、V有增加趋势,岩性上由基性—中性—酸性呈增加。

②成矿元素。

Cu、Pb、Zn等元素,其中Cu、Pb较低,低于泰勒平均值,而Zn较高,高于泰勒平均值。另Cu、Pb基性岩类高于中性和酸性岩类,而Zn基性岩类低于中性、酸性岩类,酸性岩类最高。

③稀有分散元素。

Zr、Ba、Be、Sr等元素,Zr、Be低于泰勒平均值,Ba、Sr略高,高于泰勒平均值,Ba在酸性岩中最高,高于中性—基性岩。

K、Rb、Ba、Th较强富集,并伴有Sr、Ta、Nb、Ce富集,部分Sm富集,部分Zr、Hf、Sm、Ti、Y、Yb、Sc、Cr亏损,低于MORB标准值,其配分型式总体上具有相似性,说明岩浆来自相同源区。

(八)火山岩成因

1. 岩浆来源(玄武岩原始岩浆来源)

(1)同位素依据

测区在晚三叠世结扎群甲丕拉组和波里拉组火山岩中均取同位素样,其中在甲丕拉组获取$^{87}Sr/^{86}Sr$初始值为0.70522 ± 0.00023,小于0.719,岩浆岩低$^{87}Sr/^{86}Sr$初始值和正εNd表明它们来源于地幔。

表3-17 测区中晚三叠结扎群甲丕拉、波里拉、巴贡组火山岩的微量元素含量（×10⁻⁶）

样品编号	La	Be	Nb	Sc	Ga	Zr	Th	Sr	Ba	V	Co	Cr	Ni	Cu	Pb	Zn	W	Mo	Ag	As	Sn	Sb	Rb	Ta	Bi	Au
VQDY130-1			11.2	13.4		440	2.5		610		4.4	150	7.6	35.9	5.6	96.1							21.0	0.55		
VQDY130				30.3		61.1	1.0	60.0	784		39.2	361	100	11.4	0.9	772							43.0	0.5		0.70
VQP₁DY5-1	21.2	1.3	4.7	23.8	22.5	83	4.4	340	338	186.3	21.8	12.1	16.7	86	8.3	68	1.03	0.5	0.101	5.0	1.2	0.30	18.4	0.5	0.05	0.70
VQP₁DY8-1	19.1	1.0	4.2	19.9	13.0	65	4.0	345	716	137.1	16.6	12.8	9.2	42.1	9.0	32.2	0.17	0.50	0.067	1.50	1.0	0.23	32	0.5	0.05	0.60
VQP₁DY14-1	25.1	1.6	6.5	30.4	17.9	119	7.6	306	657	225.4	23.5	10.1	11.7	19.2	12.0	206	1.28	1.1	0.038	2.40	1.60	0.45	54.5	0.60	0.05	0.60
VQP₁DY18-1	22.9	2.0	5.4	16.6	14.9	81	6.0	441	751	163.7	17.5	12.1	6.2	11.8	10.9	75.9	0.960	0.5	0.032	2.8	1.2	0.71	34.4	0.5	0.05	0.5
VQP₁DY2-1	29.1	1.2	4.9	22.7	13.9	125	7.9	79.0	98	68.2	10.9	6.6	6.6	31.5	6.2	383.8	1.43	1.0	0.075	2.2	1.8	0.16	3.1	0.6	0.05	0.4
VQP₁DY4-1	26.8	1.1	4.1	18.6	15.5	64	4.4	439	503	138.3	16.9	11.4	8.1	15.5	7.2	55.6	0.49	0.4	0.033	4.9	0.9	0.27	23.6	0.5	0.05	0.7
VQP₁DY7-1	19.1	1.0	4.2	19.9	13.0	65	4.0	345	716	137.1	16.6	12.8	9.2	42.1	9.0	32.3	0.71	0.40	0.051	2.90	0.9	0.15	24.3	0.5	0.05	0.5
VQP₁DY10-1	34.8	1.2	3.6	30.1	11.9	55	3.5	407	329	192.3	24.2	13.7	13.5	22.5	2.7	116.90	0.710	0.30	0.055	1.70	1.1	0.50	9.7	0.5	0.05	1.1
VQP₁DY9-2	28.1	0.9	4.3	24.0	13.9	61	3.5	154	131	127.8	17.8	6.5	7.4	42.0	3.3	91.9	0.46	0.5	0.049	3.60	0.8	0.12	61.9	0.5	0.05	1.2
VQP₁DY11-1	26.1	1.5	5.6	16.4	12.8	69	6.2	322	349	142.5	16.9	10	7.0	13.8	10.6	107.9	0.74	0.4	0.037	2.80	1.3	0.6	70.4	0.5	0.05	0.9
VQP₁DY12-1	29.8	1.2	6.0	31.4	17.9	123	6.1	410	611	184.5	19.2	12.6	8.4	23.4	10.9	280.7	1.59	0.70	0.054	1.1	2.0	0.11	38.90	0.5	0.05	1.2
VQP₁DY22-1	21.3	1.6	4.8	20.7	14.7	77	3.2	334	610	165.6	20.2	16.2	7.1	25.7	6.1	63.1	0.59	1.10	0.038	2.5	1.2	0.08	33.4	0.5	0.05	1.0
VQP₁DY25-2a	16.3	1.1	3.2	31.2	18.6	52.0	2.5	240	225	243.2	25.3	15.2	13.0	52.4	6.0	74.2	0.62	0.4	0.053	3.60	1.2	0.08	22.0	0.5	0.05	0.4
VQP₁DY25-2b	8.3	1.1	3.3	38.0	27.3	51	2.6	48	446	255.9	24.4	15.2	12.0	72.5	8.3	53.8	0.52	0.2	0.073	2.6	1.0	0.11	3.0	0.5	0.05	0.5
VQP₁DY25-3	13.4	1.9	7.4	33.2	39.4	164	10.7	49	327	239.2	21.9	10.3	10.7	184.9	12.9	77.3	0.62	0.5	0.144	3.70	2.5	0.11	3.0	0.5	0.05	0.6
VQP₁DY25-5	13.1	0.9	39	15.4	15.0	61	2.6	139	72	95.3	15.1	4.7	7.0	47.9	4.0	44.4	0.21	0.30	0.081	1.40	0.90	0.08	3.0	0.5	0.05	0.3
VQP₁DY26-1	16.7	1.0	3.5	14.9	13.4	55	2.6	397	503	88.3	14.8	9.7	7.1	28	3.0	44.8	0.20	0.4	0.049	1.0	0.9	0.06	47.3	0.5	0.05	0.3

(2) 稀土元素组分依据

测区玄武岩为亚碱性玄武岩。其 REE 分布模式曲线为右倾斜式，轻稀土含量较高，为轻稀土富集型，无强烈的负铕异常。该区玄武岩稀土分布模式特征及比值既不同于幔源岩石特征，也不完全是壳源属性，而明显表现出中间过渡类型的特点。Zr/Nb 比值常用来指示源区性质，典型的 N-MORB 地幔，具有很高的 Zr/Nb 比值（40～50）（Erlank,1976），球粒陨石的 Zr/Nb 比值为 16～18（Sun et al,1979）。测区晚三叠世结扎群火山岩中玄武岩的 Zr/Nb 比值为 16.04～39.28，平均为 20.88，高于球粒陨石，表明它们来源于亏损地幔的岩浆并受到地壳物质的混染。

2. 岩浆同源性讨论

根据测区火山岩形成的时代、所处的构造环境及同位素、微量元素分析结果来看，测区晚三叠世结扎群火山岩原始岩浆具有相同来源，依据如下。同一期地质作用的产物，虽然安山岩、玄武安山岩、粗安岩、玄武岩在主要元素、微量元素组成上存在一定的差异，但这主要是由原始岩浆的后期分离结晶作用所致（Goldich et al,1975；Sun et al,1976）。从构造环境来看，均处于同一构造环境下，均属于沱沱河—通天河构造单元，火山岩的 $^{87}Sr/^{86}Sr$ 为 0.705 648～0.708 276，$^{143}Nd/^{144}Nd$ 为 0.512 396～0.512 934，均暗示出它们具有非常一致的源区。它们的稀土元素配分模式曲线的相似性以及一些强不相容元素几乎具有一致的 La/Ce 和 Zr/Lf 比值，也均说明了这一点。

3. 火山岩形成的构造环境判别

将测区晚三叠世结扎群火山岩投在 $Fe^*/MgO-TiO_2$ 图解（图 3-40）上，可以看出，本区绝大多数火山岩落在岛弧拉斑玄武岩区，个别样品落在洋中脊拉斑玄武岩区。

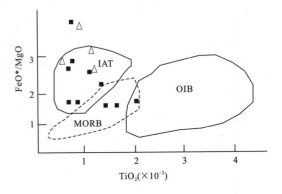

图 3-40　火山岩 $FeO^*/MgO-TiO_2$ 图解
（据 Glassiey W,1974）
IAT.岛弧拉斑玄武岩；OIB.洋岛拉斑玄武岩；
MORB.洋中脊拉斑玄武岩；
■.甲丕拉组火山岩；△.波里拉组火山岩

综上所述，通过对测区晚三叠世结扎群火山岩岩石学、岩石化学、地球化学的研究，火山岩属钙碱性系列—碱性系列；结合测区构造发展史，火山岩的形成环境为碰撞期后由积压向伸展演化阶段的系列产物。

三、巴颜喀拉边缘前陆盆地构造-岩浆活动区中—晚三叠世火山岩

测区内仅分布在曲柔尕卡幅的婆饶丛清拉，赋存在晚三叠世巴颜喀拉山群下部的砂岩组中，呈夹层，出露情况非常少（零星），对其研究甚少。

火山构造划分为巴颜喀拉边缘前陆盆地早中生代古火山带的白日榨加裂隙式火山喷发（局部，较弱）。

火山岩产在婆饶丛清拉巴颜喀拉山群下部砂岩组中，受断裂控制，夹持在两条断层之间，呈夹层状或透镜状，岩性为玄武安山岩。由于火山岩出露极少、零星，无须划分火山活动旋回和韵律。

巴颜喀拉山群砂岩组中火山岩为玄武安山岩：浅灰色、变余斑状假象结构，基质具变余填间结构，块状构造。

岩石由斑晶与基质组成。斑晶含量为 1%，为辉石，呈粒状或柱状晶，大小在 0.78～0.94mm 之间，被绿泥石及碳酸盐矿物集合体取代，从保留的晶形来看为辉石假象。基质（99%）有斜长石、辉石、微粒金属矿物、方解石等。斜长石（49%）呈柱状，已蚀变成绢云母化的细小鳞片，和部分方解

石一起构成斜长石柱状微晶假象杂乱排布。部分石英呈隐晶状,和部分方解石、氧化铁聚在一起呈充填状分布在杂乱排列的斜长石微晶假象构成的间隙中,显示玄武安山岩的填间结构特征。岩石蚀变强烈,曾发生了绢云母化、石英化及碳酸盐化热液交代蚀变作用。部分石英呈他形粒状晶,粒径为 0.23~2.11mm 不等,呈脉状充填裂隙中。见有微粒状金属矿物分布在斜长石微晶假象构成的间隙中。

岩石的主要氧化物成分见表 3-18。其 SiO_2 含量为 54.05×10^{-2},K_2O+Na_2O 含量为 3.77×10^{-2};CaO 含量为 6.50×10^{-2},岩石化学分类为玄武安山岩,在 SiO_2-K_2O 上分类为高钾玄武岩安山岩。

表 3-18 测区中晚三叠世巴颜喀拉山群火山岩的岩石化学含量

样品编号	岩石名称	氧化物组合及含量($\times10^{-2}$)												
		SiO_2	TiO_2	Al_2O_3	Fe_2O_3	FeO	MnO	MgO	CaO	Na_2O	K_2O	P_2O_5	H_2O	LOS	Σ
VQP_4GS3-1	玄武安山岩	54.05	0.47	11.91	2.12	3.28	0.13	4.80	6.50	1.86	1.91	0.08	2.76	12.65	99.75

岩石标准矿物组合为 Q、Or、Ab、An、Di、Hy,属正常类型 SiO_2 过饱和。表 3-19 中 DI、SI 均在玄武安山岩范围内,$\delta=0.983<3.3$;岩石为亚碱性系列,细分为钙碱性系列。

表 3-19 测区中晚三叠世巴颜喀拉山群火山岩的岩石化学特征参数/CIPW

样品编号	岩石名称	Ap	Il	Mt	Q	Or	Ab	An	Wo	En'	Fs'	En	Fs	Sum
VQP_4GS3-1	玄武安山岩	0.983	1.026	3.410	18.527	12.959	18.067	21.248	6.334	4.383	1.434	9.344	3.058	99.99

样品编号	岩石名称	δ	SI	FL	ANT	DI	NK	QU	OX'	LI	M/F	N/K	AR	MF
VQP_4GS3-1	玄武安山岩	0.983	34.379	36.709	21.367	49.552	4.328	5.229	0.347	3.800	0.634	1.480	1.506	0.529

岩石稀土元素含量(表 3-20),其 $\sum REE=91.41\times10^{-6}$,$Eu/Sm=0.23$,$(La/Yb)_N=4.21$,$\delta Eu=0.70$,$\sum Ce=50.80\times10^{-6}$,$\sum Y=24.53\times10^{-6}$,$\sum Ce/\sum Y=2.07$,稀土分配曲线(图 3-41)呈右倾的轻稀土富集型,显铕负异常,具岛弧安山岩特征。

表 3-20 测区中晚三叠世巴颜喀拉山群火山岩的稀土元素及含量

样品编号	岩石名称	稀土元素及含量($\times10^{-6}$)														
		La	Ce	Pr	Nd	Sm	Eu	Gd	Tb	Dy	Ho	Er	Tm	Yb	Lu	Y	Σ
VQP_4GS3-1	玄武安山岩	10.8	23.1	2.9	10.9	2.5	0.59	2.65	0.45	2.74	0.56	1.6	0.28	1.73	0.26	14.3	75.3

岩石微量元素含量见表 3-21,其 $Cr=652.7\times10^{-6}$,$Ni=172.5\times10^{-6}$,$Rb=141\times10^{-6}$,$Sr=409\times10^{-6}$,相对较高,$Nb<0.5\times10^{-6}$,Zr 明显偏低,显示岛弧玄武岩特征。根据 Pearce(1982)微量元素标准化配分图(图 3-42),配分型式具火山岩"单隆起"的特征型式,表现为从 Sr 到 Ta 和 Ce、Cr 相对 MORB 富集,尤以低离子不相容元素 Rb、Ba、Th、Ta 强烈富集,并伴有 Ce、Cr 富集和 Nb、P、Zr、Hf、Sm、Ti、Y、Yb、Sc 亏损。火山岩的 $Nb/La=0.04<0.8$,$Th/Yb=1.24$,$Ta/Yb=1.29$,显示岛弧火山岩的地球化学特征。

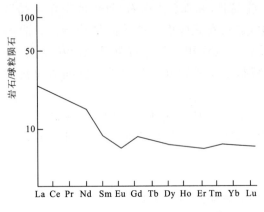

图 3-41 火山岩稀土分配曲线

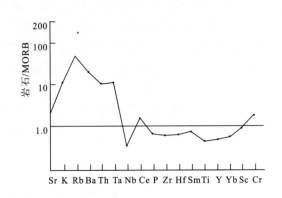

图 3-42 测区火山岩微量元素 MORB 标准化配分图

表 3-21 测区中晚三叠世巴颜喀拉山群火山岩的微量元素含量及特征（×10^{-6}）

样品编号	岩石名称	Sr	Rb	Ba	Th	Ta	Nb	Zr	Hf	Sc	Cr	Co	Ni
VQP$_4$GS3-1	玄武安山岩	409	141	560	2.1	2.2	0.5	54	1.5	36.4	652.7	35.2	172.5

样品编号	岩石名称	V	Gs	Cu	Pb	Zn	Yb	Y	Ti	特征值			
										Nb/La	Th/Yb	Ta/Yb	Zr/Nb
VQP$_4$GS3-1	玄武安山岩	181.6	5.7	50.7	30.6	80.6	1.7	11.7	2421	0.04	1.24	1.29	108

微量元素 Zr/Nb 比值常用来指示源区性质，典型的 N-MORB（也叫亏损型）地幔，具有很高的 Zr/Nb 比值（40～50）（Erlank，1976）。球粒陨石的 Zr/Nb 比值为 16～18（Sun et al，1979），测区火山岩中 Zr/Nb 比值较高（为 108），显然它起源于亏损地幔的岩浆受到地壳物质的混染。

在 Ti/Zr-Zr/Y 图（图 3-43）中落入大陆边缘钙碱性玄武岩区。

综上所述，测区中晚三叠世巴颜喀拉山群砂岩组中的火山岩为低钛、高钾、钙碱性系列等地球化学特征，微量元素 Rb、Nb 具低峰值，稀土元素为轻稀土富集型，铕弱负异常，反映该火山岩构造应属活动大陆边缘环境。

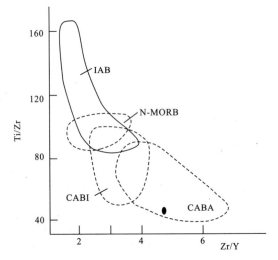

图 3-43 火山岩 Ti/Zr-Zr/Y 图解
（据 Condie，1989）

CABI. 岛弧钙碱性玄武岩；N-MORB. 标准洋中脊玄武岩；
IAB. 岛弧玄武岩；CABA. 大陆边缘钙碱性玄武岩；
●. 晚—中三叠世巴颜喀拉山群火山岩

四、通天河蛇绿构造混杂岩带晚三叠世火山岩

（一）概述

晚三叠世火山岩呈北西-南东向展布于巴音查乌马断裂以南和岗齐曲—章岗日松断裂以北的狭窄地带内，分布在达春加族—牙曲一带，向南东延伸出图，向北西至诺瓦囊依收缩尖灭，后被第四系覆盖，与第三系地层呈不整合接触，呈长喇叭状（或岩楔状）。

火山岩呈夹层状产出，部分地段以火山岩为主夹沉积岩，在牙涌赛岗老拉一带出露较好，而在尕保锅响一带被后期侵入体侵入、肢解及构造破坏。南、北两侧均受断裂限制，岩石普遍具片理化

第三章 岩浆岩

和蚀变。

岩石地层单元为晚三叠世巴塘群（有关地层时代、岩石地层单位划分详见地层部分章节），北侧与中晚三叠世巴颜喀拉山群、南侧与晚三叠世结扎群波里拉组呈断层接触。

（二）火山韵律和旋回划分

火山在其活动过程中往往有物质成分、喷发方式及喷发强度规律性变化，根据现有的火山岩资料综合分析研究，结合测区岩石地层单位巴塘群的建立，划分为3个岩组，即下岩组、中岩组和上岩组，测区火山岩就赋存在巴塘群下岩组和中岩组中，有两种火山地层结构类型，即下岩组为以沉积岩层为主的结构类型，火山岩在其中仅呈夹层出现的类型；另一种为赋存在巴塘群中岩组中，火山岩与沉积岩互层，以青海省玉树藏族自治州治多县索加乡牙曲地区的牙涌赛岗老拉地区为代表，由VQP_5剖面控制，可划分为一个火山旋回并进一步划分为两个亚旋回，分别与岩组相对应，时代相当于晚三叠世早期—中期。又据其喷发特点、喷发作用强度，将旋回划分为两个喷发期。喷发期分别与两个亚旋回相对应，两个喷发期之间为产状不协调（图3-44）。

时代	岩石地层			火山底层			层号	柱状图	厚度(m)	岩性描述	岩相
	群	组	段	旋回	韵律	喷发期					
晚三叠世	巴塘群	中组	二段	第二亚旋回	6	第二喷发期	28		117.8	灰色微晶灰岩	沉积相
							27		41.08	灰绿色凝灰岩	爆发相
							26		16.34	灰色灰岩夹凝灰岩	爆发相
					5		25		14.44	灰绿色片理化千枚岩	沉积相
							24		53.3	灰绿色片理化凝灰岩	爆发相
							23		21.97	灰绿色片理化千枚岩	沉积相
					4		22		15.98	灰绿色片理化千枚岩	沉积相
							21		57.79	灰绿色千枚岩夹灰岩	沉积相
							20		34.5	灰绿色片理化英安岩	喷溢相
					3		19		38.87	灰绿色沉凝灰岩	沉积相
							18		26.81	灰绿色熔结凝灰岩	爆发相
					2		17		18.77	灰黑色灰岩夹沉凝灰岩	沉积相
							16		9.81	灰绿色片理化凝灰岩	爆发相
					1		15		5.93	灰绿色片理化英安岩	喷溢相
							14		15.24	灰白色生物微晶灰岩	沉积相
							13		6.77	灰绿色片理化英安岩	喷溢相
		下组	一段	第一亚旋回	1	第一喷发期	12		145.3	灰岩角砾岩夹灰岩	沉积相
							11		454.5	灰黑色微晶灰岩	
							10		219.9	灰紫色粘土质粉砂岩	
							9		227.5	杂色凝灰岩夹粉砂岩	爆发相

图3-44 晚三叠世巴塘群火山岩喷发旋回、韵律柱状图

第1喷发期:相当于火山岩系地层为巴塘群下岩组。其火山活动经历了初始期的爆发到沉积,火山强度较弱,规模上并不大,分布也局限,呈夹层状夹持于正常沉积碎屑岩中。

本期是晚三叠世巴塘群早期阶段间歇性喷发活动产物,其地层厚度为894.39m,火山岩厚为227.46m,区内及区域上延伸性较差,呈夹层状或透镜状。

岩相组合为爆发相—沉积相,其岩性组合为岩屑晶屑凝灰岩。

第2喷发期:本期(第2亚旋回)相当于火山岩系地层为巴塘群中岩组,为较大规模火山喷发活动的产物,主要分布在牙曲一带,其地层厚度为1 098.25m,其中火山岩厚211.24m,总体上呈条带状展布。

第2喷发期由6个韵律组成,其中1、2、4韵律以溢流开始,以沉积相结束;3、5、6韵律以爆发开始,以沉积相结束。

岩相组合为溢流相—爆发相—沉积相,反映出火山活动由强—弱的韵律性变化。其岩性组合为英安岩、片理化玻屑凝灰岩、流纹质熔结凝灰岩、片理化轻变质玻屑凝灰岩、片理化晶屑岩屑凝灰岩和英安凝灰质火山角砾岩等。

(三)火山岩相划分及火山构造

由于时代久远并遭受多次剥蚀和构造及蚀变作用的改造,确切查出古火山机构较为困难,因此,仅对岩相和喷发带作了划分。

1. 火山岩相划分

据路线调查和剖面控制情况,对火山岩相作简单划分,测区由溢流相、爆发相、爆发沉积相和沉积相组成。

(1)溢流相

本岩相主要由基性、中性与酸性的熔岩组成,分布较广。属于本相的火山岩剖面仅在第2亚旋回(第2喷发期)中有产出,岩性为英安岩,在路线见有玄武岩、玄武安山岩、安山岩和流纹岩,大多数呈夹层或透镜状产出。

(2)爆发相

本岩相主要由中性与酸性的火山碎屑岩组成。属于本相的火山岩在第1亚旋回(第1喷发期)和第2亚旋回(第2喷发期)中均有产出,仅分布在牙曲的牙涌赛岗老拉一带,岩性为片理化玻屑凝灰岩、流纹质熔结凝灰岩、片理化轻变质玻屑凝灰岩、片理化晶屑岩屑凝灰岩和英安凝灰质火山角砾岩等。

(3)爆发沉积相

本相在喷发带分布较广,颜色多为灰绿色、灰色,物质主要来自火山爆发产物。属于本相的火山岩仅在第2亚旋回(第2喷发期)中发育,其他旋回中不发育,分布在牙曲南侧和北侧的鸟窝扎加、牙涌赛岗老拉一带。岩性为玻屑沉凝灰岩。

2. 火山构造划分

测区火山岩为通天河蛇绿构造混杂岩带早中生代火山带牙曲—达春加族早中生代晚三叠世火山断裂喷发带的牙曲-达春加族裂隙式线状火山喷发。

(四)火山岩类型及特点

本区火山岩系的岩石种类较多,有熔岩及碎屑熔岩、火山碎屑岩两大类。

1. 熔岩

(1)安山岩

灰绿色,变余斑状结构,基质微粒结构,片状构造。斑晶(32%)为斜长石,略被泥化,具简单双晶,粒度一般在1.48～0.29mm之间,在岩石中分布均匀,略具定向排列。基质(68%)由长石、绢云母、绿泥石、绿帘石、方解石等组成,粒度一般在0.004～0.019mm之间,具明显定向排列,集合体长轴方向与岩石构造方向一致,使岩石具片状构造。

(2)英安岩

灰绿色,变余斑状结构,基质微晶结构,平行构造或块状构造。岩石由斑晶和基质组成。斑晶(10%)由斜长石(8%)和石英(2%)组成,粒度一般在2.12～1.06mm之间,斜长石、石英均呈浑圆状,个别斜长石呈板状,全部被绢云母化,在岩石中略具定向排列。基质(90%)由微晶状和长英质组成,粒度一般在0.038～0.008mm之间,镜下不易区别,在岩石中彼此紧密接触,呈齿状、弯曲状镶嵌接触。由于变质作用,具定向排列,长轴方向与岩石构造方向一致,局部不均匀地分布有绢云母、绿泥石及碳酸盐矿物,系蚀变产物。

2. 火山碎屑岩类

区内火山碎屑岩包括熔结火山碎屑岩、正常火山碎屑岩和沉积火山碎屑岩3类。

(1)熔结火山碎屑岩

此类岩石系指火山碎屑占绝对优势(>95%)、正常沉积物极少并以熔结方式成岩的火山碎屑岩,主要有流纹质熔结凝灰岩;灰绿色,玻屑—晶屑塑变结构,假流动构造或块状构造。岩石由晶屑和玻屑组成。晶屑(30%)主要是斜长石、钾长石,有少量石英,粒度一般在1.85～0.37mm之间,晶屑呈棱角状,表面裂纹发育,长石普遍被泥化、在岩石中分布均匀。玻屑(70%)呈塑变的玻屑环绕晶屑形成假流动构造,玻屑脱玻化大部分变成长英质集合体。

(2)正常火山碎屑岩

此类岩石系由火山喷发碎屑物质坠落后经压结而成,其中正常火山成因碎屑占60%以上。在第1亚旋回(第1喷发期)和第2亚旋回(第2喷发期)中均见有岩屑晶屑凝灰岩;第2亚旋回(第2喷发期)中见有玻屑凝灰岩、晶屑玻屑凝灰岩、玻屑岩屑凝灰岩、英安凝灰质火山角砾岩等。

(3)沉积火山碎屑岩

沉积火山碎屑岩主要为玻屑沉凝灰岩和沉玻屑凝灰岩等,火山碎屑成分大多与同一旋回和此段的熔岩相近。

(五)火山岩时代

在该套地层的沉积岩中产化石,其化石属晚三叠世(有关化石资料见地层章节)。火山岩呈夹层状产出,因此,沉积岩的时代基本上就是火山岩喷发时代。

(六)岩石化学及地球化学特征

1. 岩石化学特征

(1)岩石化学分类

将测区晚三叠世巴塘群火山岩岩石化学含量列表(表3-22),将其中6个熔岩类样品投入国际地质科学联合会1989年所推荐的TAS图解(图3-45)中,样品落在玄武粗安岩、安山岩、英安岩和流纹岩中,将$H_2O^+>2\times10^{-2}$的样品进行修正,其岩性分别为碱性玄武岩、玄武安山岩、安山岩和英安岩及流纹岩。

上述样品在 SiO_2-K_2O 分类图(图3-46)中,以中钾为主,少量为高钾、低钾。

表3-22 测区晚三叠世巴塘群火山岩的岩石化学含量

样品编号	岩石名称	氧化物组合及含量($\times 10^{-2}$)												
		SiO_2	TiO_2	Al_2O_3	Fe_2O_3	FeO	MnO	MgO	GaO	Na_2O	K_2O	P_2O_5	H_2O	LOS	Σ
VQP₅GS13-1	蚀变英安岩	63.69	0.38	13.38	0.62	2.08	0.17	2.03	6.00	2.26	2.06	0.08	2.32	7.0	99.77
VQP₅GS15-1	蚀变英安岩	66.85	0.43	12.48	1.36	1.67	0.12	1.46	5.25	3.05	1.85	0.09	1.45	5.26	99.87
VQP₅GS16-1	凝灰岩	72.95	0.19	10.31	0.84	1.31	0.09	0.93	4.17	3.78	1.41	0.03	0.89	4.10	100.11
VQP₅GS18-1	凝灰岩	69.95	0.29	11.26	1.21	0.84	0.17	0.69	4.9	3.36	1.81	0.06	1.10	5.07	99.61
VQP₅GS22-1	凝灰岩	73.37	0.21	11.63	1.07	0.85	0.05	1.16	2.29	3.50	2.29	0.04	1.70	3.27	99.71
VQP₅GS23-1	凝灰岩	77.85	0.12	10.23	1.16	0.57	0.02	1.52	0.70	1.86	3.26	0.03	1.74	2.25	99.57
VQP₅GS28-1	凝灰岩	71.0	0.32	12.14	0.85	1.91	0.22	1.66	2.53	3.38	2.41	0.06	1.72	3.58	99.9
VQGS530	凝灰岩	63.05	0.29	10.68	0.91	0.66	0.11	0.61	9.76	3.88	1.46	0.04	0.88	8.56	100.01
VQGS1689-1	碱性玄武岩	50.03	1.06	17.6	7.58	1.31	0.15	4.52	4.53	2.74	0.46	4.42	4.93		99.8
VQGS999-1	玄武安山岩	53.78	0.58	18.23	1.31	5.40	0.14	1.79	4.96	5.76	1.08	0.16	3.38	5.89	99
VQGS1164-4	流纹岩	79.01	0.17	8.98	0.51	1.91	0.02	2.73	0.92	0.77	1.95	0.04	2.33	2.94	99.96
VQGS1164-5	凝灰岩	71.62	0.34	14.01	1.81	1.29	0.02	1.54	0.59	1.95	4.28	0.08	2.20	2.6	100.12
VQGS1722-1	安山岩	62.44	0.63	16.65	2.54	3.22	0.11	1.66	5.36	3.92	0.64	0.16	1.7	2.22	99.54

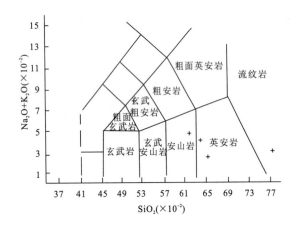

图3-45 火山岩 TAS 图解

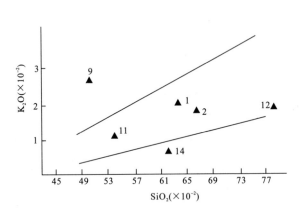

图3-46 火山岩 SiO_2-K_2O 图

(2)岩石化学特征

测区晚三叠世巴塘群火山岩的岩石化学成分见表3-22,CIPW标准矿物及各火山岩的岩石化学特征参数见表3-23。岩石化学成分有如下变化规律。

SiO_2 含量介于 $50.03 \times 10^{-2} \sim 79.01 \times 10^{-2}$ 之间,变化范围较大,应属于基性、中性、酸性岩类。TiO_2 含量介于 $1.06 \times 10^{-2} \sim 0.17 \times 10^{-2}$ 之间,变化范围较大,基性和中性及酸性岩类较低,为低钛,而酸性岩类中的流纹岩较高,为高钛。基性—中性岩—酸性岩中的 $Na_2O > K_2O$,而酸性岩中流纹岩的 $K_2O > Na_2O$,反映出火山岩由基性—中性—酸性,由富钠贫钾到酸性岩流纹岩向富钾贫钠方向演化。

表 3-23 测区晚三叠世巴塘群火山岩的 CIPW 标准矿物

样品编号	Ap	Il	Mt	Q	Or	Ab	An	Wo	En'	Fs'	En	Fs	C	O	Sum
VQP₅GS13-1	0.188	0.779	0.984	29.734	13.124	20.614	21.863	4.035	2.406	1.421	3.044	1.798			99.99
VQP₅GS15-1	0.208	0.862	2.084	32.209	11.552	27.283	15.747	4.660	3.086	1.237	0.757	0.303			99.989
VQP₅GS16-1	0.068	0.376	1.269	41.796	8.687	33.316	7.289	4.864	2.777	1.875					102.31
VQP₅GS18-1	0.140	0.585	1.491	39.526	11.363	30.211	10.943	3.779	2.276	1.30					101.614
VQP₅GS22-1	0.09	0.414	1.451	39.184	14.034	30.718	9.604	0.798	0.585	0.138	2.412	0.569			99.998
VQP₅GS23-1	0.068	0.234	1.292	51.984	19.802	16.18	3.365				3.891	0.674	2.51		99.997
VQP₅GS28-1	0.135	0.631	1.28	34.918	14.791	29.711	11.253	0.576	0.349	0.196	3.945	2.209			99.994
VQGS530	0.096	0.602	1.112	33.03	9.437	35.914	8.106	3.157	2.018	0.933					99.405
VQGS1689-1	1.064	2.131	5.852	17.137	40.487	19.029	1.791	0.658	0.447	0.159				8.035 3.153	99.942
VQGS999-1	0.367	1.181	2.039	2.226	6.849	52.306	22.209	1.282	0.464	0.847	4.321	7.885			99.983
VQGS1164-4	0.09	0.332	0.763	61.689	11.877	6.719	4.435				7.099	2.931	4.15		99.995
VQGS1164-5	0.179	0.663	2.323	41.195	25.941	16.925	2.466				3.883	0.989	5.425		99.99
VQGS1722-1	0.358	1.229	3.707	22.873	3.888	34.087	26.25				4.249	3.192	0.149		99.983

里特曼指数见表 3-24,绝大多数 σ 为 0.205~6.557,变化较大,仅 1 个样品的大于 3.3,大多数小于 3.3,应属钙碱性系列。分异指数 DI 为 59.380~84.0608,碱钙指数 FL 为 41.861~91.351,均表明岩浆分异演化趋势由基性—中性—酸性增加;固结指数 SI 为 8.132~21.872,由基性—中性—酸性指数变小,铁镁指数 MF 为 0.407~0.789,由基性—中性向酸性变低。

表 3-24 测区晚三叠世巴塘群火山岩的岩石化学特征参数

样品编号	岩石名称	σ	SI	FL	ANT	DI	NK	QU	OX'	LI	M/F	N/K	AR	MF
VQP₅GS13-1	蚀变英安岩	0.845	22.404	41.861	29.239	63.472	4.657	13.497	0.201	13.416	0.587	1.667	1.547	0.572
VQP₅GS15-1	蚀变英安岩	0.970	15.548	48.276	21.954	71.044	5.179	16.347	0.406	15.23	0.324	2.507	1.764	0.675
VQP₅GS16-1	凝灰岩	0.886	11.249	55.452	34.348	83.792	5.406	26.357	0.354	19.239	0.302	4.073	2.118	0.698
VQP₅GS18-1	凝灰岩	0.963	8.749	53.517	27.256	81.10	5.493	29.83	0.414	18.966	0.218	2.822	1.977	0.746
VQP₅GS22-1	凝灰岩	1.091	13.093	71.659	38.679	83.936	6.005	25.596	0.466	22.22	0.397	2.323	2.424	0.622
VQP₅GS23-1	凝灰岩	0.748	18.22	87.981	69.943	87.965	5.263	23.685	0.477	26.063	0.587	2.867	2.032	0.528
VQP₅GS28-1	凝灰岩	1.176	16.256	69.59	27.404	79.421	6.014	17.141	0.284	19.932	0.457	2.132	2.304	0.624
VQGS530	凝灰岩	1.314	8.132	35.366	23.461	78.381	5.841	33.762	0.397	11.505	0.258	4.039	1.707	0.717
VQGS1689-1	碱性玄武岩	6.557	21.872	62.748	11.988	59.414	8.075	4.654	0.414	2.206	0.362	2.712	2.053	0.653
VQGS999-1	玄武安山岩	3.663	11.669	57.969	21.513	59.38	7.34	8.118	0.175	5.942	0.219	8.106	1.837	0.789
VQGS1164-4	流纹岩	0.205	34.685	74.733	48.36	80.285	2.804	13.717	0.192	22.933	0.925	0.60	1.758	0.470
VQGS1164-5	凝灰岩	1.340	14.041	91.351	35.447	84.060	6.39	17.183	0.478	23.701	0.326	0.692	1.729	0.669
VQGS1722-1	安山岩	1.038	13.864	45.973	20.216	60.848	4.686	10.010	0.399	9.060	0.199	9.304	1.523	0.776

从表 3-23 中可知,仅 1 个样品的标准矿物组合为 Q、Or、Ab、An、Di、Ol 正常类型 SiO_2 极不饱和,中性—酸性岩 5 个样品的矿物组合为 Q、Or、Ab、An、Di、Hy 正常类型 SiO_2 过饱和。

(3)火山岩的碱度、系列及组合划分

将测区样品投入硅-碱图(图 3-47)中,绝大多数样品落在亚碱性系列,仅两个样品落在碱性系列;据 $Ol'-Ne'-Q'$ 图(图 3-48)中,样品均投在亚碱性系列,把上述亚碱性系列的样品投入 AFM 三角图解(图 3-49)中,均落在钙碱性系列。

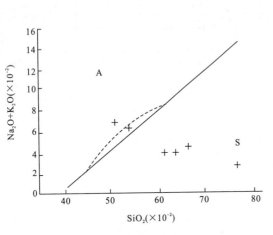

图 3-47 火山岩硅-碱图
(据 Irvine T N 等,1971)
A.碱性系列;S.亚碱性系列

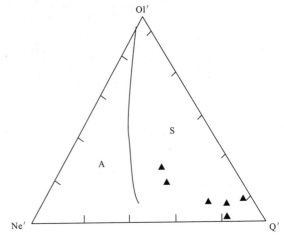

图 3-48 火山岩 $Ol'-Ne'-Q'$ 图
A.碱性系列;S.亚碱性系列

综上所述,测区晚三叠世巴塘群火山岩系列属于亚碱性系列的钙碱性系列,岩石组合为玄武岩-玄武安山岩-安山岩-英安岩-流纹岩组合。

2. 岩石地球化学特征

(1)火山岩的稀土元素地球化学特征

测区火山岩稀土元素含量及特征参数值见表 3-25。用推荐的球粒陨石平均值标准化后分别作配分模式图(图 3-50),显示如下特征。

①$\sum REE$ 为 $70.11 \times 10^{-6} \sim 295.0 \times 10^{-6}$,含量变化范围较大,同岩类爆发相的稀土明显高于溢流相的。

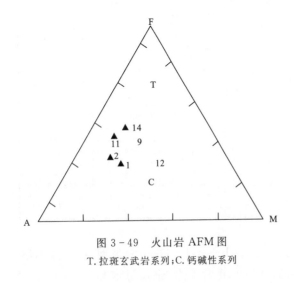

图 3-49 火山岩 AFM 图
T.拉斑玄武岩系列;C.钙碱性系列

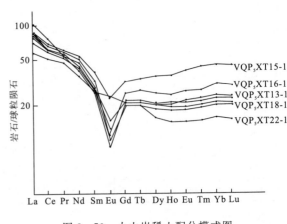

图 3-50 火山岩稀土配分模式图

表 3-25 测区晚三叠世巴塘群火山岩的稀土元素含量及特征参数

样品编号	岩石名称	稀土元素及含量($\times 10^{-6}$)										
		La	Ce	Pr	Nd	Sm	Eu	Gd	Tb	Dy	Ho	Er
VQP$_5$GS13-1	蚀变英安岩	32.59	65.85	8.12	29.63	6.15	1.19	5.97	1.12	6.77	1.55	4.66
VQP$_5$GS15-1	蚀变英安岩	28.29	60.75	8.25	33.54	8.08	1.77	9.22	1.85	13.18	2.95	9.42
VQP$_5$GS16-1	凝灰岩	27.29	59.38	8.16	31.63	7.12	0.85	7.72	1.43	9.33	2.01	6.35
VQP$_5$GS18-1	凝灰岩	18.92	41.25	5.90	23.92	5.87	1.84	5.84	1.06	6.55	1.38	4.10
VQP$_5$GS22-1	凝灰岩	26.87	54.05	7.13	27.15	6.00	2.71	5.53	0.95	5.61	1.15	3.45
VQP$_5$GS23-1	凝灰岩	24.28	53.14	6.72	26.4	6.06	0.53	5.52	1.05	7.02	1.53	4.88
VQP$_5$GS28-1	凝灰岩	27.47	53.15	6.81	25.69	5.52	1.02	5.26	0.95	6.01	1.31	3.94
VQGS530	凝灰岩	26.53	47.42	6.39	23.74	5.44	0.96	6.49	1.21	7.76	1.68	5.09
VQGS1689-1	碱性玄武岩	21.53	42.55	6.21	23.7	4.68	1.30	4.0	0.56	3.32	0.67	1.81
VQGS999-1	玄武安山岩	7.87	16.17	2.28	9.62	2.66	0.90	3.03	0.53	3.50	0.73	2.14
VQGS1164-4	流纹岩	25.77	47.08	5.68	20.31	4.39	0.55	3.90	0.70	4.10	0.76	2.08
VQGS1164-5	凝灰岩	43.1	84.87	11.71	46.24	10.87	1.10	10.45	1.92	11.49	2.30	6.36
VQGS1722-1	安山岩	10.83	20.67	3.08	12.74	3.34	1.04	3.86	0.72	4.69	0.98	2.87

样品编号	岩石名称	稀土元素及含量($\times 10^{-6}$)					特征参数				
		Tm	Yb	Lu	Y	Σ	δEu	ΣHREE	ΣLREE	H/L	La/Lu	Yb/Lu
VQP$_5$GS13-1	蚀变英安岩	0.75	5.30	0.80	39.21	209.70	0.59	143.53	66.17	2.17	40.74	6.62
VQP$_5$GS15-1	蚀变英安岩	1.52	10.2	1.54	83.25	273.30	0.62	140.68	132.62	1.06	18.49	6.66
VQP$_5$GS16-1	凝灰岩	1.02	7.25	1.10	52.85	223.4	0.35	134.4	89.0	1.51	24.81	6.59
VQP$_5$GS18-1	凝灰岩	0.66	4.65	0.72	34.54	157.2	0.95	97.7	59.5	1.64	26.68	6.46
VQP$_5$GS22-1	凝灰岩	0.55	3.75	0.55	28.61	172.1	0.37	121.91	50.19	2.43	48.86	6.82
VQP$_5$GS23-1	凝灰岩	0.81	5.75	0.87	37.41	182	0.26	117.11	64.89	1.80	27.91	6.61
VQP$_5$GS28-1	凝灰岩	0.64	4.25	0.66	33.22	175.9	0.57	119.66	56.24	2.28	41.62	6.44
VQGS530	凝灰岩	0.82	5.56	0.86	45.91	185.9	0.49	110.48	75.42	1.46	30.85	6.47
VQGS1689-1	碱性玄武岩	0.27	1.73	0.26	15.88	128.5	0.89	99.97	28.5	3.51	82.81	6.65
VQGS999-1	玄武安山岩	0.35	2.22	0.36	18.06	70.42	1.0	39.5	30.92	1.27	29.86	6.17
VQGS1164-4	流纹岩	0.32	2.02	0.31	17.82	135.8	0.39	103.78	32.02	3.59	81.12	6.52
VQGS1164-5	凝灰岩	1.0	6.15	0.93	56.50	295.0	0.31	197.89	97.1	2.03	46.34	6.61
VQGS1722-1	安山岩	0.47	3.06	0.46	74.74	93.5	0.71	51.7	41.80	1.24	23.54	6.65

②稀土元素配分曲线均为右倾斜型,轻稀土元素ΣCe为$39.50\times 10^{-6}\sim 197.89\times 10^{-6}$,重稀土ΣY为$28.50\times 10^{-6}\sim 132.62\times 10^{-6}$,变化范围均较大,轻重稀土比值ΣCe/ΣY为1.24~8.59,为轻稀土富集型。δEu为$0.26\times 10^{-6}\sim 1.00\times 10^{-6}$,大部分铕异常(亏损),并明显地显示出稀土元素配分曲线由基性—中性—酸性向右倾斜变陡,铕由富集—弱亏损—亏损。

③主要稀土元素特征参数:Sm/Nd为0.719~0.28,变化范围较小,且小于3.3,反映轻稀土富集型;La/Yb为2.77~12.44,变化范围较大,Gd/Yb为0.90~2.31,变化范围较小,说明重稀土不富集;曲线为右倾斜型,且轻稀土富集。

(2)火山岩微量元素地球化学特征

将测区晚三叠世巴塘群火山岩的微量元素结果列表(表3-26),由表3-26可知,测区火山岩的微量元素有如下特征。

表 3-26 测区晚三叠世巴塘群火山岩微量元素含量（×10⁻⁶）

样品编号	岩石名称	Sr	Rb	Ba	Th	Ta	Nb	Zr	Hf	Sc	Cr	Co	Ni
VQP₅GS13-1	蚀变英安岩	144	46.6	52.8	14	1.3	16.9	401	9.7	6.3	3.3	4.0	5.9
VQP₅GS15-1	蚀变英安岩	144	46.6	1087	5.3	0.7	13.1	466	10.3	6.7	4.8	3.8	5.5
VQP₅GS16-1	凝灰岩	132	17.5	2438	7.0	0.7	13.2	258	6.8	4.2	8.2	3.8	7.4
VQP₅GS18-1	凝灰岩	67	75.6	737	5.7	1.2	15.1	315	8.5	10.5	3.5	3.7	7.4
VQP₅GS22-1	凝灰岩	42	72	158	11.3	0.5	7.8	156	5.0	7.6	4.0	3.0	4.2
VQP₅GS23-1	凝灰岩	27	112	266	11.7	0.6	8.6	119	4.1	5.4	5.4	3.3	4.9
VQP₅GS28-1	凝灰岩	108	57.5	525	10.2	0.5	8.6	192	5.0	9.6	7.8	6.5	6.6
VQGS530	凝灰岩	84	75.6	1321	11.3	0.7	13.9	294	7.1	6.9	5.7	4.2	4.3
VQGS1689-1	碱性玄武岩	438	13.9	206	6.1	0.7	13.8	79	1.5	20.1	28.5	23.3	21.1
VQGS1164-4	流纹岩	23	93.8	349	14.3	0.5	4.3	186	4.6	4.3	5.0	4.7	3.9
VQGS1164-5	凝灰岩	36	75.6	756	11.6	0.5	12.5	236	8.7	7.1	7.7	2.3	4.3
VQGS1722-1	安山岩	199	17.5	419	2.5	0.5	2.1	89	2.4	20.1	10.4	11.8	7.5
样品编号	岩石名称	V	Gs	Cu	Pb	Zn	Yb	Y	Ti	P	Ce	Nd	Sb
VQP₅GS13-1	蚀变英安岩	26.6	3.2	18.4	22.1	62	5.5	38.6	2746	368	71.4	34.5	0.23
VQP₅GS15-1	蚀变英安岩	16.2	4.9	17.9	6.6	70.5	6.0	46.9	2410	297	54.3	34	0.38
VQP₅GS16-1	凝灰岩	16.3	2.6	30.9	5.1	51.7	5.9	46.5	1120	123	57.8	32.5	0.28
VQP₅GS18-1	凝灰岩	17.7	3.8	7.3	5.4	124.1	4.6	35.2	1902	234	47.8	29.0	0.3
VQP₅GS22-1	凝灰岩	18.6	4.4	6.8	2.1	22.6	6.8	59.4	1281	141	59.8	32.5	0.18
VQP₅GS23-1	凝灰岩	10	6.7	7.3	5.5	17.5	5.2	36.9	627	83	53.3	27.2	0.19
VQP₅GS28-1	凝灰岩	35.5	5.5	16.6	25.5	39.4	3.5	28.4	2451	294	50.4	27.1	0.56
VQGS530	凝灰岩	33.3	6.7	29.3	9.2	30.4	5.0	38.5	1916	210	45.1	25.2	0.17
VQGS1689-1	碱性玄武岩	213.8	4.4	50.4	4.8	59.3	1.8	16	5366	1010	39.7	25.5	0.17
VQGS1164-4	流纹岩	15.8	4.9	5.4	8.2	50.8	1.9	17.3	1203	149	47.7	21.6	0.21
VQGS1164-5	凝灰岩	25	7.3	6.0	8.4	78.5	6.6	61.8	1392	158	94.6	51.9	0.31
VQGS1722-1	安山岩	95.2	9.7	19.9	11	76.2	2.7	22.5	3408	571	21	14	0.2

①铁族元素。无论是基性、中性还是酸性火山岩，其 Cr、Ni 均低于泰勒平均值，Co、V 在中—酸性岩中低于泰勒平均值，而在基性岩中 Co 与泰勒平均值相近，V 高于泰勒平均值，且基性岩中的 Cr、Ni、Co、V 均高于中性、酸性岩类。

②成矿元素。绝大部分样品的 Cu、Pb、Zn 低于泰勒值，仅 1 个样品的略高，与泰勒值接近，岩石类型为基性岩；仅有 4 个样品的 Pb 高于泰勒值；有 6 个样品的 Zn 高于泰勒值；Cu 在基性岩中较高，高于中性岩、酸性岩；Pb、Zn 在酸性岩中较高，高于中性岩和基性岩类，且在同岩类中爆发相高于溢流相。

③由 Pearce(1982)标准大洋中脊玄武岩(MORB)稀有元素丰度标准化的各类火山岩的微量元素配分型式(图 3-51)可见，区内各火山

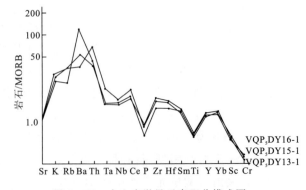

图 3-51 火山岩微量元素配分模式图

岩的微量元素丰度有典型钙碱性火山弧系列"三隆起"的特征型式,表现从 Sr 到 Sm 相对于 MORB 富集,尤以低离子位不相容元素 Rb、Ba、Th、Ta 的强烈富集,并伴有 Nb、Ce、Zr、Hf、Sm、Y、Yb 富集和 P、Ti、Sc、Cr 明显亏损,低于 MORB 标准值,其配分型式具有十分的相似性,说明来自相同的源区。

（七）火山岩成因

1. 岩浆来源（玄武岩原始岩浆来源）

在 Nb - Zr 和 Y - Zr 图解（图 3 - 52）上落在靠近过渡型地幔。利用 Zr/Nb 比值来指示源区的性质,典型的 N - MORB（也叫亏损型）地幔,具有很高的 Zr/Nb 比值（40～50）（Erlank,1976）,球粒陨石的 Zr/Nb 比值为 16～18（Sun et al,1976）,测区火山岩的 Zr/Nb 为 5.72,明显低于 N - MORB 和球粒陨石的,表明起源于过渡地幔的岩浆受到地壳物质混染。

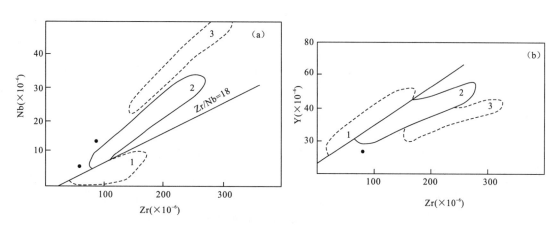

图 3 - 52　测区玄武质岩石中 Nb、Zr 和 Y 丰度推测的地幔类型

1.亏损型地幔;2.过渡型地幔;3.富集型地幔;直线为原始地幔

2. 英安岩和流纹岩成因

英安质和流纹质岩浆（酸性岩浆）的起源可有 3 种模式:①玄武质岩浆结晶分异;②玄武质岩浆与陆壳物质的同化混染;③地壳物质的部分熔融。在测区晚三叠世巴塘群火山岩中有基性—中性—酸性岩组合,即玄武岩、玄武安山岩、安山岩、英安岩、流纹岩都有,在巴塘群中酸性岩出露较基性玄武岩多,中性岩也存在,这就可以排除是由地壳物质部分熔融的假设。实际上流纹岩和英安岩组成的相对均一、中性岩的存在也排除了第二种成因机制。显然,巴塘群流纹岩是由玄武质岩浆结晶分异形成的。

图 3 - 53　测区基性岩 TiO_2 - 10MnO - $10P_2O_5$ 图

（据 Mullen E D,1983）

OIT.大洋岛屿拉斑玄武岩;MORB.洋中脊玄武岩;

IAT.岛弧拉斑玄武岩;CAB.钙碱性玄武岩;

●.晚三叠世巴塘群火山岩

（八）火山岩构造环境判别

将测区晚三叠世巴塘群火山岩中的基性—中基性熔岩投在基性岩 TiO_2 - 10MnO - $10P_2O_5$ 图（图3 - 53）中,样品落在岛弧玄武岩区。

利用安山岩中的微量元素作图（图 3 - 54）,可见样品落在大陆边缘和岛弧区。

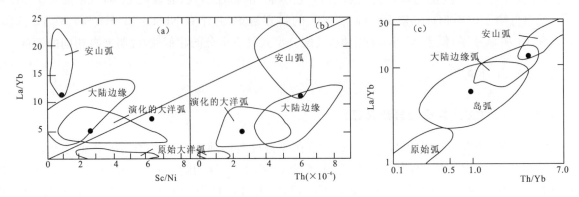

图 3-54 安山岩中的微量元素判别图
（据 Condie,1986）
(a)Sc/Ni-La/Yb 图;(b)Th-La/Yb 图;(c)Th/Yb-La/Yb 图

综上所述,火山岩岩性有:安山岩、英安岩、流纹岩等,火山岩从中基性—酸性由富钠贫钾向贫钠富钾方向演化。岩石类型为正常类型,钙碱性系列,低钛。稀土配分曲线为右倾斜的轻稀土富集型,铕亏损。构造环境为火山弧。

五、古—新近纪火山岩

新生代火山岩在区内不甚发育,仅在夏俄巴曲下游北岸的改冒窝玛出露,其构造分区为巴颜喀拉双向边缘盆地,呈夹层状、透镜状产于新生代雅西措组(EN_y)砖红色厚层状中细粒岩屑长石砂岩、紫红色复成分砾岩中。雅西措组在这里构成改冒贡玛-改冒窝玛向斜的核部,此向斜走向近东西向,与区域构造线一致,形态为近直立宽缓形,枢纽略向西倾,倾角约5°。火山岩出露于近核部的两翼,基本对称。共见有3层,由下往上依次为:第一层厚0.2～0.5m,呈透镜状,横向延伸约200m;第二层厚10～15m,呈夹层状,横向延伸大于2 000m;第三层靠近核部厚约50m,横向延伸大于1 500m。

区域上,前人曾在该套地层中发现有轮藻、介形等化石,将时代厘定为新近纪—古近纪,但缺少火山岩测年资料。本次工作中,取得了 Rb-Sr 和 K-Ar 测年样。

1. 岩石类型及特征

我们采用岩石化学与镜下鉴定相结合的原则,在 TAS 图解(图 3-55)上进行岩石定名,并进行校正。结果显示,与镜下定名基本一致。区内新生代火山岩主要为溢流相的杏仁状橄榄玄武岩,碳酸岩化、粘土化粗面玄武岩和玄武安山岩等。

杏仁状橄榄玄武岩:紫红色,斑状结构,基质具填间结构,杏仁状构造。岩石由斑晶、基质、杏仁体3部分组成。斑晶含量占9%,主要为斜长石

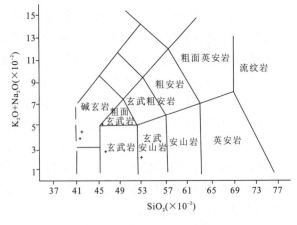

图 3-55 火山岩 TAS 图解

(4%)、普通辉石(2%)、橄榄石假象(3%)。其中斜长石呈板状自形晶,具钠长石双晶;普通辉石呈柱状或粒状晶;橄榄石被伊丁石交代,有些保留橄榄石晶形。斑晶大小为 0.27×0.606～1.1×1.89mm。

基质含量占81%,由板条状中长石(An47~50,63%)、普通辉石(6%)、被伊丁石交代的橄榄石(4%)、氧化铁(6%)、方解石(2%)等组成,中长石长柱状,长为0.06~0.306mm,宽0.018~0.05mm间,在它构成的间隙中充填着辉石、橄榄石假象、氧化铁。杏仁含量占10%,杏仁体形态呈圆状或椭圆状,直径为0.87~0.34~6.00mm。其中充填物质成分为方解石。

硅酸盐化、粘土化粗面玄武岩:紫红色,斑状结构,杏仁状构造,基质填间结构。岩石由斑晶、基质、杏仁体、裂隙充填物组成。斑晶含量占5%,成分为粘土矿物交代的斜长石(2%)、普通辉石(1%)和橄榄石假象(2%)。斑晶大小为0.493~0.91mm。基质含量占91%,由被黏土矿物交代的斜长石微晶(45%)、充填在斜长石微晶间隙中的普通辉石(25%)、橄榄石假象(2%)、玻璃质(6%)、棕色黑云母(1%)和粒状磁铁矿(2%)组成。其中部分玻璃质成分被碳酸岩(8%)交代,残留部分玻璃质为酸性玻璃;杏仁体含量为4%,形态呈浑圆状,直径为0.23~1.14mm,其中的充填物成分为方解石。

玄武安山岩:紫红色,斑状结构,基质具间粒结构,杏仁构造、气孔构造。岩石由斑晶、基质、杏仁体组成。斑晶含量占11%,由板状或板柱状中长石(An42~44,7%)、柱状或粒状普通辉石(2%)、被伊丁石交代的橄榄石假象(2%)组成,大小为0.156×0.624~0.86×1.33mm。基质含量占83%,由中长石(An35±,50%)、粒状普通辉石(25%)、被伊丁石交代橄榄石假象(4%)、柱状或针状金属矿物(4%)组成。其中长石呈板状,长径为0.077~0.246mm,杂乱排布,在它构成的间隙中充填着粒径为0.024~0.379mm的粒状普通辉石、橄榄石假象等。杏仁体含量占6%,形态不规则,大小为0.22~0.46mm,其中填充物成分为纤维状杆氟石。

2.火山岩相及时空分布

本区新生代火山岩岩相单一,均为溢流相,未见其他相产物及包裹体、捕房体等分异或外来物质。

在空间上同一层熔岩由底向上,颜色由浅灰绿色→浅紫红色→紫红色,表现出"红顶绿底"的现象。岩性由粗面玄武岩→橄榄玄武安山岩→橄榄玄武岩。岩层顶部气孔小而多,中部大而少,下部介于二者之间;杏仁体下部含量达20%,向上逐渐减少到5%~10%。气孔、杏仁均有压扁拉长现象,以长条状、不规则状为主,平行于顶层面分布,与岩浆流动方向一致,显示岩浆流动方向为170°。

火山岩由下向上,岩石有从基性→中性的转变趋势。

根据火山岩赋存的雅西措组地层产状和时代及同位素资料,火山岩喷出时代为新生代。

3.火山喷发韵律及活动特征

测区新生代火山岩在喷发方式、强度、物质成分、颜色等方面表现出了规律性变化,即火山活动的韵律。

根据专题调查路线的研究,新生代火山岩在区内表现为沉积型火山地层,可划分为3个韵律层(图3-56),每个韵律层由火山喷发→正常沉积的变化活动规律;火山活动从早→晚、由强→弱→强→弱的规律变化。岩浆成分具有向酸性演化的特征。

从以上火山岩喷发韵律所表现出的火山岩活动特征、活动方式、火山岩石类型、成分等特征可以看出,新生代区内的火山活动经历了3个阶段。第一阶段:测区火山开始活跃,但表现得较微弱,火山熔岩呈透镜体产出,透镜体仅厚0.2~0.5m,延伸不大,而沉积岩层厚达330m。第二阶段:经历了漫长的休眠后火山活动又趋于活跃,此次火山喷嗌比第一阶段要强烈,喷发了厚达10~15m的熔岩层,之后岩浆活动又进入了休眠期,并沉积了厚达120m的复成分砾岩层。第三阶段:是区内新生代火山活动的最后阶段,也是火山活动最强烈的一次,喷发了厚达50m的熔岩层,至此火山活动结束,并又开始了正常的沉积时期。综观新生代火山活动全局,表现出岩浆活动由早到晚、由

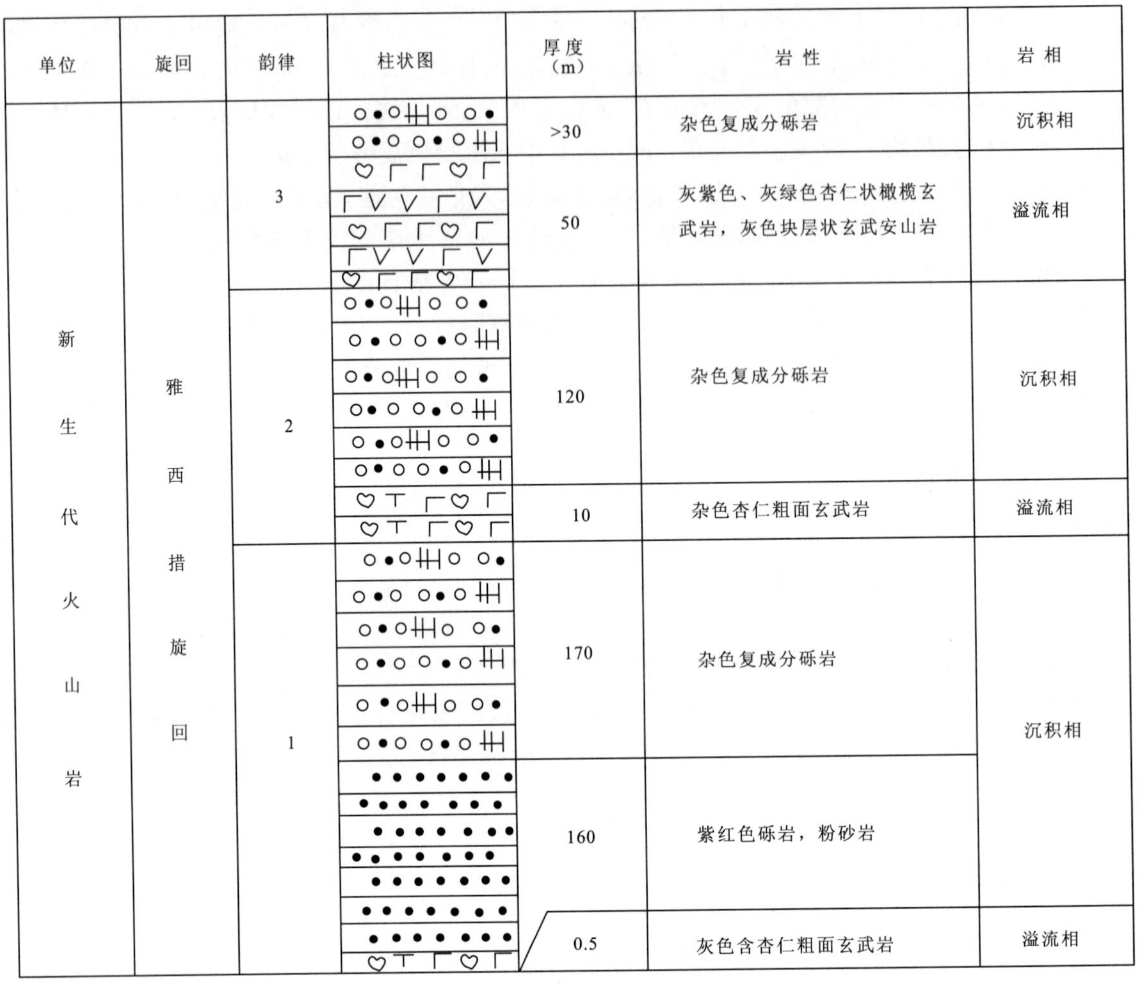

单位	旋回	韵律	柱状图	厚度(m)	岩性	岩相
新生代火山岩	雅西措旋回	3		>30	杂色复成分砾岩	沉积相
				50	灰紫色、灰绿色杏仁状橄榄玄武岩，灰色块层状玄武安山岩	溢流相
		2		120	杂色复成分砾岩	沉积相
				10	杂色杏仁粗面玄武岩	溢流相
		1		170	杂色复成分砾岩	沉积相
				160	紫红色砾岩，粉砂岩	
				0.5	灰色含杏仁粗面玄武岩	溢流相

图 3-56 新生代火山岩喷发韵律柱状图

弱到强、最终结束的变化特征。

4. 岩石化学特征

新生代火山岩的岩石化学特征见表 3-27。

在 TAS 图解中，火山岩分别落入玄武岩、碱玄岩、玄武安山岩、粗面玄武岩区，火山岩组合为橄榄玄武岩-玄武安山岩-粗面玄武岩。

表 3-27 新生代火山岩岩石化学含量特征($\times 10^{-2}$)

样品编号	岩性	SiO_2	TiO_2	Al_2O_3	Fe_2O_3	FeO	MnO	MgO	CaO	Na_2O	K_2O	P_2O_5	H_2O^+	LOS	Σ
VQGS1-1	玄武岩	47.24	1.52	14.63	8.36	0.75	0.11	3.13	11.86	3.58	0.16	0.31	2.21	7.49	99.59
VQGS1-2	玄武安山岩	51.14	1.56	14.84	7.26	1.5	0.15	6.55	9.43	2.92	0.65	0.3	2.61	3.69	99.99
VQGS1-3	粗面玄武岩	43.45	1.62	15.1	4.67	0.87	0.13	2.55	14.7	4.58	0.56	0.35	1.97	11.10	99.68
VQGS1-4	橄榄玄武岩	41.74	2	13.09	9.64	0.53	0.17	4.46	13.57	2.67	1.45	0.48	3.36	9.57	99.55
VQGS1-5	橄榄玄武岩	41.21	2.03	12.4	6.65	3.82	0.16	7.13	11.31	3.36	1.53	1.54	4.77	8.46	99.59

CIPW 标准矿物（表 3-28）显示火山岩均为正常型，SiO_2 介于 $41.21\times 10^{-2} \sim 51.14\times 10^{-2}$（$45.37\times 10^{-2} \sim 53.34\times 10^{-2}$）之间，变化范围不大，从早到晚随 SiO_2 含量的增高，TiO_2、FeO、

MnO、MgO、CaO、K_2O、P_2O_5 含量降低，Al_2O_3 递增，而 Fe_2O_3、Na_2O 变化不明显，反映出岩浆向贫钛、亚铁、锰、镁、钙、钾、磷、富铝方向的演化特征，而氧化铁、钠基本保持不变。在 $Ol'-Ne'-Q'$ 图解（图 3-57）上进行火山岩系列的划分，结合碱度、岩石组合、矿物特征和岩石化学参数（表 3-29）等资料，火山岩底部两层落入碱性系列区，顶部一层岩石落入亚碱性系列区。其中碱性系列均出现 Ne 分子含量较高，亚碱性系列部分样品出现 Hy 分子，达 14.51%。为了区分亚碱性系列区，岩石采用 $FeO^*/MgO-FeO$ 图（图 3-58），图中样品均为钙碱性系列。为了进一步区分火山岩岩石类型，采用最新的 Le Bas（1986）划分方法，以 $Na_2O-2 \geq K_2O$ 者为钠质，反之则为钾质，测区火山岩亚碱性系列均为钠质，碱性系列的火山岩均为钾质。

表 3-28 新生代火山岩的 CIPW 标准矿物（$\times 10^{-2}$）

样品编号	CIPW 标准矿物														
	Ap	Il	Mt	Or	Ab	An	Fo	Ne	Wo	En′	Fs′	En	Fs	Hy	Di	Q
VQGS1-1	0.74	3.16	4.79	1.03	33.25	25.68			15.31	8.65	6.03	−0.09	−0.06	−0.15	29.98	1.47
VQGS1-2	0.68	3.09	4.58	3.75	25.78	26.69			8.38	5.88	1.78	11.13	3.38	14.51	16.05	4.79
VQGS1-3	0.87	3.49	3.16	3.75	43.88	21.51			12.01	8.29	2.75				23.05	1.11
VQGS1-4	1.18	4.26	5.20	9.61	8.42	21.84	−0.27	9.14	20.94	12.83	6.92	9.14			40.69	
VQGS1-5	3.70	4.25	5.69	9.95	13.63	15.67	6.68	9.57	14.63	10.02	3.45				28.10	

表 3-29 新生代火山岩岩石化学特征参数

样品编号	σ	SI	FL	AR	NK	QU	OX′	OX	LI	M/F	MF	N/K	H
VQGS1-1	1.91	20.27	23.97	1.33	4.10	4.69	0.32	0.65	−8.19	0.27	0.73	34.12	2.21
VQGS1-2	1.31	35.57	27.23	1.34	3.68	3.49	0.33	0.64	−6.79	0.57	0.56	7.30	2.22
VQGS1-3	5.46	19.68	25.91	1.42	5.82	6.59	0.33	0.64	−8.39	0.35	0.67	12.43	2.24
VQGS1-4	5.58	24.63	23.27	1.37	4.62	3.40	0.31	0.66	−13.50	0.35	0.68	2.79	2.42
VQGS1-5	12.23	32.14	30.18	1.52	5.38	2.64	0.32	0.65	−14.46	0.51	0.59	3.33	2.54

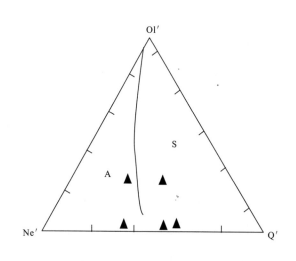

图 3-57 火山岩 $Ol'-Ne'-Q'$ 图解

A. 碱性系列；S. 亚碱性系列

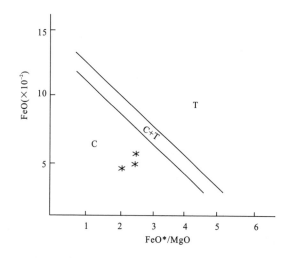

图 3-58 $FeO^*/MgO-FeO$ 图解

（据 Miyashiro A,1994）

亚碱性里特曼组合指数介于1.31~5.46之间,碱性系列介于5.58~12.23之间。碱度AR介于1.33~1.52之间,具与SiO_2呈负相关,从早到晚随SiO_2含量增加,拉森指数(LI)、固结指数增加;分异指数DI介于27.8~48.74之间,固结指数SI介于19.68~35.57间,MF,OX',OX和H值相近。

5. 地球化学特征

(1)微量元素特征

将测区新生代火山岩的微量元素含量列于表3-30中。

表3-30 测区新生代火山岩微量元素含量($\times 10^{-6}$)

样品编号	Ba	Rb	Sr	Cs	Ga	Ti	Hf	Zr	Y	Th	Ta
VQDY1-1	257	9	485	12.8	18.7	8665	3.3	119	17.3	2.6	2.1
VQDY1-2	195	9	428	8.3	19.4	8452	2.5	118	17.6	1.8	1.6
VQDY1-3	165	9	368	5.3	17.8	8797	4.7	118	21.7	2.4	2.2
VQDY1-4	900	20	548	7.7	15.8	10 600	4.2	150	19.5	2	1.6
VQDY1-5	1716	27	1627	21	16	11 220	7.9	263	29.1	8.2	4.6
样品编号	Nb	Cr	Ni	Co	Sc	V	Cu	Pb	Zn	W	Mo
VQDY1-1	26.0	77	69.3	31	19	182.9	24.4	63	122.4	0.59	1.64
VQDY1-2	18.7	168	68.6	33.8	19.7	167.3	14.2	23	117.7	0.52	1.37
VQDY1-3	21.3	180.1	37.6	14.9	20.7	162	50.2	16.6	61.1	0.67	1.83
VQDY1-4	27.5	37.6	180	44.5	20.1	229.2	22.3	25.4	94.7	0.67	1.83
VQDY1-5	94.5	172.7	111.8	39.4	19.4	238	58.9	59.8	549.1	0.75	1.45

与地球相应岩石丰度值相比较,K与Ti明显亏损,Y略有亏损,其他元素均呈富集型,其中Sc、Pb、Th等富集明显,大离子亲石元素Ba、Rb、Sr、Th富集,各系列岩石之间无明显的微量元素差别(图3-59),反映出它们具有同源岩浆的特征。

(2)稀土元素特征

测区火山岩的稀土元素含量列于表3-31中。

表3-31 测区火山岩的稀土元素含量($\times 10^{-6}$)

样品编号	La	Ce	Pr	Nd	Sm	Eu	Gd	Tb	Dy	Ho
VQXT1-1	19.06	34.93	4.57	18.69	4.43	1.72	4.55	0.69	3.69	0.71
VQXT1-2	17.19	32.22	4.37	16.45	4.03	1.62	4.28	0.65	3.53	0.66
VQXT1-3	21.86	40.49	5.14	20.91	4.59	1.74	4.85	0.77	3.96	0.75
VQXT1-4	22.63	44.13	5.7	23.02	4.93	1.85	5.09	0.73	3.96	0.71
VQXT1-5	91.87	180	22.45	87.75	14.19	4.42	11.13	1.43	6.87	1.17
样品编号	Y	Er	Tm	Yb	Lu	特征参数及比值				
						δEu	REE	LREE	HREE	L/H
VQXT1-1	15.95	1.67	0.24	1.48	0.22	1.098	112.6	87.95	24.65	3.57
VQXT1-2	15.92	1.61	0.23	1.41	0.2	1.190	104.4	80.16	24.24	3.31
VQXT1-3	15.16	1.96	0.29	1,48	0.24	1.125	128.5	99.58	28.92	3.44
VQXT1-4	17.15	1.87	0.26	1.48	0.21	1.125	133.6	107.35	26.25	4.09
VQXT1-5	25.46	2.63	0.35	1.81	0.24	1.041	451.8	411.81	39.99	10.29

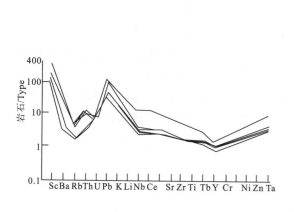

图 3-59 新生代火山岩微量元素蛛网图

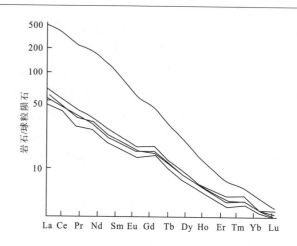

图 3-60 新生代火山岩稀土配分曲线

火山岩的稀土元素总量介于 $104.4×10^{-6}$~$451.8×10^{-6}$，其中轻稀土（LREE）在（80.16~411.81）$×10^{-6}$ 间，重稀土（LREE）为（24.24~39.99）$×10^{-6}$。轻、重稀土之比（L/H）为 3.31~10.29，反映出轻稀土元素富集；Eu 在 1.041~1.25 之间，反映铕富集型；稀土配分曲线（图 3-60）均为右倾，反映轻稀土富集，其中最下一层火山岩的稀土总量较高，配分曲线斜率较大，反映出它具有陆壳物质重熔混染的特征，而其他样品配分曲线相似，总量基本一致，反映出它们为同一岩浆源产物，在岩浆喷出过程中受外物质干扰较少。

6. 构造环境分析

新生代火山岩赋存于雅西措组地层中，雅西措组地层为一套紫红色陆源碎屑岩，其沉积环境为河湖相沉积为主，时代为渐新世—始新世，区内火山岩以碱性系列和拉斑系列为主，岩石风化、蚀变较强烈，在许多采用常量元素进行构造环境判别图中投点不太理想，而采用岩石中较为稳定的微量元素进行投图，得到了较为客观、理想的结果。在不同构造环境火山活动的 Th-Hf/3-Ta 判别图（图 3-61）中，火山岩投点落入 C 区，个别落入 C 与 B 区界线上，显示出新生代火山岩的构造环境为大陆板内拉张环境下的产物，这一判定结果与区域上雅西措组地层沉积环境一致。

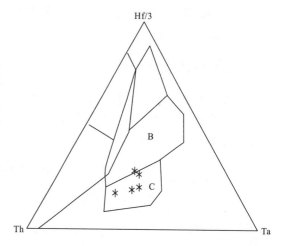

图 3-61 火山岩 Th-Hf/3-Ta 判别图
C. 碱性板内玄武岩及其分异物；
B. E 型洋中脊玄武岩和拉斑质板内玄武岩

六、火山岩与矿产关系

根据资料研究程度，选择 W、Cu、Pb、Zn 等元素，对测区各时代火山活动旋回成矿微量元素进行分析，显示如下特征。

（1）W 在通天河-沱沱河构造-岩浆活动区晚三叠世结扎群高于晚二叠世乌丽群和早二叠世开心岭群火山岩，且以第二旋回（V）（波里拉旋回）高为特征，均低于克拉克值。到目前为止，尚未找到与火山岩直接有关的 W 矿点或矿化点。

（2）Cu 以风火山群洛力卡组火山岩中丰度值最高，高于克拉克值，在其他各构造-岩浆活动区各旋回中均低于克拉克值丰度。在通天河-沱沱河构造-岩浆活动区，各旋回均低于克拉克值，其中以结扎群火山岩中的 Cu 丰度值较高，高于开心岭群和乌丽群火山岩中的，并以结扎群中甲丕拉组火山岩(第一旋回或Ⅵ旋回)中的最高,一些重点矿点及矿化和矿床均反映出 Cu 与风火山群洛力卡组火山岩有关,如较著名的风火山铜矿。

(3)Pb 以古近纪—渐新世雅西措组火山岩中最高,巴颜喀拉山群砂岩组和风火山群洛力卡组火山岩中均较低,但高于丰度值。其他地区的各旋回均小于克拉克值。在通天河-沱沱河构造-岩浆活动区中结扎群火山岩高于开心岭群和乌丽群火山岩,且平均克拉克值较接近。

(4)Zn 以雅西措组火山岩中最高,并且结扎群火山岩的 Zn 都高于克拉克值,风火山群和巴颜喀拉山群火山岩的略高于克拉克值或接近,巴塘群火山岩的低于克拉克值,在通天河-沱沱河构造-岩浆区内结扎群火山岩的均高于克拉克值,乌丽群和开心岭群火山岩的均低于克拉克值。在结扎群中,尤以甲丕拉组火山岩的最高为特征。

(5)由于受资料所限,铁元素丰度无法按旋回统计,但从已有矿点可知,火山沉积-变质型铁矿主要与结扎群火山岩关系密切,如沱沱河铁矿均系如此。

第三节 脉 岩

测区内脉岩种类较多,分布广泛,从基性、中性、中酸性—酸性均有出露,其中以基性岩脉最为发育。脉岩规模大小不一,脉宽从数厘米至数米,长数米到数百米,近北西-南东相分布,多与围岩呈小角度斜交或顺层侵入,基本上与区域构造线方向一致,在成因上脉岩与相伴的深成岩体多属同源,形成时间上紧随着相应的深成岩体,在成分上即反映出多与深成岩体有继承性,又有演化发展的特点。

根据脉岩的分布、形成时间以及岩石种属等特征,将脉岩分为两大类:相关性岩脉和区域性岩脉。

一、相关性岩脉

该类脉岩在空间、时间及成分上与相关的深岩体关系密切,大多分布于围岩中,时间上从晚三叠世—晚侏罗世、始新世—渐新世,根据时代建立了相应的超单元和独立侵入岩体以及与其相对应的脉岩类型(表 3-32)。

表 3-32 测区内超单元侵入体的相关性岩脉特征

时代	超单元或独立侵入体	岩性	代号	分布特点	脉数	规模 长(m)	规模 宽(m)	产状	时代
渐新世	藏麻西孔独立侵入体	蚀变二长岩脉	η	分布于达哈贡玛,二叠纪乌丽群地层中	3	75	25	走向300°	同期
始新世	岗齐曲上游	蚀变石英闪长玢岩脉	δoμ	分布于晚三叠世,巴颜喀拉山群砂岩、板岩中及结扎群巴贡组地层中	2	延伸不详	5~80	走向280°	同期或稍晚
始新世	岗齐曲上游	闪长玢岩脉	δμ	分布于二叠世乌丽群地层中以及三叠世巴颜喀拉山群和结扎群巴贡组地层中	4	>100	5~20	走向295°	同期或稍晚
晚侏罗世	白日榨加	花岗闪长斑岩脉	γδπ	分布于桑德铛陇拉西侧三叠世巴颜喀拉山群砂岩、板岩中及奥格拉德西结扎群巴贡组地层中	2	250	5~50	走向 285°~305°	同期或稍晚
晚三叠世	纳吉卡色	细粒闪长岩脉	δ	主要分布于日阿吾德贤晚三叠世结扎群甲丕拉地层中,少数分布于二叠纪乌丽群地层中	4	80	15	走向280°	同期
晚三叠世	邦可钦-冬日日纠基性岩体	蚀变辉绿玢岩脉	βμ	分布较广,主要侵入地层有二叠纪乌丽群那益雄组、九十道组和三叠纪结扎群巴贡组	5	>100	5~10	走向 280°~310°	同期或稍晚
晚三叠世	邦可钦-冬日日纠基性岩体	蚀变辉绿岩脉	βμ	分布于二叠纪乌丽群那益雄组地层和三叠纪巴塘群碎屑岩夹火山岩及结扎群波里拉组白云质灰岩中	3	>150	30~60	走向 280°~300°	同期或稍晚

（一）晚三叠世相关性岩脉

晚三叠世也划分为纳吉卡色超单元和邦可钦-冬日日纠基性岩体，其相关性脉岩有细粒闪长岩脉、蚀变辉绿玢岩脉、蚀变辉绿岩脉、辉长辉绿岩。各类脉岩的分布特点、规模、产状等见表3-32。现将各类岩脉的岩石特征分述如下。

1. 纳吉卡色超单元相关性岩脉

细粒闪长岩脉（δ）：岩石呈灰绿色，具细粒半自形粒状结构，块状构造。岩石由斜长石（63%）、暗色矿物（30%）、石英和少量的不透明矿物组成，粒度一般在1.18～0.22mm之间。斜长石呈半自形板状，见有聚片双晶，推测为中长石。暗色矿物在岩石中分布较为均匀，大部分已被帘石化、绿泥石化所交代。

2. 邦可钦-冬日日纠基性岩体相关性岩脉

蚀变辉绿玢岩脉（$\beta\mu$）：岩石呈灰绿色，具辉绿结构、斑状结构，块状构造，岩石由斑晶斜长石（2%）、辉石（4%）和基质斜长石（62%）、辉石（30%）组成。斑晶粒度在1.08～1.88mm之间，斜长石呈板状、板柱状，普遍泥化。辉石呈粒状在岩石中均匀分布。基质粒径一般在0.25～0.72mm之间，在斜长石格架中充填有粒状辉石及不透明矿物。该脉岩的产出状态如图3-62所示。

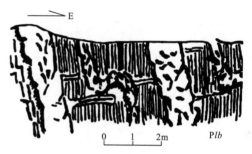

图3-62 辉绿玢岩脉受断层影响而发生的膝状弯曲

蚀变辉绿岩脉（$\beta\mu$）：岩石呈灰绿色，具辉绿结构，块状构造，岩石由斜长石（75%）、辉石（20%）及不透明矿物（5%）组成，粒径在1.48～0.37mm之间。斜长石呈板状、板柱状，普遍被泥化，见有简单双晶，在长石空隙之间充填有粒状辉石，辉石泥化并析出铁质，不透明矿物均匀分布。

蚀变辉长辉绿岩脉（$\beta\mu$）：岩石呈灰绿色，具辉长辉绿结构，块状构造，岩石由斜长石（78%）、单斜辉石（20%）及不透明矿物（2%）组成，粒径一般在2.57～0.37mm之间。斜长石呈板状、板柱状、多被泥化，其空隙内充填有柱状单斜辉石，不透明矿物在局部相对集中。

该期脉岩与纳吉卡色超单元侵入体和邦可钦-冬日日纠基性岩体关系密切，形成的时间与侵入体同期或稍晚，主要分布于侵入体附近的地层中。

脉体的岩石化学成分特征及有关的特征值数见表3-33～表3-35。从3个表中可看出，SiO_2含量在47.08×10^{-2}～53.75×10^{-2}之间，Al_2O_3含量在16.75×10^{-2}～17.40×10^{-2}之间，与相应的中性岩和基性岩基本一致。闪长岩的组合指数为3.34，$Al_2O_3 > CaO + Na_2O + K_2O$，说明该岩脉为钙碱性岩系，铝过饱和类型；分异指数DI为53.78，固结指数SI为10.502，而基性脉岩的组合指数在0.49～1.575之间，$CaO + Na_2O + K_2O > Al_2O_3 > Na_2O + K_2O$，$Na_2O > K_2O$，说明该类脉岩为钙—钙碱性系列，属于太平洋型，正常类型。

微量元素见表3-36，总的来看，除Co、V、Cs、Cu、Zn、P等元素含量较高外，其他元素均接近或低于泰勒值。

稀土元素的特征见表3-37，在稀土分配模式图（图3-63）中，分布曲线向右倾，为轻稀土富集型，δEu值一般在1.00～1.215之间，铕具有轻微的异常。脉岩在伸展裂陷构造背景的环境中形成。

表 3-33 测区各超单元(独立单元)相关性岩脉的岩石化学含量

超单元及独立单元	样品编号	岩脉类型	氧化物组分及含量(×10⁻²)												
			SiO_2	TiO_2	Al_2O_3	Fe_2O_3	FeO	MnO	MgO	CaO	Na_2O	K_2O	P_2O_5	H_2O	LOS	Σ
藏麻西孔独立单元	VQGS653-2	蚀变二长岩脉	51.37	1.30	17.50	2.55	5.90	0.13	2.50	3.76	4.84	3.77	0.59	3.52	4.68	102.41
岗齐曲上游	VQGS1723-1	糜棱岩化石英闪长玢岩脉	66.91	0.45	15.21	1.24	3.18	0.09	2.66	5.57	2.50	1.07	0.88	2.94	1.34	100.30
	VQGS165-1	蚀变石英闪长玢岩脉	63.79	0.51	15.84	1.36	2.89	0.07	1.58	3.98	2.28	2.18	0.11	2.88	5.47	100.07
	VQGS1656-1	蚀变闪长玢岩脉	57.92	0.47	17.46	0.98	4.98	0.14	4.23	3.46	3.42	2.06	0.13	3.81	4.94	100.01
	VQGS1999	闪长玢岩脉	50.83	0.46	11.58	1.50	4.53	0.11	7.32	8.01	0.73	1.27	0.07	3.46	13.40	99.84
白日榨加	VQGS164-1	花岗闪长斑岩脉	68.48	0.25	14.42	0.05	1.97	0.04	0.74	3.67	2.22	2.53	0.09	1.65	4.72	99.68
纳吉卡色	VQGS0538	细粒闪长岩脉	52.38	1.79	17.05	4.04	5.02	0.18	1.71	5.47	3.31	2.29	0.40	3.06	6.37	100.01
	VQGS652	蚀变辉绿玢岩脉	51.81	1.04	16.91	2.93	4.83	0.10	4.43	6.93	4.43	1.64	0.33	3.57	3.43	102.38
	VQGS652-1	蚀变辉绿玢岩脉	50.48	1.26	16.91	1.72	6.54	0.11	4.88	4.12	5.18	1.03	0.40	4.48	6.13	103.24
邦可钦-冬日日纠基性岩体	VQGS0349	蚀变辉绿岩脉	47.08	1.00	16.75	1.29	5.50	0.14	4.44	9.20	4.18	0.87	0.36	3.86	8.79	103.46
	VQGS2115-1	蚀变辉绿岩脉	49.09	1.17	17.40	2.68	5.55	0.14	7.12	8.21	2.68	0.70	0.16	0.74	4.65	99.55

表 3-34 测区各超单元(独立单元)相关性岩脉的标准矿物特征

超单元及独立侵入体	样品编号	岩脉类型	CIPW 标准矿物特征值												岩石类型
			AP	IL	MT	C	Q	OR	AB	AN	DI	HR	Sum		
藏麻西孔	VQGS0653-2	蚀变二长岩脉	1.368	2.621	3.923	0.034	—	23.643	41.129	15.714	—	—	99.998	铝过饱和类型
岗齐曲上游	VQGS1723-1	糜棱岩化石英闪长玢岩脉	0.177	0.864	1.817	0.004	30.992	6.388	21.376	27.397	10.978	10.978	99.992	铝过饱和类型
	VQGS165-1	蚀变石英闪长玢岩脉	0.253	1.024	2.085	2.913	31.748	13.621	20.394	20.119	7.829	7.829	99.986	铝过饱和类型
	VQGS1656-1	蚀变闪长玢岩脉	0.297	0.936	1.492	3.802	13.882	12.782	30.388	17.136	19.271	19.271	99.986	铝过饱和类型
	VQGS1999	闪长玢岩脉	0.177	1.01	2.517	—	16.259	9.687	7.151	28.431	13.668	22.091	99.990	正常类型
白日榨加	VQGS164-1	花岗闪长斑岩脉	0.208	0.503	0.077	1.665	37.793	15.825	19.887	18.653	5.37	5.378	99.988	铝过饱和类型
纳吉卡色	VQGS0538	细粒闪长岩脉	0.935	3.633	4.937	0.148	9.375	14.446	29.940	26.214	10.301	10.301	99.949	正常类型
邦可钦-冬日日纠基性岩体	VQGS652	蚀变辉绿玢岩脉	0.756	2.07	4.322	—	—	10.164	39.308	22.450	9.161	9.901	100.296	正常类型
	VQGS652-1	蚀变辉绿玢岩脉	0.944	2.583	2.692	0.798	—	6.571	47.322	19.247	12.371	12.372	99.954	铝过饱和类型
	VQGS0349	蚀变辉绿岩脉	0.87	2.102	2.07	—	—	5.691	34.119	26.971	17.057	—	99.954	正常类型
	VQGS2115-1	蚀变辉绿岩脉	0.369	2.342	3.632	—	1.279	4.361	23.906	35.185	5.347	23.361	99.983	正常类型

第三章 岩浆岩

表 3-35 测区各超单元(独立单元)相关性岩脉的岩石特征参数

超单元及独立侵入体	样品编号	岩脉类型	特征参数值											
			σ	SI	FL	QU	DI	NK	SAL	OX	LI	M/F	AR	MF
藏喋西孔独立侵入体	VQGS06523-2	蚀变二长岩脉	8.91	12.780	69.602	6.199	66.0405	9.138	2.936	0.698	6.69	0.225	2.361	0.772
岗齐曲上游	VQGS1723-1	糜棱岩化石英闪长玢岩	0.53	24.979	39.054	9.676	58.7557	3.607	4.399	0.719	10.870	0.463	1.415	0.624
	VQGS165-1	蚀变石英闪长玢岩脉	0.956	15.352	52.841	12.251	65.763	4.715	4.027	0.680	14.483	0.278	1.581	0.729
	VQGS1656-1	蚀变闪长玢岩脉	2.01	26.994	61.298	5.994	57.052	5.754	3.317	0.836	8.057	0.597	1.710	0.585
	VQGS1999	闪长玢岩脉	0.51	47.686	19.983	3.403	32.0958	2.315	4.390	0.751	-3.594	0.958	1.161	0.452
白日榨加	VQGS164-1	花岗闪长斑岩脉	0.885	9.849	56.412	27.264	73.5046	5.028	4.749	0.975	20.00	0.350	1.650	0.732
纳吉卡色	VQGS0538	细粒闪长岩脉	3.34	10.502	50.587	6.306	53.780	5.986	3.072	0.645	3.991	0.139	1.662	0.840
邦可钦-冬日日纠基性岩体	VQGS652	蚀变辉绿玢岩脉	1.427	24.272	46.695	4.864	49.4716	6.365	3.064	0.633	-0.017	0.414	1.683	0.636
	VQGS652-1	蚀变辉绿玢岩脉	1.575	25.219	60.115	4.405	53.8927	6.704	2.965	0.792	0.711	0.484	1.838	0.629
	VQGS0349	蚀变辉绿岩脉	1.21	28.048	35.411	4.776	42.5333	5.589	2.811	0.796	-3.794	0.571	1.483	0.588
	VQGS2115-1	蚀变辉绿岩脉	0.49	38.075	29.164	3.195	29.5462	3.563	2.821	0.710	-6.713	0.664	1.304	0.535

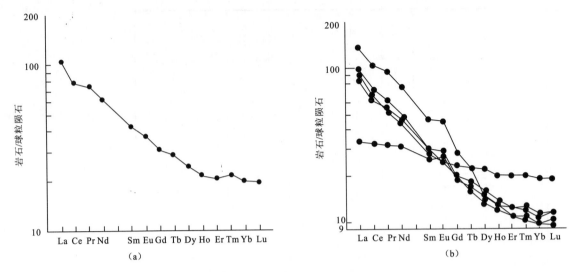

图 3-63 稀土配分模式图

表 3-36 测区岩脉微量元素含量($\times 10^{-6}$)

样品编号	代号	Sr	Rb	Ba	Th	Ta	Nb	Zr	Hf	Sc	Cr	Co	Ni
VQDY2115-1	ν	68	20	79	2.5	1.2	18.0	132.	2.9	22.4	9.3	60.5	368
VQDY1723-1	ν	247	56	400	3.1	1.3	17.9	165	5.2	25.4	26	37.3	48.5
VQDY164-1	ν	210	33	265	3.0	1.4	19.4	185	6.0	32.8	64	43.0	71.3
VQDY1999	β	121	13	37	4.4	2.3	26.5	213	5.2	22.0	6	30.4	20.0
VQDY1076a	$\delta\mu$	984	83	1590	18.0	—	—	138	2.7	7.5	9.5	8.6	5.9
VQDY165-1	$\delta\mu$	1755	202	3666	20.5	—	—	335	8.5	7.3	42.0	12.9	44
泰勒值		375	90	425	9.6	2	20	165	3	22	100	25	75
样品编号	代号	V	Gs	Cu	Pb	Zn	Yb	Y	Ti	W	Mo	Nd	P
VQDY2115-1	ν	22.0	6.0	85.2	1.5	96	1.8	18.0	9014	0.54	0.22	31.2	1874
VQDY1723-1	ν	345	8.5	149.	6.6	100	2.9	25.2	14230	0.79	0.73	34.4	1351
VQDY164-1	ν	383.1	6.0	173.	6.9	109	3.3	32.5	14870	0.88	0.85	37.3	1384
VQDY1999	β	364.7	6.0	133.	2.0	78	3.8	33.7	16360	0.69	1.01	44.5	2094
VQDY1076a	$\delta\mu$	12.7	4.5	13.2	24.8	56.6	1.5	—	—	—	—	39.6	1498
VQDY165-1	$\delta\mu$	12.6	5.5	22.4	33.9	44.3	1.2	—	—	—	—	48.3	3472.
泰勒值		135	3	55	12.5	70	3	33	5700			28	1050

(二)晚侏罗世相关性岩脉

晚侏罗世划分为白日榨加超单元,该超单元侵入体的相关性岩脉为花岗闪长斑岩脉,岩脉的分布、规模、产状等特点见表 3-32。

花岗闪长斑岩脉($\gamma\delta\pi$):岩石呈灰色—灰白色,具斑状结构,块状构造,基质具细粒花岗结构。岩石由斑晶和基质组成。斑晶含量可达 7%,其中斜长石为 2%,钾长石为 4%,石英为 1% 及少量的白云母,斑晶大小在 0.307mm×0.31mm~0.86mm×1.48mm 之间。基质占 93% 由斜长石(52%)、石英(24%)、正长石(16%)、被白云母交代的黑云母假象(1%)及少量的铁铝榴石组成。斜长石晶形多呈板状、板柱状,粒径在 0.06~0.28mm 之间。石英呈他形粒状,正长石以充填物的形式出现。

该期脉岩与白日榨加超单元侵入体关系十分密切,岩脉主要分布于三叠世巴颜喀拉山群和巴塘群地层中,脉岩侵入关系见素描图(图 3-64)。在形成时间上与侵入体同期或晚一些。

脉体的岩石化学成分特征及有关的特征指数见表 3-33~表 3-35。

从 3 个表中可看出,SiO_2 含量为 68.48×10^{-2},Al_2O_3 含量为 14.42×10^{-2},里特曼指数为 0.885,$Al_2O_3>CaO+Na_2+K_2O$,说明该类岩脉为钙碱性岩系,铝过饱和类型,固结指数为 9.849,说明岩浆分异程度高,岩石的酸性程度高。在 $\lg\tau-\lg\delta$(Aritmann,1970)图中看出,脉岩在挤压为

构造背景的环境中形成。

脉体的微量元素见表3-36,从表中看出该类脉岩,除少数元素接近外,其他元素低于泰勒值。

脉体的稀土元素特征及参数见表3-37。在稀土配分模式图(图3-65)上分布曲线向右倾,为轻稀土富集型,δEu 为 0.89,铕负异常说明该类脉体具铕亏损的特点。

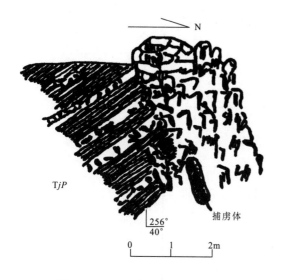

图3-64 岩脉侵入粉砂质板岩素描图

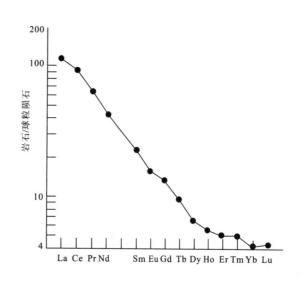

图3-65 稀土配分模式图

(三)始新世相关性岩脉

始新世划分为岗齐曲上游超单元,该超单元侵入体的相关性岩脉包括蚀变石英闪长玢岩脉和闪长玢岩脉,岩脉的分布、规模及产状等特点见表3-32。

蚀变石英闪长玢岩脉($\delta o\mu$):岩石呈浅灰绿色,具变余斑状结构,基质具微粒结构,块状构造。岩石由斑晶和基质组成,岩石在轻微应力作用下并伴随热液蚀变产生绿泥石、碳酸盐等蚀变矿物。斑晶含量可达35%,其中斜长石为20%,黑云母为15%和少量石英,粒径一般在0.35~1.55mm之间,个别达到2mm。斜长石呈半自形板状,双晶发育,见有环带构造。石英具有熔蚀迹象,黑云母呈半自形板条状,均已绿泥石化。基质含量为65%,由斜长石(55%)、石英(10%)、磷灰石及不透明矿物组成。

闪长玢岩脉($\delta\mu$):岩石呈灰绿色,具斑状结构,基质具半自形细—微细粒结构,块状构造。岩石由斑晶和基质组成。斑晶占30%,其中斜长石为5%,黑云母为10%,普通辉石为5%,普通角闪石为10%,斑晶大小在0.2~0.9mm之间。斜长石呈半自形板柱状,具有清晰的环带构造。角闪石呈半自形短柱状,略具次闪石化。辉石呈粒状,个别被黑云母交代。基质含量为70%,其中斜长石为54%,角闪石(次闪石化)10%,不透明矿物为5%,磷灰石为1%及少量榍石和黑云母。

该期岩脉与岗齐曲上游超单元侵入体相对应,形成的时间可能与侵入体同期。

脉体的岩石化学成分及有关的特征指数见表3-33~表3-35。

从3个表中可看到,SiO_2 含量在 50.83×10^{-2}~66.91×10^{-2} 之间,与中国石英闪长玢岩和闪长玢岩的基本一致;碱总量在 3.1×10^{-2}~8.6×10^{-2} 之间,总体上 $Na_2O>K_2O$,Al_2O_3 在 11.58×10^{-2}~17.46×10^{-2} 之间;里特曼指数 σ 在 0.51~2.01 之间,为钙碱性系列;多数石英闪长玢岩脉中,$Al_2O_3>CaO+Na_2+K_2O$,属于铝过饱和类型,而闪长玢岩均为正常类别;固结指数 SI 在 15.35~27.65 之间,说明岩浆分异度较高,岩石的酸性程度也高;碱度率 AR 在 1.616~1.710 之间,说明岩石的碱性程度较低。

表 3-37 测区脉岩的稀土特征

超单元及独立侵入体	样品编号	脉岩类型	稀土元素含量（×10⁻⁶）															特征参数及比值		
			La	Ce	Pr	Nd	Sm	Eu	Gd	Tb	DY	Ho	Er	Tm	Yb	Lu	Y	ΣREE	δEu	ΣCe/ΣY
藏麻西孔	VQXT0653-2	蚀变二长岩脉	40.99	77.54	9.84	37.41	7.53	1.86	6.39	0.96	4.97	1.00	2.68	0.43	2.57	0.41	23.76	218.36	0.8116	9.024
	VQXT165-1	蚀变石英闪长玢岩脉岩	28.37	53.96	6.10	21.04	3.75	0.94	3.64	0.55	3.33	0.68	1.85	0.30	2.01	0.31	16.79	143.62	0.768	9.01
岗齐曲上游	VQXT1999	蚀变闪长玢岩脉	10.13	20.53	2.70	10.02	2.35	0.62	2.55	0.42	2.72	0.55	1.54	0.25	1.61	0.25	13.39	69.6	0.77	4.686
	VQXT1656-1	蚀变闪长玢岩脉	16.97	28.93	3.33	11.71	2.34	0.85	2.32	0.41	2.38	0.49	1.39	0.25	1.55	0.25	12.53	85.7	1.103	7.09
白日榨加	VQXT164-1	花岗闪长斑岩脉	26.94	56.08	5.91	19.83	3.45	0.92	2.70	0.36	1.70	0.32	0.85	0.13	0.73	0.11	7.84	127.9	0.89	16.395
纳吉卡色	VQXT0538	细粒闪长岩脉	24.62	47.91	7.01	28.86	6.51	2.14	6.38	1.05	6.13	1.24	3.46	0.55	3.37	0.50	30.31	170.0	1.00	5.16
	VQXT0652	蚀变辉绿玢岩脉	20.96	40.40	5.13	20.60	4.27	1.39	3.88	0.64	3.54	0.73	1.93	0.31	1.84	0.29	16.97	122.88	1.02	7.05
	VQXT0652-1	蚀变辉绿玢岩脉	20.02	38.65	5.19	20.49	4.41	1.64	4.00	0.66	3.64	0.74	1.97	0.31	1.80	0.29	17.35	121.16	1.172	6.74
邦可钦—冬日日纠基性岩体	VQXT349	蚀变辉绿岩脉	22.80	43.47	5.74	21.52	4.49	1.42	3.78	0.60	3.31	0.66	1.76	0.26	1.62	0.25	15.64	127.33	1.02	8.10
	VQXT2115-1	蚀变辉绿岩脉	31.74	62.71	8.95	35.69	6.94	2.57	5.69	0.82	3.80	0.72	1.79	0.26	1.59	0.24	17.06	180.6	1.215	9.966
	VQXT962-4	蚀变绿岩	7.80	19.63	2.97	14.27	4.00	1.52	4.71	0.84	5.52	1.10	3.32	0.50	3.14	0.47	27.07	96.86	1.068	2.56

从 $\lg\tau-\lg\delta$ 图（Aritmann,1970）中可看出，各点均在 B 区内，说明该类岩脉是在南北向挤压作用下，导致部分壳源物质部分熔融而形成。

脉岩的微量元素见表 3-36，除了 Cs、P 稍偏高外，其他元素均低于或接近泰勒值。

脉体的稀土元素特征及参数见表 3-37。在稀土配分模式图（图 3-66）上，分布曲线向右倾，为轻稀土富集型，从 Eu 值小于 1 看，说明该类脉岩具有铕亏损的特点；分布曲线上各样品的曲线基本一致，说明它们来自同一岩浆的产物。

（四）渐新世相关性岩脉

渐新世划分为藏麻西孔独立侵入体，该侵入体的相关性岩脉有蚀变二长岩脉，其分布、规模、产状等特点见表 3-32。

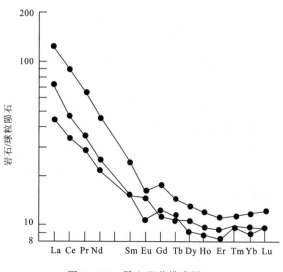

图 3-66 稀土配分模式图

蚀变二长岩（η）：岩石呈浅灰绿色，具中细粒半自形粒状结构，块状构造。岩石由斜长石（39%）、钾长石（50%）、暗色矿物（7%）、石英（4%）及少量的不透明矿物和磷灰石组成，粒径一般在 3.64～0.72mm 之间。长石呈半自形板柱状，斜长石略具泥化，见有聚片双晶，钾长石为条纹长石。暗色矿物呈板状假象，全被绿泥石化。石英呈他形粒状，充填于其它矿物空隙之间。

该期岩脉与藏麻西孔独立侵入体关系密切，侵入时间可能在侵入体固结或未完全固结时形成。岩脉的岩石化学成分及有关特征指数见表 3-33～表 3-35。

由 3 个表中可看出，蚀变二长岩的 SiO_2 含量为 51.37×10^{-2}，与中国岩浆岩种类的平均化学成分相比基本一致；里特曼指数 σ 值为 8.91，$Al_2O_3>CaO+Na_2O+K_2O$，属于碱性系列铝饱和型。在 $\lg\tau-\lg\delta$ 图（Aritmann,1970）（图 3-67）上，点投在 B 区，说明该岩脉在局部伸展构造背景的环境中形成。

脉体的稀土元素成分及参数见表 3-37，在稀土分配模式图（3-68）上，分布向右倾，为轻稀土富集型，δEu 值在 0.8116 左右，铕具有轻微的负异常。

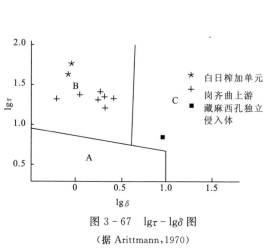

图 3-67 $\lg\tau-\lg\delta$ 图
（据 Arittmann,1970）

A.稳定掐火山；B.消减带火山岩；C、AB.区演化的碱性火山岩，其中钾质者与消减带有关，钠质者多与板内区无关

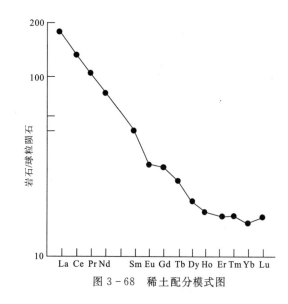

图 3-68 稀土配分模式图

二、区域性岩脉

区内区域性岩脉相对分布较广,种类单一,以石英脉为主,在不同时间的地质体中均有不同规模的出露,主要分布于婆饶丛清拉东侧的巴颜喀拉山群砂岩、板岩中,呈平行带状分布,在空间上往往受区域性断裂构造及裂隙所控制,时间上与区域内侵入体间隔较大,成分上与侵入体有明显的区别,脉体大部分呈北西-南东向,与区内构造线基本一致,呈脉状、树枝状、透镜状和不规则状,具有多期性特点,形成环境与深部热液有关。脉宽一般在 $10\sim50cm$ 之间,延伸不详。岩石呈白色,块状构造,组成矿物主要为石英,脉体质较纯,除个别具轻微的黄铁矿化、褐铁矿化外,基本上没有矿化现象。

第四章 变质岩

测区属唐古拉山变质地区,变质作用以区域低温动力变质作用为主,大面积分布低绿片岩相浅变质岩系。区域动力热流变质作用仅在西金乌兰-金沙江构造混杂带中零星出露的中—晚元古代残留块体上有所保留。测区内动力变质较强,韧性、脆性动力变质岩分布广泛,韧性断层主要分布于西金乌兰-金沙江构造带的边界地带。由于图幅内侵入岩的数量、规模相对较小,接触变质作用表现不强烈。

第一节 区域变质岩

区域变质岩分布于测区西部阿西涌一带,面积小,呈条带状构造残片出露于西金乌兰-金沙江构造带内,岩片被印支期英云闪长岩体侵蚀、环绕。该变质岩属于中—新元古代宁多群的上部层位(见地层有关章节)。

一、区域动力热流变质岩

(一)岩石组合及岩相学特征

测区内宁多群的岩性为深灰色黑云母石英片岩、灰黑色二云母石英片岩夹深灰色黑云母片岩夹浅灰色细粒绿帘斜长石英变粒岩、浅灰色条纹状细粒含阳起绿帘斜长浅粒岩以及受到热接触变质作用形成的黑云母堇青石角岩等变泥质岩类。各岩石的显微特征如下。

二(黑)云母石英片岩:岩石为细粒鳞片粒状变晶结构、鳞片花岗变晶结构,片状构造。变晶矿物粒径在 0.09～1.35mm 之间,变质矿物组成:石英为 22%～57%,呈不规则他形粒状变晶。微斜长石为 1%～5%,粒状变晶,双晶少见。斜长石为 3%～26%,呈粒状变晶、筛状变晶,有的具有钠长双晶,表面污浊,有蚀变绢云母出现。黑云母为 20%～36%,不规则片状、鳞片状变晶,多色性明显,Ng'—红褐色,Np'—黄褐色,部分黑云母被白云母交代,还有少数黑云母向矽线石过渡,极少数黑云母具绿泥石化退变质。白云母少量(约 15%),呈细小的鳞片状,其集合体呈团块、团粒状,形态似堇青石或红柱石的假象。矽线石的量稀少(<1%),仅在局部可见,成毛发状、禾束状集合体,与黑云母呈过渡状态,常分布于团块状绢(白)云母与黑云母之间的过渡交界处。岩石中黑云母鳞片和白云母集合体明显定向排列,形成岩石的片理。

浅灰色条纹状细粒(含阳起石)绿帘斜长浅粒岩:细粒柱状、粒状变晶结构,条纹状构造。变晶粒度在 0.09～0.48mm 之间,变质矿物组成:石英为 38%～65%,他形粒状,均匀分布于岩石中,颗粒长轴基本上与岩石的条纹方向一致,略具定向排列趋势。斜长石为 15%～28%,粒状变晶,均匀分布于岩石中,长轴略具定向趋势,斜长石全部被钠黝帘石化。绿帘石为 20%,柱状、粒状变晶,相对集中分布在一定层位中,形成岩石的条纹状构造。阳起石为 0～7%,柱状、纤状变晶,粒度相对别的变晶矿物较粗,在 0.37～0.74mm 之间。黑云母为 0～5%,相对集中在一定层位中,与绿帘石一起构成岩石的条纹状构造。

该地层受到印支期英云闪长岩体侵入的影响,热接触变质作用明显,形成角岩类岩石,主要包括灰色、深灰色(含石榴)黑云母堇青石角岩、灰褐色细粒含白云母透闪石角岩、灰褐色细粒含石榴石透闪石绿帘石角岩,局部形成混染岩。岩石中堇青石全部绢云母化,仅呈假象形态存在;斜长石部分被黝帘石化,或绢云母化、泥化;石榴石不均匀分布于岩石中,粒度明显较粗,与岩石中其他矿物不协调,粒径在0.37~2.22mm之间;黑云母均匀分布于岩石中,略具定向排列。

(二)岩石化学特征及原岩恢复

岩石的矿物组分中含有较多的堇青石、少量砂线石的等高铝矿物,已反映原岩含有较高的泥质成分。

岩石硅酸盐含量及尼格里参数见表4-1。岩石的 SiO_2 含量在 $55.95×10^{-2}$ ~ $76.65×10^{-2}$ 之间,Al_2O_3 含量在 $11.69×10^{-2}$ ~ $20.96×10^{-2}$ 之间,TiO_2 含量在 $0.54×10^{-2}$ ~ $1×10^{-2}$ 之间,$K_2O>Na_2O$。尼格里参数:$Al<Alk+C$,为正常类型岩石,氧化铝数 t 在 -17.88 ~ 7.71 之间,石英数 Qz 在 -46.72 ~ 78.81 之间,部分为 SiO_2 过饱和的岩石。在 $(Al+Fm)-(C+Alk)-Si$ 图解(图4-1)上投点,多数分布于山岩区的边界,可能与岩石受到岩体混染有关。

表4-1 宁多群($Pt_{2-3}N$)变质岩化学成分及尼格里参数

样品编号	VQGS1188	VQGS1189	VQP₁₃GS4-1	VQP₁₃GS7-1	尼格里参数	VQGS1188	VQGS1189	VQP₁₃GS4-1	VQP₁₃GS7-1
岩性	二云母石英片岩	长石黑云片岩	堇青石黑云角岩	含白云母透闪石角岩		二云母石英片岩	长石黑云片岩	堇青石黑云角岩	含白云母透闪石角岩
SiO_2	76.05	62.88	55.96	73.41	Al	31.20	29.01	35.91	27.47
TiO_2	0.54	0.72	1.00	0.61	Fm	21.83	31.78	35.89	27.17
Al_2O_3	11.69	15.79	20.96	11.84	c	5.58	8.32	1.81	7.81
Fe_2O_3	0.66	2.07	2.06	1.28	Alk	41.40	30.90	26.39	37.55
FeO	2.60	4.07	5.68	3.01	c/Fm	0.26	0.26	0.05	0.29
MnO	0.02	0.09	0.08	0.06	Si	344.40	196.01	162.70	289.07
MgO	1.43	3.46	4.01	2.26	Ti	1.84	1.69	2.19	1.81
CaO	1.15	2.49	0.58	1.85	h	16.77	22.87	37.82	14.84
Na_2O	0.63	1.36	0.44	0.85	p	0.33	0.20	0.17	0.25
K_2O	3.29	2.93	4.45	2.49	k	0.93	0.87	0.95	0.91
H_2O^+	1.11	2.20	3.90	1.13	Mg	0.44	0.51	0.48	0.49
P_2O_5	0.17	0.15	0.14	0.15	o	0.10	0.15	0.13	0.14
LOS	1.72	3.73	4.43	1.81	t	−15.78	−10.21	7.71	−17.88
Σ	99.95	99.74	99.79	99.61	Qz	78.81	−27.57	−46.72	56.76

(三)稀土元素特征

稀土元素含量及参数见表4-2。稀土总量 REE 为 $165.9×10^{-6}$ ~ $300.8×10^{-6}$,轻重稀土之比 LREE/HREE 为 5.93~9.79,δEu 为 0.55~0.69,具 δEu 的负异常,$(La/Yb)_N$ 为 5.46~11.45,轻稀土明显较富集,$(La/Sm)_N$ 为 3.44~4.17,轻稀土分馏较明显,$(Gd/Yb)_N$ 为 1.08~1.72,重稀土分馏不明显。稀土元素配分模式见图4-2,5个样品的配分图形态较一致,为右倾,属轻稀土富集型,代表了该套地层的稀土特征。

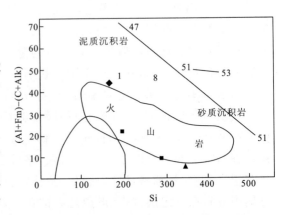

图4-1 宁多群$(Al+Fm)-(C+Alk)-Si$图解

表 4-2 宁多群变质岩稀土元素含量（×10⁻⁶）及参数表

样品编号	La	Ce	Pr	Nd	Sm	Eu	Gd	Tb	Dy	Ho	Er
VQ1188	42.55	82.13	10.7	37.51	7.37	1.31	6.04	1.08	6.06	1.24	3.52
VQ1189a	43.15	74.68	9.38	34.95	6.53	1.37	5.3	0.79	4.52	0.91	2.51
VQ1189b	46.1	85.67	10.9	38.83	7.13	1.34	5.92	0.92	5.21	1.05	2.88
VQP13XT4-1	55.23	100.9	12.73	45.77	8.34	1.48	7.57	1.36	8.11	1.76	5.36
VQP13XT7-1	28.4	50.5	7.29	25.79	5.2	0.91	4.71	0.89	5.29	1.1	3.31

样品编号	Tm	Yb	Lu	Y	ΣREE	LREE/HREE	δEu	$(La/Yb)_N$	$(La/Sm)_N$	$(Gd/Yb)_N$
VQ1188	0.58	3.58	0.54	31.1	235.3	8.02	0.58	8.01	3.63	1.36
VQ1189a	0.41	2.54	0.39	22.16	209.6	9.79	0.69	11.45	4.16	1.68
VQ1189b	0.45	2.78	0.41	26.2	231.8	9.48	0.61	11.18	4.07	1.72
VQP13XT4-1	0.86	5.56	0.81	45	300.8	7.15	0.56	6.70	4.17	1.10
VQP13XT7-1	0.55	3.51	0.54	27.87	165.9	5.93	0.55	5.46	3.44	1.08

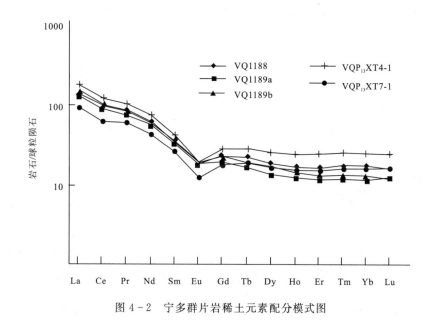

图 4-2 宁多群片岩稀土元素配分模式图

（四）微量元素特征

微量元素含量见表 4-3。

微量元素特征：Ta 为 $0.5\times10^{-6}\sim1.5\times10^{-6}$，Nb 为 $8.6\times10^{-6}\times18.2\times10^{-6}$，Nb/Ta 为 $11.69\times10^{-6}\sim16.43\times10^{-6}$，Zr 为 $195\times10^{-6}\leqslant523\times10^{-6}$，Hf 为 $3.9\times10^{-6}\sim13.6\times10^{-6}$，Zr/Hf 为 $34.82\times10^{-6}\sim52.56\times10^{-6}$，Cr 为 $26\times10^{-6}\sim65.7\times10^{-6}$，Ni 为 $24.9\times10^{-6}\sim53.2\times10^{-6}$，Co 为 $12.2\times10^{-6}\sim24.7\times10^{-6}$。除相容元素 Cr、Co、Ni、V 及化学性质活泼的 Sr 元素与上陆壳平均值有较大差异外，其他不相容元素 Rb、Ba、Th、Ta、Nb、Zr、Hf 等都和上陆壳的元素丰度比较接近，间接证明该地层物源来自于上地壳。在 Th-Sc-Zr/10 和 Th-Co-Zr/10 图解（图 4-3）中投点多落入大陆岛弧物源区，因此，该地层物源应来自陆壳。

表 4-3 宁多群微量元素含量($\times 10^{-6}$)

样品编号		Sr	Rb	Ba	Th	Ta	Nb	Zr	Hf	Sc	Cr	Co	Ni	V	Cs	Ga	Cu	Pb	Zu	Yb	Ce
VQ1188		120	144.7	325	18.9	1.3	15.2	416	10.9	15.3	31	14.7	30.1	124.1	11.5	15.7	30	17.1	78.6	2.9	85.3
VQ1189a		118	166.5	483	13.6	1.1	14.6	195	5.6	13.9	38.9	19.1	42.9	106.8	13.8	18.1	8.5	20.3	88.6	2.3	69.8
VQ1189b		130	151.9	399	14.2	1.5	18.2	224	5.7	12.3	40.5	24.7	53.2	108.8	9.1	16.9	58.8	16.4	89.1	2.4	70.1
VQP$_{13}$XT1-1#		246	75.6	1872	20	1.3	16.1	184	4.9	18.2	77.8	23.7	55.2	156.9	9.7	32.3	11.3	47	111.8	2.9	97.1
VQP$_{13}$XT2-1		386	13.9	121	18.3	0.8	11.4	393	10.7	8.8	35.5	12.2	26.2	68.6	3.2	14.3	26.3	14.7	81.6	3.1	78.7
VQP$_{13}$XT4-1		69	159.2	455	12.4	0.7	11.5	205	3.9	15.5	56	15.6	35.2	94.4	9.1	19	13.8	17.7	84.7	3.1	60.3
VQP$_{13}$XT6-1		316	13.9	120	19.1	1.2	14.8	523	13.6	10.5	26	13.1	25.9	69.4	3.2	10.4	20.4	15.9	53.5	3.4	59.3
VQP$_{13}$XT7-1		112	133.8	656	15.3	0.5	8.6	214	5.8	16	65.7	12.6	24.9	111.1	9.7	20.5	38	16.4	66.1	2.8	58.9
丰度值	1*	130	2.2	225	0.22	0.3	2.2	80	2.5	38	270	47	135	250		30	17	86	0.8	85	5.1	11.5
	2*	350	112	550	10.7	2.2	25	190	5.8	11	355	10	20	60	3.7	17	25	20	71	2.2	64
	3*	230	5.3	150	1.06	0.6	6	70	2.1	36	235	35	135	285	0.1	18	90	4.0	83	2.2	23
	4*	260	32	250	3.5	1	11	100	3	30	185	29	105	230	1	18	75	8	80	2.2	1.6

注:#为英云闪长岩;1*为洋壳元素丰度;2*为上陆壳元素丰度;3*为下陆壳元素丰度;4*为整个陆壳元素丰度(Taylor et al,1985)。

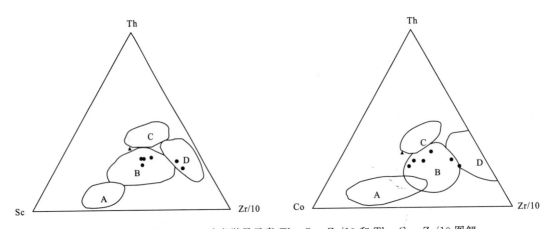

图 4-3 宁多群($Pt_{2-3}N$)砂岩微量元素 Th-Sc-Zr/10 和 Th-Co-Zr/10 图解

(据 Bhatia,1985)

A.大洋岛弧;B.大陆岛弧;C.活动大陆边缘;D.被动大陆边缘 ●.片岩;▲.侵入体

(五)变质作用特征和变质相划分

该套变质岩明显受到岩体热接触变质作用和后期退变质作用的影响和改造,宏观上,测区内宁多群呈巨大的捕虏体残存于印支期英云闪长岩体中,露头上可见岩体截切了岩石的片理,微观上形成了不同的变质矿物组合。岩石中主要的变质矿物特征如下。

黑云母:鳞片状,多色性明显,Ng′—红褐色,Np′—黄色、黄褐色,其颜色具高温变质特征。黑云母部分被白云母交代,局部与矽线石过渡,极少数退变质为绿泥石。

白云母:呈细小鳞片状,多交代黑云母。

矽线石:为毛发状、禾束状集合体,量极少,与黑云母平衡共生。

绿帘石:柱状、粒状,颗粒较粗,集中呈层分布,形成岩石的条纹构造,与黑云母、白云母定向排列构成岩石片理的机理一致。

堇青石:全部被绢云母取代,仅呈假象。
红柱石:被(细小的白云母)绢云母交代,仅保留假象。
变质矿物组合明显分为3期,早期区域变质作用下形成的矿物组合有:

Pl+Kf+Qz+Bit+Mu

Pl+Kf+Qz +Mu+Bit +Sil(毛发状,与黑云母共生)

Pl+Qz+Ep

Pl+Qz+Bit+Ep

岩石在英云闪长岩体侵入的影响下发生热接触变质作用形成的矿物组合为:

Qz+Mu+Bit+Cord

Qz+Pl+Bit+Cord

Qz+Ep+Gt+Tr

Qz+Pl+Tr+Mu

Qz+Pl+Bit+Cord+Gt

Ad+Bit

Act+斜黝帘石

岩石中部分变晶矿物发生退变质是岩石最晚的一期变质作用,具体表现为斜长石退变为绢云母(Pl→Ser),黑云母退变为绿泥石、绢云母(Bit→Chl、Ser),堇青石全部被绢云母和细小的白云母取代(Cord→Ser),红柱石也全部被绢云母和细微鳞片状白云母替代。所有这些退变反应形成的变质矿物组合为:Ser+Chl。

根据上述变质矿物组合,该套片岩、变浅粒岩在不同变质作用下的变质相分别为:区域动力热流变质作用下形成 Ep+Bit 变质矿物带以及 Sil+Mu 变质矿物带,相对应的变质相为高绿片岩相过渡到低角闪岩相。热接触变质作用形成 Cord+Bit 变质矿物带,变质程度为普通角闪石角岩相。最晚的一期退变质作用形成 Ser+Chl 变质矿物带,为低绿片岩相变质。岩石在不同变质作用下的演化过程用变质矿物 ACF 图解(图 4-4)演示。

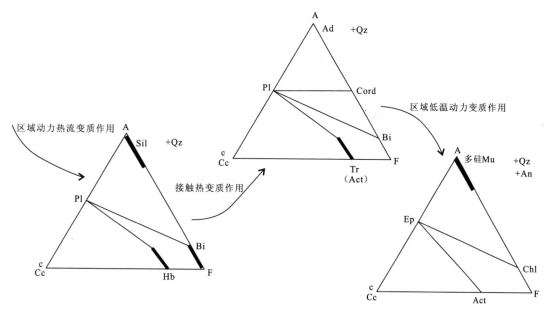

图 4-4　宁多群不同变质作用下矿物 ACF 演化图

根据变质矿物组合以及典型变质矿物特征,宁多群在不同变质作用下的温压条件分别为:区域变质作用形成的常见变质矿物有黑云母、白云母、绿帘石和斜长石,变质程度为高绿片岩相,其中与黑云母共生的毛发状矽线石的出现可能代表变质条件已跨到低角闪岩相的下界,同时与黑云母呈过渡状态的毛发状、纤维状矽线石反映的是一种低压相系条件,因此,其变质温压条件:温度为500~575℃,压力为0.2~0.4GPa。热接触变质作用形成堇青石+黑云母特征矿物组合,其形成的环境:温度为575~640℃,压力为0.05~0.4GPa。最后一期退变质作用形成绿泥石+绢云母变质矿物组合,变质条件:温度为300~350℃,压力为0.2~0.8GPa(据贺高品)。

(六)变质期次的讨论

本次工作在阿西涌一带宁多群的角岩化片岩中挑选锆石作U-Pb等时线年龄样,样品由宜昌地质矿产研究所测试,测试结果(表4-4,图4-5):谐和线年龄为2 852Ma,上交点年龄为2 852±474Ma,下交点年龄为441±189Ma。上交点年龄反映宁多群物质来源有早元古代信息,其根源可能是中咱地块或羌塘古陆的基底有早元古代古陆核存在。下交点年龄反映宁多群在奥陶纪末经历了强构造热事件影响,其大地构造意义还不明确,推测可能与古西金乌兰-金沙江洋的打开有关。通过区域对比,结合测区样品锆石U-Pb表面年龄中835±48Ma、843±42Ma和915±3Ma数据,岩石片理的形成应在晋宁期,据西藏区调队所作U-Pb法同位素年龄测定资料,宁多群的变质年龄为1 680±390Ma、1 870±280Ma、1 780±150Ma,即首次变质时期可能是早元古代末的中条运动,测区样品锆石U-Pb表面年龄中1 628±82Ma、1 426±27Ma和1 555±91Ma一组年龄也能证明此点。同一测年曲线的小交点分别是251±68Ma、490±130Ma和190.5±9.5Ma,表明有加里东期、晚华力西期和印支期等构造-热变质事件叠加。在测区西侧可可西里地区宁多群中获得两个$^{39}Ar-^{40}Ar$测年结果,$tp_m=348.5±0.62Ma$和$tp_m=246.08±0.62Ma$,也反映有华力西期和印支期的构造-热变质事件叠加(1:25万可可西里湖幅区调报告)。

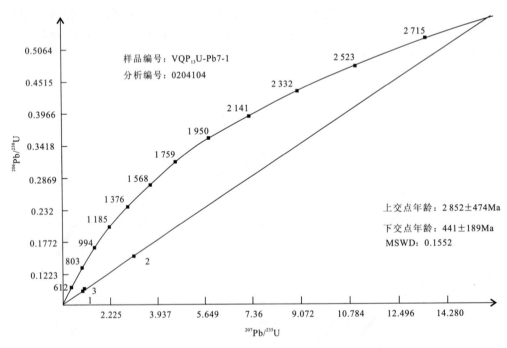

图4-5 宁多群角岩化片岩单颗粒锆石U-Pb年龄谐和线图

印支期区域低温动力变质作用下,岩石发生了退变质,形成了与测区广泛分布的二叠系、三叠系地层一致的变质矿物组合,绢云母和绿泥石。

表4－4 宁多群角岩化片岩锆石U－Pb等时线年龄测试结果

样品编号：VQP$_{13}$U－Pb7－1　　　　分析编号：0204104　　　　报告日期：2004－12－22

样品信息				普通铅含量(ng)	同位素原子比及误差(2σ)				表面年龄(Ma)		
点号	重量(μg)	含量(×10^{-6})			$^{206/204}$Pb	^{206}Pb/^{238}U	^{207}Pb/^{235}U	$^{207/206}$Pb	^{206}Pb/^{238}U	^{207}Pb/^{235}U	$^{207/206}$Pb
		U	Pb								
0204104－1	10	5 181.6	750.9	2.223	148.9	0.093 62	1.294 17	0.100 25	576	843	1 628
						0.000 63	0.065 15	0.005 09	3	42	82
0204104－2	10	6 778.2	1 331.3	2.031	320.3	0.152 58	3.074 7	0.146 14	915	1 426	2 301
						0.000 63	0.058 8	0.002 86	3	27	45
0204104－3	10	4 442.3	625.2	1.731	165.9	0.096 13	1.277 52	0.096 37	591	835	1 555
						0.000 68	0.074 37	0.005 65	4	48	91

谐和线年龄：2 852Ma　　　上交点年龄：2 852＋474Ma　　　下交点年龄：441＋189Ma　　　MSWD：0.152 2

测试单位：宜昌地质矿产研究所；技术负责：朱家平；质量保证：王迪民。

环绕宁多群的英云闪长岩体中 K-Ar 同位素年龄为 204Ma（1：20 万扎河幅区调报告），本次工作又在该岩体中获得了 188±1Ma、192±25Ma、231±30Ma、163±2Ma、172±41Ma、305±73Ma、158±1Ma、170±20Ma 和 349±41Ma 一组锆石 U-Pb 表面年龄，该年龄就是宁多群遭受热接触变质作用发生的时间，说明宁多群角岩化发生于印支晚期到燕山早期。

二、区域低温动力变质岩系

在测区内海西期—印支期区域低温动力变质作用一直持续发生，具体影响到二叠纪、三叠纪地层，达到低绿片岩相变质程度。白垩纪地层仅仅有极轻微的变质迹象。

测区内区域低温动力变质岩的分布面积占工区面积近 1/2，包括的岩石地层有：石炭纪—二叠纪的开心岭群，二叠纪乌丽群，三叠纪巴颜克拉山群、巴塘群、结扎群。这些地层中岩石的变质程度和变质矿物特征基本一致，其主要岩石的变质岩相学特征如下。

变质砾岩类：填隙物碎屑具重结晶现象；胶结物变质为细小鳞片状绢云母和微粒状方解石。

变质砂岩类：变余砂状结构，部分岩石具定向构造。碎屑级别中的黑云母部分绿泥石化，局部地段岩石中碎屑颗粒定向排列；胶结物与细小杂基变成绿泥石和细小鳞片状绢云母，多数定向排列，巴颜克拉山群和巴塘群局部地段出现显微鳞片状黑云母；石英颗粒边缘多数已重结晶次生加大，部分岩石胶结物中硅质重结晶为细微石英颗粒；胶结物中钙质已全部重结晶成方解石。

变质粉砂岩类：变余粉砂状结构，变余层状构造。碎屑具重结晶现象；杂基中的绢云母、绿泥石呈鳞片状不均匀定向分布于碎屑之间，少量岩石中鳞片状绢云母和叶片状绿泥石集中成层分布于碎屑之间；胶结物中钙质组分重结晶成方解石微粒，硅质组分沿石英边缘重结晶生长。

板岩（千枚岩）类：显微鳞片变晶结构，板状构造、千枚状构造。绢云母呈显微鳞片状变晶，平行定向排列，少量岩石出现黑云母雏晶，不均匀分布于岩石中；方解石呈微粒状，彼此紧密镶嵌定向排列；硅质重结晶成不规则小条状、椭圆状纤维玉髓集合体，多具拉长变形，平行板理或千枚理方向排列；石英具压扁拉长现象。

碳酸盐岩类：方解石晶粒有重结晶现象，彼此镶嵌紧密接触，岩石中的少量泥质变质成细小鳞片状绢云母。

蚀变中基性火山熔岩类：变余斑状结构，基质具变余间隐结构。斑晶中的基性斜长石多数蚀变为绢云母和钠长石，在有些岩石中蚀变成绿帘石，拉长石斑晶变质为绿泥石、绢云母和碳酸盐矿物；辉石斑晶全被绿帘石或绿泥石和碳酸盐取代，仅保留辉石晶形假象；粗玄岩的橄榄石斑晶被纤维状蛇纹石交代；玄武安山岩的角闪石斑晶蚀变为绿泥石和绿帘石。基质由细小的绢云母、钠长石和绿泥石及碳酸盐组成，有些岩石的基质全变为绿泥石和绿帘石。蚀变安山岩的基质由斜长石、绢云母、绿泥石、绿帘石和碳酸盐组成。

变火山碎屑岩类：变余火山凝灰结构，变余火山角砾结构。岩石中的玻屑脱玻化后被硅质交代，晶屑斜长石被绢云母和含有 Fe_2O_3 的高岭土交代，晶屑、岩屑有定向排列趋势。胶结物中火山尘经变质后被绿泥石、绿帘石、纤闪石交代，或被绢云母、绿泥石、钠长石和硅质交代。

蚀变辉绿（玢）岩类：斑晶斜长石被帘石微粒集合体交代，有些被绢云母交代，单斜辉石被帘石化、次闪石化、绿泥石化，基质变质成为绿泥石和绿帘石。

沉凝灰岩类：变余沉凝灰结构。部分火山碎屑绿泥石化、碳酸盐化；胶结物中粘土矿物蚀变为绢云母。

绢云绿泥千枚岩：原岩为火山凝灰岩，现具显微鳞片粒状变晶结构，千枚状构造。岩石由 73% 的显微鳞片变晶绢云母和绿泥石、25% 的微粒状绿帘石和少量石英组成。鳞片状绢云母、绿泥石明显定向分布，形成千枚状构造，绿帘石微粒状变晶在岩石中呈断续的条带状分布，与千枚理一致。

从上述岩石镜下特征可归纳出变质作用的特征变质矿物组合为：绢云母＋绿泥石、绢云母＋绿泥石＋钠长石、绿泥石＋绿帘石＋纤闪石、绢云母＋绿泥石＋绿帘石＋石英、绿泥石＋绿帘石＋碳酸盐矿物。这些是低绿片岩相条件下典型的矿物组合（图4-6），所反映的温压条件是：温度为350～500℃，压力为0.2～1.0GPa。

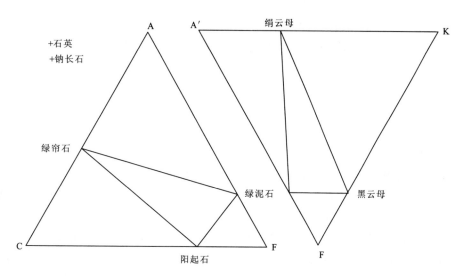

图4-6 测区低绿片岩相区域低温动力变质岩的ACF和A′KF图解

岩石新生成的变质矿物（以绢云母、绿泥石为主）定向排列，分布于岩石的构造面理（板理面、劈里面、片理化面等）上，明显属区域动力变质作用的结果。

测区内二叠纪—晚三叠世地层中普遍发育褶皱构造，二叠纪地层发育尖棱状紧闭歪斜褶皱，三叠纪巴颜克拉山群发育紧闭的同斜顶厚褶皱，三叠纪结扎群、巴塘群中发育转折端圆滑的中常直立或歪斜褶皱。这些褶皱由不同阶段的区域构造运动造成，变形作用发生的同时，一直伴随着区域低温动力变质作用持续不断的进行。

从区域低温动力变质作用影响的地层产生的变质矿物组合，结合变形样式综合分析，测区内海西期—印支期为主期变质作用发生时期。

第二节 动力变质岩

测区内动力变质岩分为韧性、脆性动力变质岩两大类。韧性动力变质岩主要分布于西金乌兰-金沙江构造混杂带内及其边界地带。脆性动力变质岩在测区内广泛发育。韧性动力变质岩为浅表层次，主要由糜棱岩化的岩石和片理化的岩石组成，主要分布于哇纳贡卡—巴桑涌一带和若侯涌—宰孜松多曲一带，呈条带状北西西向与区域构造线平行分布。

一、韧性动力变质岩

（一）若侯涌-宰孜松多曲片理化带

该浅表层次韧性变形带近东西向分布于若侯涌—宰孜松多曲东侧支流一带，宽200～300m，所跨地层为晚三叠世巴塘群，形成片理化脆、韧性变形。

变形主要形成片理化杂砂岩和粉砂质粘土质板状千枚岩，岩相学特征如下。

片理化杂砂岩：变余不等粒砂状结构，片理化定向构造。碎屑中斜长石、石英呈次圆状，未变形；而变质岩岩屑、黑云母、白云母等均被拉长变形，长轴平行定向分布，其中个别碎屑长宽比相差悬殊：长：宽≈8：0.9。胶结物种粘土变为细小鳞片状绢云母，定向排列，构成片理化面。

粉砂质粘土质千枚岩：变余粉砂泥质结构、显微鳞片变晶结构，千枚状—板状构造。碎屑白云母、石英及斜长石长轴多沿岩石构造线方向分布，粘土已变质为绢云母和黑云母雏晶，大多沿一定方向平行排列，构成千枚状—板状面理。

岩石中同构造变形及新生成的变质矿物组合为绢云母。变质相为低绿片岩相。

动力变质作用起始于印支期末，是巴塘群与北部巴颜克拉山群相互碰撞造山形成的一条边界断裂。

（二）哇纳贡卡-巴桑涌糜棱岩化带

该浅层次韧性变形带分布于测区的哇纳贡卡—巴桑涌一线，宽30～200m，变形影响的地层为晚三叠世巴塘群，主要由浅层次糜棱岩化蚀变英安岩和英安质糜棱岩表现，岩相学特征如下。

英安质糜棱岩：岩石为糜棱结构，定向流动构造。碎斑以斜长石居多，成破碎状，具绢云母化、帘石化等蚀变，边缘有碎粒化重结晶现象，有时构成核幔构造，常发育"δ"残斑构造。钾长石残斑呈破碎状。石英残斑偶见，呈破碎状并受到基质熔蚀。暗色矿物残斑破碎不堪，并全部被绿帘石、绿泥石和碳酸盐矿物等取代。碎基由斜长石、石英、绿帘石、绿泥石、绢云母及碳酸盐矿物组成，多呈细碎粒化颗粒或小叶片状、鳞片状，构成不同成分或不同颜色的细条纹状—条带状，绕残斑平行流动定向分布，构成平行流动构造。其中石英细碎粒化，并具动态重结晶现象。碎基与残斑发育成S-C构造。平行线理、残斑与基质组成S-C组构及"δ"残斑等剪切构造发育，显示了右行剪切变形。

糜棱岩化蚀变英安岩：碎斑状结构，基质具显微粒状结构。具不明显的定向构造。由于受构造应力影响，岩石中斑晶破碎变形最为明显，有定向排列现象。其中斜长石常因晶内裂隙纵横切割而破碎，形态不完整，并具较强绢云母化、帘石化等蚀变。偶见钾长石斑晶，呈碎裂不规则状。暗色矿物斑晶已全部被绿泥石、碳酸盐矿物所取代，从其外形轮廓判断，多为角闪石，亦有少量黑云母，具暗化边结构，呈破碎状。基质由石英、钾长石、斜长石等矿物组成，略具定向分布。

糜棱岩化英安岩：糜棱岩化结构、残留斑状结构，平行条带状—透镜状构造。由于受较强的韧性剪切应力破坏，岩石中各种矿物均遭受破坏。斜长石、钾长石斑晶均已破碎，并具细粒化和动态重结晶现象，部分斜长石具环带构造并保留斑状外形，常见绢云母化、碳酸盐化。暗色矿物斑晶十分破碎，已全部被次闪石、绿泥石、绿帘石取代，推测为角闪石。原岩基质为玻璃质，具流动构造，玻璃质大多呈不透明状。破碎残斑常与糜棱岩化破碎基质构成条带状、薄透镜状构造，条带平行相间排列，条带长2～3.5mm，宽0.3～0.9mm不等。

该断裂为通天河蛇绿构造混杂岩南界断裂，包括的变形地层有晚三叠世巴塘群，推测其形成于三叠纪末期。

二、脆性动力变质岩

测区表层次脆性动力变质岩：构造角砾岩、碎裂岩、碎裂岩化岩石发育，广泛分布于测区北西西向主干断裂和北东向次级断裂中。

构造角砾岩的角砾含量多在90％以上，碎基含量小于10％，岩石多数未固结，少量半固结，胶结物为钙质和铁质，褐铁矿化较普遍。

测区许多金属矿产与构造角砾岩有关，要么通过角砾岩间的空隙作为含矿热液的通道，要么直接赋存于角砾岩带中，部分矿石也呈角砾状。

表层次脆性动力变质岩中新生矿物极少，为细小鳞片状绢云母，变质程度为极低级变质。

部分边界断裂的活动时期较长，如巴音叉琼北-俄日邦陇断裂，开始大致形成于华力西期，印支期、燕山期又再次活动,早期可能是脆性、韧性动力变质作用共存的断裂带,晚期以脆性动力变质-碎裂作用为主。大多数断裂可能形成于中新生代燕山期-喜马拉雅期。

第三节 接触变质作用

接触变质作用是伴随岩浆作用而发生、以围岩受岩浆体散发的热量及挥发分影响形成新的矿物组合及组构的一种变质现象。测区内侵入岩不发育,接触变质作用分布局限,由老到新主要分布在宁多群与英云闪长岩的接触界线处、白日榨加超单元与巴颜喀拉山群侵入界线附近、若侯陇恩单元边界周围的巴塘群上组内。

接触变质一般自岩体界线向外大致可以形成混染岩(矽卡岩)带、角岩(片岩)带、角岩化带。宁多群多呈残留体或捕房体残存于英云闪长岩体中(图4-7),受到强的热接触变质作用影响,发育混染岩、角岩;巴颜喀拉山群与白日榨加超单元的侵入界线处发育有角岩化斑点状板岩,角岩化砂岩、粉砂岩等;若侯陇恩单元外接触带出现接触变质晕,从岩体界线向外依次发育透辉石榴矽卡岩,黑云母角岩和堇青黑云母石英角岩,角岩化砂岩、粉砂岩。各种接触交代变质岩的岩相学特征如下。

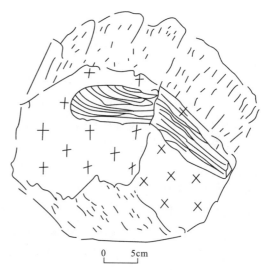

图4-7 英云闪长岩体中宁多群片岩捕房体(VQP$_{13}$剖面)

混染岩:鳞片花岗变晶结构,斑杂团块状构造。由于受到混染作用的影响,岩石在结构、构造等方面都比较特殊,矿物的生成顺序不符合常规,既有变晶矿物生成,也有结晶矿物出现。岩石中石英多呈粗大的粒状变晶,内部常分布残晶状斜长石、黑云母、白云母等。钾长石呈不规则粒状变晶,少量呈残晶,多绢云母化蚀变。黑云母常聚集成堆,构成斑杂团块状构造或捕房晶,绿泥石化强烈,部分被绿帘石交代。白云母呈不规则细片状集合体以及较大片状,局部定向分布,偶见白云母中有不规则斜长石、石英残晶存留。

透辉石榴矽卡岩:仅出现在若侯陇恩石英闪长岩体东南端外接触带上,岩石具粒状结构,由石榴石(属钙铝榴石,呈淡褐色,形状不规则)(52%)、透灰石(37%)、次闪石(4%)、磁铁矿(4%)、方解石(2%)、石英(1%)及少量帘石组成。矿物粒度在0.05～0.55mm之间。

角岩类:主要有灰色、深灰色(含石榴)黑云母堇青石角岩、灰褐色细粒含白云母透闪石角岩、灰褐色细粒含石榴石透闪石绿帘石角岩等。岩石具角岩结构、鳞片粒状变晶结构,块状、片状构造。主要变晶矿物有堇青石、红柱石、石英等。

黑灰色斑点状粉砂质堇青石红柱石粘土炭质板岩:斑状变晶结构,基质为变余粉砂泥炭质结构,板状构造。变斑晶为红柱石、堇青石,大小为(0.4～0.6)mm×(1～2)mm。红柱石变斑晶横切面呈菱形四边形,纵切面形态呈柱状,横切面中常见呈二对顶角分布的十字状炭质包裹体,从而构成红柱石的变种——空晶石。堇青石呈不规则粒状或假六边形轮廓,且已全部被绢云母、绿泥石及黑云母等矿物的集合体所取代,仅保留其假象。基质中的粘土物质多转变为极细小鳞片状绢云母和绿泥石,钙质已结晶成细小的方解石晶粒,它们与粉砂状碎屑、粉末状炭质相间平行定向排列分布,构成板状构造。

角岩化岩石：通常分布于距岩体外接触带较远的位置上，多为角岩结构、变余粉砂状结构、变余砂状结构。岩石颜色比原岩深，变质作用表现为原岩矿物颗粒的增大及部分新生成矿物的出现，变质矿物有黑云母、钠长石、绢云母、阳起石、绿泥石、绿帘石和石英等。

从以上岩石变质特征可将测区内接触变质相划分为两个变质相带：钠长-绿帘角岩相和普通角闪石角岩相。达到钠长-绿帘角岩相变质程度的岩石主要是处于角岩化带中的角岩化砂岩、粉砂岩等。变质矿物组合为：黑云母＋钠长石＋石英（角岩化长石砂岩）、绿帘石＋钠长石＋石英。变质条件：温度为300～400℃，压力为0.1～0.4GPa（《变质岩石学》，王仁民）。普通角闪石角岩相包括大部分角岩和部分董青石黑云母片岩。变质矿物组合组合为：董青石＋黑云母＋斜长石＋石英、董青石＋红柱石＋黑云母＋石英。变质环境：温度为400～600℃，压力为0.1～0.3GPa（《变质岩石学》，王仁民）。

第四节 变质作用与构造变形的关系

图幅内变质变形史可以追溯到晚元古代晋宁期。宁多群片理、片麻理可能形成于晋宁期，测区样品的锆石U-Pb表面年龄中835±48Ma、843±42Ma和915±3Ma数据显示了晋宁期构造变质事件的存在。测区锆石U-Pb等时线下交点年龄为441±189Ma，代表宁多群于奥陶纪末受到强烈构造热事件的影响，由于区域上此阶段年龄数据不多，其大地构造意义还不明确，推测与当时古西金乌兰—金沙江洋的打开有关，与之相对应的变形可能是宁多群中发育露头及标本尺度的塑性流褶，呈无根褶皱产出（图4-8），"W""N""I"脉褶发育（图4-9）。海西期—印支期，随着古特提斯洋的消亡、关闭，羌塘古陆北缘的晚古生代岛弧已焊接为稳定陆块的一部分。在南方陆块不断向北漂移、拼接的动力驱使下，测区内的晚古生代地层开心岭群、乌丽群在南北向上缩短，形成尖棱状褶皱，同时伴随着区域低温变质作用，在顺应构造应力最为薄弱的方向上，生成新的变质矿物组合（绿泥石、绢云母为主）。

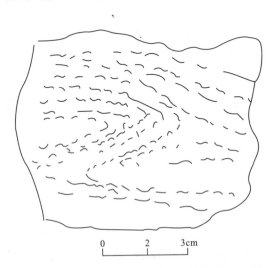
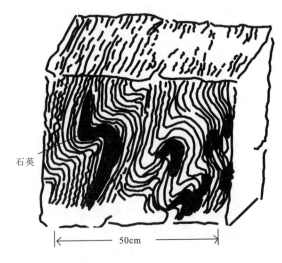

图4-8 宁多群片麻岩中的塑性揉皱（P₁₃剖面）　　图4-9 宁多群片麻岩中的塑性"N"型无根脉褶（1188点）

晚三叠世末的印支构造运动十分强烈，测区北部巴颜喀拉山前陆盆地与晚三叠纪巴塘群碰撞到一起，在若侯涌—宰孜松多曲一线形成韧性剪切片理化带。巴颜克拉山内部发育一系列紧闭的同斜顶厚褶皱（图4-10），显示该地层遭受由南向北的逆冲推覆。晚三叠纪结扎群、巴塘群中发育转折端圆滑的中常直立或歪斜褶皱。区域低温动力变质作用较强,在上述地层中形成低绿片岩相特征矿物组合(绢云母＋绿泥石、绿泥石＋钠长石),同时发育各种构造面理(板理面、劈理面、片理化面等)。在通天河蛇绿构造混杂带内及其边界,动力变质作用很强,形成浅表层次的韧性剪切带和脆性断层。

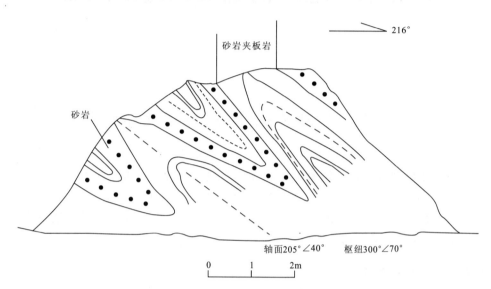

图 4-10　巴颜喀拉山群中发育的尖棱状紧闭同斜顶厚褶皱(1417 点)

印支—燕山运动中形成了沿通天河蛇绿混杂岩带分布以及分布于巴颜喀拉山群内部的侵入体,在岩体周围形成了规模、强度不等的接触变质带,在侵入界线附近发育一些小揉皱。

印支—燕山运动末期,大范围区域变质作用停止。随着青藏高原隆起,大规模的断裂活动伴随着动力变质作用一直在测区起着重要的作用。

第五章 地质构造及构造发展史

第一节 区域地球物理、地球化学特征

测区涉及的地球物理资料仅有国家地质总局航空物探大队902队《青海省中南极西南地区航空磁力测量报告》(1∶50万,1976)、青海省地球物理勘查队《1∶100万重力编图结果解释》(1982)等。青海省区调综合地质大队1∶20万《错仁得加》、《五道梁》及《扎河》幅区域地球化探扫面资料仅涉及测区少部分地区,其他尚属空白区。

一、区域地球物理特征

从"可可西里—巴颜客拉及邻区布格重力异常图"上看,本区有一个重力低点,为南(唐古拉)、北(昆仑山)重力梯级带所夹限,南部梯级带不明显。布格重力异常图上显示,重力等值线具较稀疏、宽缓的特征,重力值在-485～-525毫伽之间,等值线未形成圈闭。区内的断层、地层及岩体的布拉格重力特征显示不明显。

从图5-1上来看,北侧为可可西里平静磁场区,南东侧94°00′以东为治多-玉树条带状异常区,二者之间存在明显的磁场梯级带;94°00′以西为线性延伸、呈串珠状分布的负背景上的正异场

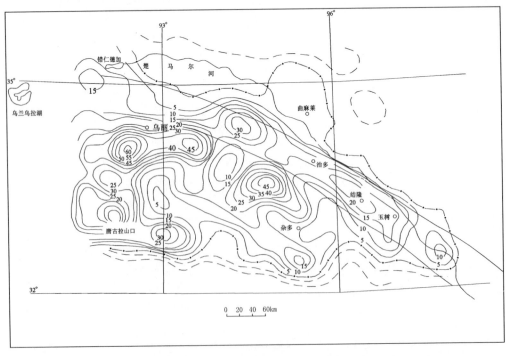

图5-1 青海可可西里—巴颜喀拉及邻区航磁 ΔT 化极区域场异常等值线图

镶嵌与宽广平缓的磁场,与北磁场迥异。异常强度在 5~30Y 之间。在上延 30~60km 的平面上,仍显示为不同磁场的分界线,南侧唐古拉—玉树地区连成统一的升高磁场,而北侧,磁场为微弱负值且趋于零,也表明这是不同磁性地质块体的分界线。

二、区域性深大断裂

勒池勒玛曲断裂为西金乌兰湖—金沙江深大断裂中段的一部分,断裂呈北西西走向,向东西两侧延伸,区域资料反映,该断裂在三叠纪以前形成,并控制了两侧的沉积建造、生物群及构造发展史,测区内断裂被新生代盆地掩盖,地表体征不明显。该断裂在风火山口附近通过,图 5-2 和图 5-3 反映出可可西里地区地壳结构比较一致,但大地电磁测深的电性断面变化很大、比较复杂,表明该区组成地壳的岩性横向变化较大,且层间滑脱较多。南侧磁性块体隆起,平均深度小于 20km,北侧可可西里盆地呈北西走向的长条状凹陷,有明显的深度梯级带。东段多采公社—玉树一带还显示为等深线密集处,均表明是由于切割基地,延伸数百千米深大断裂长期活动所造成的。

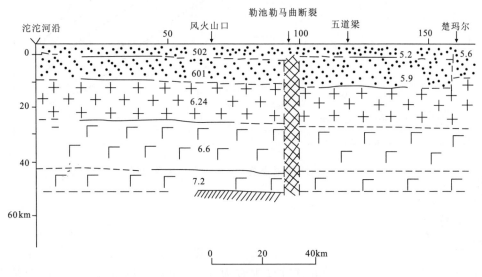

图 5-2 沱沱河—楚玛尔地震测深剖面图

(据常承法等,1982)

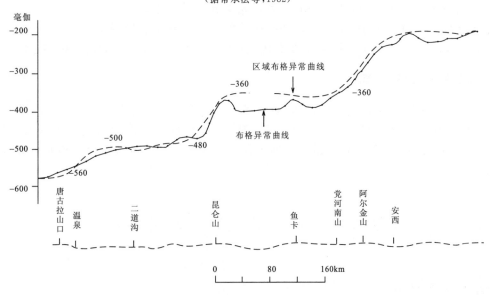

图 5-3 唐古拉山口—安西重力剖面图

(据青海省地球物理勘查队,1988)

三、地震活动带

测区为玉树-风火山地震带通过地区,仅存在一个 4~4.6 级地震震中。但据不完全统计,沿该带地震活动强烈,共发生 $M \geqslant 4.75$ 级地震 26 次,其中 $M=6\sim6.5$ 级地震 8 次,1968 年唐古拉地区发生的 6.7 级大地震震中就位于该带的西端乌兰乌拉湖附近。另外在风火山东南尚有Ⅷ度地震危险区的存在(图 5-4)。

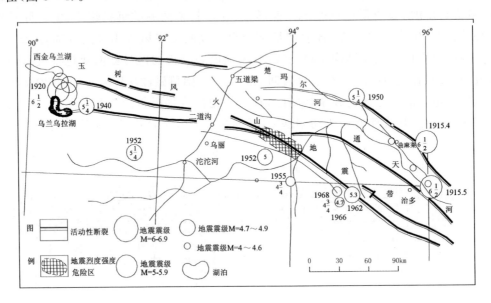

图 5-4 晚近时期构造断裂和地震中及地震危险区分布图

四、壳幔结构

从唐古拉山口至西安的重力剖面上,反映出测区莫霍面近于水平的特点,与沱沱河-格尔木地震测深剖面显示结果相吻合,测区莫霍面深度大致为 55~60km。根据大地电磁测深结果,该地区岩石圈底界深度约为 120km。地震、电磁测深剖面反映测区下地壳分两个波速层,上层波速为 6.6km/s;下层波速为 7.2km/s,厚约 8km。下地壳上界面较为平缓。

上地壳分为 3 层,上层层速为 5.0~5.6km/s,厚 2~5km;中层层速为 5.9~6.1km/s,上界埋深 2~5km,下界埋深 12~17km,横向厚度变化大;下层层速为 6.2km/s,厚度稳定在 13~15km。

五、区域地球化学特征

根据 1:20 万区域地球化学扫面资料,测区各元素的含量分布不均,明显受地层、岩浆岩、构造的控制。总体上在测区北部 Cu、Ag、As、Hg、Zn、Pb、Co 含量较高,但也有的元素含量低于地壳丰度值,测区南部 Hg、Ag、Mo、W 含量较高。通天河两岸及风火山一带 Cu 含量相对较高,基本与扫面资料相一致。

第二节 构造单元划分及其特征

一、构造单元划分

测区位于青藏高原腹地、唐古拉山北坡,在大地构造位置上处于东昆仑中缝合带之南,红其拉甫-双湖-昌宁缝合带之北古特提斯缝合系（边千韬，1991）中部。在漫长的地质历史时期测区经历了石炭纪—二叠纪古特提斯洋的发展、演化、消亡过程；到早三叠世中晚期进入陆内 A 型俯冲阶段，晚三叠世俯冲达到高潮，东昆中陆块与羌塘陆块最终拼合；在侏罗纪测区由于受中特提斯主域向南迁移的影响，脱离海水上升为陆。班公湖-怒江晚中生代中特提斯洋和冈底斯山以南新特提斯洋的相继开启及向北俯冲，印度洋的打开与扩张导致印度和欧亚板块于 80Ma 期间碰撞及大规模陆内俯冲（许志琴等，1992）的远程效应，在区内深深打上了中、新特提斯的烙印。加之华北刚性陆块的阻抗、扬子刚性陆块的楔入，使包括本区在内的青藏高原成为一个长期的陆内汇聚活动区，壳幔动力学环境发生了根本性转变，在拆离作用和拆沉作用的共同约束下，引起岩石圈突发性的减薄，青藏高原快速抬升，铸造了岩石圈统一的深部幔坳和地表隆升的双凸型构造-地貌景观。

长期以来，青藏高原的地质研究是人们瞩目的焦点。本书以板块构造理论为基础、实际资料为佐证、充分反映野外客观实际为准则，在吸纳前人资料的基础上对测区的地质构造予以总结，希望能为今后研究青藏高原的构造演化提供一点依据。

有关本区构造单元的划分，不同学者、学派认识不一，分歧较大（表 5-1）。究其原因，一是区内研究程度较低，且存在部分 1∶20 万区调空白区，对诸多地质问题的认识或构造背景的鉴定明显的具有不确定性；二是中国境内特提斯（东特提斯）在晚古生代—早中生代期间的板块构造测区格局异常复杂，似乎并非遵循经典的威尔逊演化规律。而多岛洋模式（殷鸿福，1997）、多岛弧系统洋陆转换模式（潘桂棠，1996）、古特提斯缝合系（王乃文，1984；黄汲清，1987）等观点的提出，揭开了东特提斯地质研究的新篇章。基于上述，我们以测区构造-建造实体为基础，以板块构造格局和构造演化为主导，参考《青藏高原及其邻区大地构造单元初步划分方案》（中国地质调查局西南项目管理办公室，青藏高原地质研究中心综合研究项目，2002）及邻区 1∶25 万实测完成资料的经验，并结合区域资料及有关参考文献等，以古特提斯洋闭合为主线，对测区的构造单元提出如下划分方案（图 5-5）。

表 5-1 构造单元划分沿革表

黄汲清等（1983）	高延林（1987）	青海省区域地质志（1991）	许志琴（1992）	张以茀等（1994）	潘桂棠等（1996）		本书			
松潘-甘孜褶皱系	华南板块	巴颜喀拉山弧后盆地	松潘甘孜褶皱系	南巴颜喀拉冒地槽带	松潘甘孜造山带	可可西里三叠纪海盆—印支褶皱带	泛华夏大陆晚古生代、中生代弧后区	巴颜喀拉晚古生代—中三叠世弧后盆地 $T_2^2-T_3$ 为前陆盆地	巴颜喀拉晚古生代—中生代边缘前陆盆地		上叠白垩纪对冲式盆地及新生代走滑拉分盆地
三江褶皱系		杂多玉树昌都义敦岛弧隆起带	通天河优地槽带	金沙江蛇绿构造混杂岩带	西金乌兰华力西印支断陷槽—印支褶皱带		可可西里消减杂岩带	通天河蛇绿构造混杂岩带	巴音叉琼蛇绿混杂岩亚带	上叠荀鲁山克措边缘前陆盆地及巴塘滞后火山弧	
			巴塘台缘褶带		江达德钦陆缘火山弧						
喀拉昆仑-唐古拉褶皱系			乌丽囊谦台隆	唐古拉地台	羌塘昌都陆块	昌都弧后盆地	唐古拉古陆—华力西—早燕山陆表海—早燕山褶皱区	北羌塘晚三叠世弧后盆地	羌塘陆块	乌丽-开心岭岛弧	
										邦可钦-砸赤扎弧后前陆盆地	
										宁多群地体	

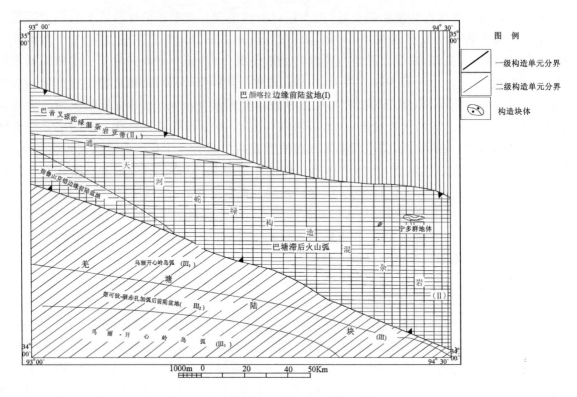

图 5-5 构造单元划分图

Ⅰ-巴颜喀拉晚古生代—中生代边缘前陆盆地。

　　Ⅱ-通天河蛇绿构造混杂岩带。

　　Ⅱ₁-巴音叉琼蛇绿混杂岩亚带。

上叠：

巴塘滞后火山弧；

苟鲁山克措边缘前陆盆地。

Ⅲ-羌塘陆块：

Ⅲ₁-乌丽-开心岭岛弧；

Ⅲ₂-邦可钦-砸赤扎加弧后前陆盆地；

Ⅲ₃-宁多群地体。

　　除以上主体构造单元的划分外，对测区的晚白垩世、第三纪、第四纪沉积体也作了相应的构造单元划分。笔者认为，不论是晚白垩世沉积体还是第三、第四纪沉积体，都叠覆于以上各构造单元之上，均属上叠盆地，但各盆地形成的力学性质有别，可进一步细划为：晚白垩世对冲式盆地和新生代走滑拉分式盆地。

二、各构造单元基本特征

（一）巴颜喀拉晚古生代—中生代边缘前陆盆地（Ⅰ）

1. 概述

　　该单元在测区东北角只跨及一角，南以巴音叉琼北部断裂-俄日邦陇断裂为界与西金乌兰-金沙江构造混杂岩带分开。对该单元的构造属性一直有争议，争议的焦点是基底的性质，即华力西期是洋盆还是存在一个统一的前寒武结晶基底。张以弗(1997)认为基底背景复杂,均一程度较低,总体是新生成的华力西褶皱带与地台块体的条块组合格局;黄汲清等(1987)、刘增乾(1990)及殷鸿福等(1997)认为存在前寒武纪变质基底;而许志琴(1992)、潘桂棠等(1997)、郝孜(1983)、Sengor(1981)、coward等(1990)等认为华力西期基底性质是洋壳。我们同意许志琴、潘桂棠等人的观点,认为巴颜喀拉边缘前陆盆地的基底性质是西金乌兰—金沙江洋的洋壳(?),晚二叠世,西金乌兰—金沙江洋消亡,其洋壳残片至今仍保存在西金乌兰湖—巴音查乌马一带的山体中,洋壳的消亡并不说明海域的消失。于是三叠纪演化为巴颜喀拉边缘前陆盆地。

2. 物质组成

该单元的沉积建造主要由巴颜喀拉山群砂岩组(TB_1)、板岩组(TB_2)及砂岩类板岩组(TB_3)组成,为一套较典型的浊积岩相复理石沉积体。

砂岩组岩性主要为灰色—深灰色厚层状、中—厚层状中细粒岩屑砂岩、钙质胶结中细粒长石岩屑砂岩、岩屑长石砂岩夹深灰色板岩。砂岩中发育正粒序层理,砂岩与板岩形成韵律层,发育鲍马序列的bc、bcd段,砂岩中发育平行层理及包卷层理,具深海—半深海浊积岩的特征。砂岩的化学成分反映其物源来自于再旋回造山带物源区和克拉通物源区。

板岩组以砂岩、板岩互层、板岩夹砂岩为主,砂岩—粉砂岩—板岩组成韵律性旋回,鲍马序列bcd、bc、cde段发育,板岩、粉砂岩中常见水平层理、沙纹交错层理,底面发育沟模,砂岩中包卷层理极发育,具远源浊积岩的特征,沉积环境为深海—半深海。化学成分反映其物源来自于再旋回造山带物源区和克拉通物源区。

砂岩类板岩组岩性以灰色中细粒岩屑长石砂岩为主,有长石砂岩、长石石英砂岩夹深灰色钙质板岩、薄层炭质板岩及灰色岩屑长石粉砂岩。砂岩中普遍具平行层理,发育槽模、波痕、斜层理等沉积构造,表明海水有所变浅,环境为浅海斜坡—半深海。据区域资料,该地层中产有深水相遗迹化石、双壳类化石、孢粉化石等,均反映该群的沉积时代为中—晚三叠世,在区内寨吾加琅上游产于巴颜喀拉山群的灰绿色闪长玢岩脉中采获230.8±4.8Ma的K-Ar法年龄值,也同样反映其围岩时代为中—晚三叠世。

该单元火山喷发作用十分微弱,测区仅见一处呈透镜状分布的黄褐色玄武岩,具强烈的碳酸岩化和绢云母化蚀变。岩石化学资料表明为钙碱性系列。在Ti/Zr-Zr/Y图解中投影于大陆边缘钙碱性玄武岩区,稀土元素反映轻稀土富集型,铕具弱负异常。微量元素Rb具高峰值,Nb出现低峰值,构造环境判别为活动大陆边缘。

据162±8Ma和158.8±1.4Ma(K-Ar)年龄资料,岩浆侵入活动的侵入时限为晚侏罗世。由灰白色中细粒花岗闪长岩和灰红色斑状黑云母二长花岗岩组成,分属俄日邦陇单元和日玛者果单元,共同组成白日榨加超单元。该超单元的岩石属钙碱性系列,含铝指数A/NKC的值均大于1.1,微量元素以高Rb、Cs、Pb、Zn,而贫Cr、Ni、Co、V为特征,稀土元素特征表明Eu具强烈的负异常,"V"型谷十分明显,属"S"型花岗岩,其构造环境应属造山期后。除此,还有一些闪长玢岩、花岗闪长斑岩脉侵入。

该单元的岩石变质变形相对较弱,变质程度表现为低绿片岩相,变质特征矿物主要为绿泥石、绢云母。

3. 变形特征

构造变形样式为北西西向等厚褶皱及相伴的同方向脆性断裂,沿脆性断裂分布有构造角砾岩。褶皱形态绝大多数为水平直立褶皱,两翼角较陡,一般为52°~55°,两翼等厚,皱面产状近于直立,产状为:10°~30°∠75°~90°,背斜皱部发育扇形破劈理,转折端圆滑。除此,见有少量的斜歪水平褶皱,皱面总体北倾10°~45°,倾角为45°~55°。断裂构造以北西向伸展的逆冲断裂为主,个别为近东西向展布的断层,其性质不明。各断层规模不一,最大断裂沿走向展布长约80km,宽2~50m。沿断层分布断层角砾岩、断层泥等。除近东西向断裂外,其他断裂近于平行展布。近东西向断裂规模较小,长约10km,性质不明。

构造样式为北西西向等厚褶皱及相伴的同方向脆性断裂,沿脆性断裂分布有构造角砾岩。

(二)通天河构造混杂岩带(Ⅱ)

该带呈北西向展布于勒玛曲南-俄日邦陇断裂与冬布里曲-日阿吾德贤断裂之间,东西两段外延出图,南北宽约35km,测区内西段较宽,而东段相对较窄。该带是巴颜喀拉边缘前陆盆地与羌塘陆块之间的一条晚古生代结合带,也是一条早中生代碰撞带。该带的最大特征是:被晚三叠世巴塘群地层及晚三叠世苟鲁山克措组严重覆盖。根据区域出露的地层实体可将该带进一步细划为:巴音叉琼蛇绿混杂岩亚带。

巴音叉琼蛇绿混杂岩亚带(Ⅱ$_1$)

1. 概述

该带分布于通天河蛇绿构造混杂岩带的最北部,南以托托敦宰断裂为界与巴塘滞后火山弧分割,北以勒玛曲南-俄日邦陇断裂为限与巴颜喀拉边缘前陆盆地毗邻。该带在本区被大面积晚白垩世—新生代地层覆盖,其迹象不清,但西邻《沱沱河幅》的巴音叉琼表征清楚。主要特征如下。

2. 物质组成

(1)巴音查乌马蛇绿岩(区域称为通天河蛇绿岩)

主要分布在测区的尖石山、巴音叉琼、巴音查乌马等地,岩石组合为灰绿色橄榄二辉辉石岩、灰绿色斜辉辉橄岩、滑石片岩(原岩为辉橄岩)、灰绿色角闪辉长岩、灰绿色蚀变辉绿岩、灰绿色块状玄武岩及灰绿色枕状玄武岩、深灰色硅质岩、灰白色块层状结晶灰岩块体。其中,玄武岩、辉长岩的岩石化学、地球化学资料表明,原属大洋拉斑玄武岩系列,其古构造背景具有洋岛的特点。对蛇绿岩的形成时代,依据1∶20万《错仁德加幅》资料,前人在辉长岩中采集了1件Rb-Sr等时线,其年龄为266±41.2Ma,应属中二叠世的产物,但与蛇绿岩紧密伴生的放射虫硅质岩的年龄则是晚三叠世。另据1∶25万《可可西里湖幅》资料反映,与蛇绿岩紧密伴生的放射虫硅质岩所指示的时代为C_1—P_2,这一时代与1∶20万《错仁德加幅》辉长岩所取266±4.2Ma的Rb-Sr年龄相吻合。另外,我们对前人的辉长岩和枕状玄武岩的岩石化学进行分析发现,TiO_2含量明显偏高,Ti/V之比达到4~5,在$FeO^*/MgO-TiO_2$图上判定均落于洋岛区,与我们采集的样品投影点十分吻合,同时也与1∶25万《可可西里湖幅》完全一致。至于1∶20万《错仁德加幅》所采集放射虫硅质岩为何出现晚三叠世的年龄,边千韬在进行可可西里综合考察时对该蛇绿岩进行了深入的研究,他认为1∶20万《错仁德加幅》所采集的放射虫硅质岩是在样品未经分离的情况下根据薄片鉴定的结果,因此,很难证明该处蛇绿岩的形成时代就是晚三叠世。其形成的构造环境为洋脊或洋岛,与辉长岩、辉绿岩的形成环境一致。我们同意这种说法,将测区蛇绿岩的时代归属为中二叠世。

蛇绿岩各岩块集中分布于巴音叉乌马的山体中,呈碎片(残片)散布在C—P的碎屑岩中。岩块呈短条状、块状、长条状等,露头规模大小不等,相差悬殊,最大者长达1 000m,宽约300m,小者仅长1.5m,宽约70cm。横向上常呈串珠状近北西西-南东东向分布,与测区主构造线方向一致。各岩块与围岩均以构造接触面分割,辉绿岩、辉长岩大多变形较弱,呈刚性构造透镜体,橄榄岩、斜辉辉橄岩、橄榄二辉辉石岩等明显受到构造破坏,接触面见有磨光镜面和擦痕,蛇纹石化强,有些岩石已蚀变为滑石片岩。该蛇绿岩受后期构造作用改造强烈,多已被肢解、破碎,带中始终未发现典型完整的蛇绿岩剖面。

(2) 碳酸盐岩

碳酸盐岩是巴音叉琼蛇绿混杂岩的组成部分,主要分布于测区的康特金,呈构造块体散布于晚三叠世苟鲁山克措组(T_3g^a)的灰色长石岩屑砂岩、岩屑石英砂岩夹粉砂岩及晚三叠世巴塘群灰色中细粒岩屑石英砂岩、灰绿色板状千枚岩中。岩性为灰白色块层状(碎裂)微晶灰岩,该灰岩局部包含灰黑色—灰绿色蚀变玄武岩。据火山岩岩石化学、地球化学分析,属岛弧拉斑玄武岩系列,形成于洋岛环境之下。

(3) 碎屑岩

基岩露头主要出现在测区的巴音叉乌马、尖石山、岗齐曲南岸等地,岩性为灰色中细粒岩屑砂岩,局部见有灰色片理化变硅质中细粒岩屑石英砂岩。该岩石变质变形较强,片理化、板理化十分发育,总体产状十分零乱,次生劈理、节理发育,蛇绿岩各块体集中发育在该岩石中。据邻幅资料,该岩组发育鲍马序列的 b、c、d 段和 cd 段,水平纹层,砂岩底层面发育槽模、沟模等层面构造,反映为深海—半深海相浊流沉积的特点,依据岗齐曲南岸采获的植物化石 *Plagiozamites oblongifolium* Halle,时代归属为石炭纪—二叠纪。

综上所述,以上各岩性及岩石组合充分显示了蛇绿混杂的特征,但该蛇绿岩并非圣弗兰西斯克那样典型的蛇绿混杂岩,其中所含的基性火山岩可能有很少一部分为洋脊残片,绝大多数属洋岛残片,混杂岩中碳酸岩盐及碎屑岩可能有一部分属洋岛的顶部端元,绝大多数为海沟系产物。

3. 构造变形

作为蛇绿混杂岩基质的灰色中细粒岩屑砂岩,局部见有灰色片理化变硅质中细粒岩屑石英砂岩。该岩石变质变形较强,片理化、板理化十分发育,总体产状十分零乱,次生劈理、节理也很发育,原始层理难觅。片理为南部向北西、北东方向倾斜、北部向南倾斜,总体上组成一个向形构造,核部被北西-南东向韧形断裂破坏。各蛇绿岩的块体及灰岩块体散布于其中,各块体破碎强烈,片理化发育。主要韧脆性断裂的描述详见本章第三节。

4. 变形时代与演化

根据邻幅资料,尖石山-巴音叉乌马脆-韧性剪切带据区内资料反映至少经历了两期重要的变形阶段。第一期变形事件,由于其变形体中卷入的地层时代为石炭纪—二叠纪通天河蛇绿混杂岩,同时于晚二叠世西金乌兰洋消亡,南羌塘陆块与南昆仑拼合,这次构造事件对测区的影响十分重大,因此,我们认为,剪切带的主期活动时间可能是华力西期末—印支早期,即古特提斯洋消亡的时期。第二次变形事件,在测区没有收集到确切的年龄资料,但处于同一条带的东邻《曲柔尕卡幅》反映,该期变形卷入地层为晚三叠世巴塘群,因此,我们间接判断尖石山-巴音叉乌马脆-韧性剪切带的第二次变形事件可能发生在燕山运动的早期。

(三) 晚三叠世上叠盆地

鉴于测区的特殊情况,在巴音叉琼蛇绿混杂岩亚带之上叠覆有晚三叠世沉积体,我们称之为晚三叠世上叠盆地(?)。根据东、西两地物质建造的不同,可细分为苟鲁山克措边缘前陆盆地和巴塘滞后火山弧。

1. 巴塘滞后火山弧

(1) 概述

该单元呈北西-南东向展布,南东段出露宽,而北西段出露窄,总体形似楔状分布。北以托托敦宰-俄日邦陇断裂为界,分别与巴颜喀拉边缘前陆盆地和巴音叉琼蛇绿混杂岩亚带分割;南以二道沟兵站北西向断裂和日阿吾德贤-牙包查依涌断裂分别与苟鲁山克措边缘前陆盆地、羌塘陆块毗邻。

(2)物质组成

该单元的沉积建造实体为晚三叠世巴塘群,岩性为灰紫色片理化粘土质粉砂岩、长石岩屑(杂)砂岩夹少量灰紫色、灰绿色岩屑杂砂岩、灰色、灰黑色、灰白色中厚层状微晶灰岩和碎裂块状灰岩、片理化蚀变安山岩、晶屑玻屑岩屑凝灰岩夹中薄、中厚含生物屑微晶灰岩(透镜体)、中细粒岩屑长石砂岩,局部见鲕粒状灰岩、灰色中细粒长石石英砂岩、灰黄色中细粒长石岩屑砂岩、灰黑色粉砂质板岩及少量岩屑石英砂岩和灰黑色粘土质粉砂岩。砂岩中发育槽模及水平层理。沉积环境为陆源岩浆弧一侧的具有一定坡度的浅海—半深海斜坡地带,总体为一套浅海—半深海浊积岩相复理石沉积。物源来自陆源岩浆弧。化石及孢粉特征反映该地层的时代为晚三叠世晚期。

该单元火山喷发作用强烈,主要岩性有:灰绿色安山岩、灰绿色英安岩、火山碎屑岩等,火山的喷发时代为晚三叠世。岩石化学表明,火山岩从基性—中性—酸性由富钠贫钾向贫钠富钾的方向演化。火山岩的岩石类型为正常类型,钙碱性系列,低钛。稀土配分曲线均为右倾斜的轻稀土富集型,铕异常具亏损。构造环境为火山弧,物源为过渡地幔。

综合以上特征,作者以为,晚三叠世巴塘群火山岩的形成是由于地壳受到近南北向强烈挤压应力的影响,从而使地壳圈层间发生拆离、拆沉、地侵作用喷发形成火山弧。

该单元的岩浆侵入活动主要为晚三叠世,其次有晚侏罗世及新生代的侵入岩,集中分布于诺瓦囊依、阿西涌等地。其中晚三叠世为石英闪长岩、英云闪长岩组合,钙碱性系列,形成的构造环境为受挤压作用的影响而导致下地壳与上地幔的层间滑脱,引起熔融,形成的岩浆沿滑脱面上侵而成。晚侏罗世为花岗闪长岩、斑状二长花岗岩组合,属钙碱性系列,形成的构造环境为南北向挤压作用之下引起中、下地层间的滑脱、熔融、沿滑脱面上侵而成。新生代侵入岩主要为石英闪长玢岩体,属钙碱性系列,由于测区受南部新特提斯洋的影响,高原隆升加剧,从而引起地壳物质拆离,下沉到地幔,引起熔融,沿深大断裂上侵而成。

(3)构造变形

该单元的变形特征主要表现为北西西、北西及少量的北西-南东向脆性断裂,断裂性质以逆冲断裂为主,断面总体南倾,北倾断裂较少,倾角为 $45°\sim60°$,沿断面发育断层角砾岩、断层泥等。

褶皱样式主要为北西向等厚水平直立褶皱。

2. 苟鲁山克措边缘前陆盆地

(1)概述

该单元分布于测区的占托贡陇断裂以南,北邻巴塘滞后火山弧,南以日阿吾德贤-牙包查依涌断裂为界与羌塘陆块毗邻,呈楔状由西北方向插入测区,西端延出邻图。

(2)物质组成

该单元以晚三叠世苟鲁山克措组中细粒长石岩屑砂岩为主,岩屑石英砂岩次之,夹泥质粉砂岩及少量板状泥岩、砾岩、含砾砂岩、含海绿石岩屑砂岩、含海绿石长石岩屑砂岩夹含海绿石粉砂岩、青灰色粉砂质泥岩,局部夹煤线。可细分为下部细碎屑岩建造和上部粗碎屑岩建造,具有双幕式沉积特征(前陆盆地特征)。

沉积环境下段砂岩—粉砂岩—板状泥岩组成韵律层,构成正粒序韵律,局部底部砂岩中含细砾,发育水平层理、波痕构造、正粒序层,属海退沉积序列,区域资料反映下段砂岩中凝灰质含量较高,并发育鲍马序列,反映为浅海环境。上段反映出的沉积环境为浅海或三角洲。

依据丰富的古生物化石可确定该地层的时代为晚三叠世。

该单元最大的特征是火山活动很不发育,据西邻《可可西里湖幅》资料反映,除苟鲁山克措组下段砂岩中凝灰质含量较高外,没有任何火山活动的迹象。

岩浆侵入活动也很少,据《沱沱河幅》资料,仅在岗齐曲上游发现有喜马拉雅期 37.86 ± 0.56 Ma（K-Ar法）灰白色石英闪长玢岩侵入,钙碱性系列,铝过饱和类型；稀土总量高,Eu具有弱负异常。形成环境为南北向强烈挤压下导致壳幔层间滑脱、拆沉、拆离、地侵共同作用的产物。

该带变质变形较弱,达低绿片岩相变质。

(3)构造变形

变形以浅表层次北西-南东向脆性断裂及轴线展布与断裂相平行中常线性褶皱为主,局部发育板理构造。

(四)羌塘陆块(Ⅲ)

我们把日阿吾德贤-牙包查依涌断裂以南的广大地区称为羌塘陆块,对其进一步细划为乌丽-开心岭岛弧($Ⅲ_1$)、邦可钦-砸赤扎加弧后前陆盆地($Ⅲ_2$)、宁多群地体($Ⅲ_3$)。

1. 乌丽-开心岭岛弧($Ⅲ_1$)

(1)概述

位于日阿吾德贤-牙包查依涌断裂的南部,总体呈北西-南东向展布,东西两端延入相邻图幅。由于中新生代地层覆盖,呈带状散布于冬日日纠、牙包查依涌等地。

(2)物质组成

该带由开心岭群扎日根组、九十道班组及乌丽群那益雄组、拉卜查日组组成。两群之间呈断层接触。其中扎日根组为一套厚层粉晶、亮晶生物碎屑灰岩、含砂屑与砾屑灰岩,反映浅海缓坡相碳酸盐岩建造；诺日巴尕日保组在本幅未见出露,据沱沱河幅资料,为浅海—次深海泥砂复理石建造—岛弧火山岩建造；九十道班组为一套灰岩礁体。那益雄组和拉卜查日组为滨浅海—海陆交互相的含煤碎屑建造—含煤碳酸盐岩建造,前者为平原湿地相沉积,后者为碳酸盐缓坡相沉积。

火山喷发作用主要集中在那益雄组。主要岩石类型有暗绿色杏仁状蚀变玄武岩、安山岩、沉凝灰岩等,对玄武岩、安山岩经岩石化学、地球化学分析,属钙碱性系列,形成于岛弧环境。

岩浆侵入活动为印支期,为岩株状辉绿岩,分布于冬日日纠,形成于局部扩张环境之下,侵入地层为 P—T_3。除有一些中基性—中酸性岩脉贯入外,未见较大型的侵入岩出露。

该单元各地层变质轻微或基本未变质,变形主体样式为浅表层次、近东南向—北西西向中等开阔的等厚褶皱及相伴的同方向脆性断裂构造。

(3)变形特征

该单元变形特征主要表现为北西西、北西及少量的北西-南东向脆性断裂,断裂性质以逆冲断裂为主,断面总体南倾,北倾断裂较少,倾角为 $45°\sim60°$,沿断裂发育断层角砾岩、断层泥等。

褶皱样式主要为北西向等厚水平直立褶皱,局部可观察到尖棱褶皱。

2. 邦可钦-砸赤扎加弧后前陆盆地($Ⅲ_2$)

(1)概述

呈北西向展布于冬布里曲—牙包查依涌断裂以南、冬日日纠断裂以北。由于风火山中新生代复合盆地的覆盖及晚古生代岛弧带的分割而失去连续性。

(2)物质组成

盆地沉积建造由结扎群甲丕拉组、波里拉组组成。巴贡组未见在本幅出露。其中甲丕拉组为一套砾岩、砂岩、粉砂夹中基性火山碎屑岩、玄武岩组合，为一套辫状河流—三角河—滨河—浅海相磨拉石建造—含基性火山岩复陆屑建造；波里拉组为一套灰岩夹砂岩，局部夹安山岩、安山质凝灰岩及石膏沉积组合，以浅海相含少量火山岩的碳酸盐岩建造为主，局部为泻湖相沉积建造。

盆地内火山活动强烈。甲丕拉组的岩石类型为玄武岩、玄武安山岩、安山质集块岩。波里拉组的岩石类型为安山岩、安山质晶屑岩屑凝灰岩。经岩石化学、地球化学分析，为钙碱性系列—碱性系列，形成环境为碰撞期后由挤压向伸展演化阶段的系列产物。

盆地各地层变质轻微或基本未变质。

(3) 变形特征

常见一些宽缓等厚褶皱及与其相伴的同方向脆性断裂。

3. 宁多群地体（Ⅲ₃）

(1) 概述

该构造单元分布于测区的阿西涌、玻合涌等地，四周被晚三叠世灰白色中细粒英云闪长岩体所吞食，出露面积很小。但我们认为，该单元的出露对测区意义重大，作为一个地质实体应该进行构造单元的划分，故此我们称其为宁多群地体。

(2) 物质组成

该构造单元主要有深灰色细粒黑云石英片岩、含石榴石黑云母堇青石角岩及含石榴石透闪石绿帘石角岩。区域上该带沿西金乌兰—通天河一线断续出露。沿该带向东南，在玉树县小苏莽乡宁多村和西藏江达县面达乡草曲有区域变质岩出露，西藏区调队测制了地层剖面并创名宁多群（姚忠富1990年命名宁多群，姚忠富1992年介绍；西藏区调队1∶20万邓柯幅区调报告），由黑云斜长片麻岩、含榴黑云斜长片麻岩、二云斜长片麻岩夹黑云石英片岩、二云石英片岩、绿泥石英片岩、辉石变粒岩和条纹状、条痕状混合岩等区域动力热流变质岩与混合岩组成，获得了1 870Ma、1 780Ma和1 593Ma的同位素年龄，并因此确定其形成于中晚元古代。沿西金乌兰—金沙江缝合带向西北在明镜湖、赛冒拉昆一带，也有相似地层出露，其岩性以二云石英片岩为主，夹有黑云斜长片麻岩及变粒岩，1∶25万可可西里湖幅区调报告对比后将其归属于宁多群。将本测区的变质岩系与区域进行对比，岩性与宁多群的中上部相近，因此也将其归属于宁多群，地层时代为中晚元古代。

(3) 变形特征

岩石具平行条带状构造、片麻状构造、片状构造等，发育顺层压扁褶皱、无根褶皱。轴面劈理发育，岩石被挤压破碎。面理置换强烈，S_n 全面置换 S_0。

(4) 变形时代与演化

本次工作在阿西涌一带宁多群的角岩化片岩中挑选锆石作 U-Pb 等时线年龄样，样品由宜昌地质矿产研究所测试，测试结果：谐和线年龄为2 852Ma，上交点年龄为2 852±474Ma，下交点年龄为441±189Ma。上交点年龄反映宁多群物质来源有早元古代信息，其根源可能是中咱地块或羌塘古陆的基底有早元古代古陆核存在。下交点年龄反映宁多群在奥陶纪末经历了强构造热事件影响，其大地构造意义还不明确，推测可能和古西金乌兰—金沙江洋的打开有关。通过区域对比，结合测区样品锆石 U-Pb 表面年龄（835±48Ma，843±42Ma 和 915±3Ma）数据，岩石片理的形成应在晋宁期。据西藏区调队所作 U-Pb 法同位素年龄测定资料，宁多群的变质年龄为1 680±390Ma、1 870±280Ma、1 780±150Ma，即首次变质时期可能是早元古代末的中条运动，测区样品锆石 U-Pb 表面年龄中1 628±82Ma、1 426±27Ma 和1 555±91Ma 一组年龄也能证明此点。同一测年曲线的小交点分别为251±68Ma、490±130Ma 和190.5±9.5Ma，表明有加里东期、晚华力西期和印支期等构造-热变质事件叠加。在测区西侧可可西里地区宁多群中获得两个 ^{39}Ar-^{40}Ar 测年结果，tp_m=348.5±0.62Ma，tp_m=246.08±0.62Ma，也反映有华力西期和印支期的构造-热变质事件叠加(1:25 万可可西里湖幅区调报告)。

(五)风火山中新生代上叠盆地

该盆地的范围几乎跨越区内所有的构造单元。可进一步划分为:中生代晚期对冲式盆地(特指风火山群)和新生代走滑拉分盆地。

1. 中生代晚期对冲式盆地

(1)概述

盆地总体展布方向为北西-南东向,北部以勒玛曲南-俄日邦陇断裂为界与北邻与前白垩纪造山带分开,南部大体以冬日日纠断裂为界与南邻前白垩纪造山带毗邻。

(2)物质组成

盆地沉积建造由风火山群错居日组、洛力卡组及桑恰山组组成。其中,错居日组为一套粗碎屑岩局部含白云石石膏沉积组合,属山麓-河流相沉积体系,局部为泻湖相沉积;洛力卡组为砂岩、泥岩夹灰岩、沉凝灰岩组合,以湖相沉积体系为主兼河流相沉积;桑恰山组下部为砂岩夹泥质粉砂岩,底部为含砾粗砂岩、砾岩,上部为砾岩夹砂岩及泥质粉砂岩,以河流相沉积为主。

盆地充填序列可以概括为山麓—河流相—湖相—山麓—河流相,反映盆地经历由形成—逐步加深扩大—退缩的发展演化过程。岩浆活动微弱,岩石基本上未变质。

(3)变形特征

主体构造样式以北西西向宽缓褶皱为主,相伴同方向浅层次脆性断裂。

2. 新生代走滑拉分盆地

盆地主要为古近纪—新近纪沱沱可组砾岩、砂岩、泥岩组合,局部见膏盐,为一套冲、洪积为主兼湖相沉积;雅西措组为紫红色、砖红色长石岩屑砂岩、岩屑石英砂岩、泥晶灰岩、复成分砾岩、泥岩、粉砂岩,为一套河湖相沉积为主兼洪积相沉积。

第三节 脆-韧性剪切断裂带

(一)俄日邦陇脆-韧性剪切带(F_4)

该带分布于测区的俄日邦陇断裂以南若候摆约—斜孜松多一带,呈北西西-南东东向展布,长达 30km,西段被第三纪、第四纪地层掩盖,宽为 200~300m。

1. 物质组成

俄日邦陇脆-韧性剪切带主要由片理化杂砂岩和粉砂质粘土质板状千枚岩组成,岩相学特征如下。

片理化杂砂岩:变余不等粒砂状结构,片理化定向构造。碎屑中斜长石、石英呈次圆状并破碎,而变质岩岩屑、黑云母、白云母等均被拉长变形,长轴平行定向分布,其中个别碎屑长宽比相差悬殊:长:宽≈8:0.9。胶结物中粘土变质为细小鳞片状绢云母,定向排列,构成片理化面。

粉砂质粘土质千枚岩:变余粉砂泥质结构、显微鳞片变晶结构,千枚状—板状构造。碎屑白云母、石英及斜长石长轴多沿岩石构造线方向分布,粘土已变质为绢云母和黑云母雏晶,大多沿一定方向平行排列,构成千枚状—板状面理。

岩石中同构造变形及新生成的变质矿物组合为绢云母。变质相为低绿片岩相。

2. 主要变形特征

该剪切带面理总体向南倾,产状为190°～200°∠40°～60°。该剪切带由于强烈的透入性面理置换作用,早期构造特征很难识别,所收集的形迹资料无论是露头域还是显微域主要反映了最新的变形事件。

露头域所收集的变形特征如图5-6、图5-7所示。图5-8反映了在韧性剪切作用下酸性脉体及原始层理发生形变、错断,原始层理产生片理化形变。其中片理化产状为176°∠57°。脉体被拉长、变形呈"S"型,两段脉体较宽,分别为3.5cm和5cm,而中部只有0.5cm,并有错断、破碎现象。

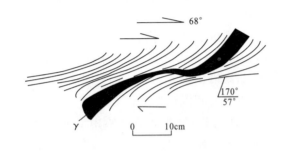

图5-6 韧性剪切带中酸性脉体被错现象
（据VQP₉ XZ面素描）

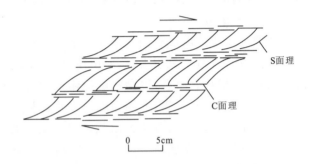

图5-7 韧性剪切带中S-C组构素描图
（据VQP₉ XZ面）

该现象反映韧性剪切的方向为右行走滑特征。

图5-7是在韧性剪切带中露头域XZ面上发现的S-C组构,其中S面理与C面理之间的夹角较小,一般在20°～35°之间,S面理产状为150°∠45°,C面理产状为185°∠70°,S面理发育强烈,C面理较弱。

该组构指示剪切应力方向主要为右行走滑特征。

显微域所反映的变形特征见图5-9。石英碎斑受剪切应力作用强烈破碎,形成多米诺骨牌构造,指示剪切应力方向主要为右行走滑特征。

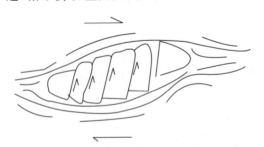

图5-8 剪切带中石英碎斑破碎现象
（据VQP₉12层镜下薄片鉴定,单偏光,8×3.5倍）

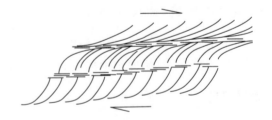

图5-9 剪切带中S-C组构
（据1920点薄片XZ面835倍,单偏光）

3. 变形时代分析

依据卷入剪切带的最老地层为晚三叠世巴塘群,除该群沿剪切带发生了强烈的变形以外,分布于该带的白日榨加超单元中的俄日邦陇单元(K-Ar法年龄为158.8±1.4Ma)晚侏罗世灰白色中细粒花岗闪长岩未发生变形。

根据以上特征,我们分析认为,韧性剪切变形的主体时间应当在印支运动晚期—燕山运动早期。

(二)哇纳贡卡-巴桑涌糜棱岩化带(F_8)

该带分布于测区的哇纳贡卡—巴桑涌一带,被大面积的第三纪、第四纪地层覆盖,只有几处零星露头,见有糜棱岩化岩石。其展布长达36km,宽200~300m。该带近东西向分布。

1. 物质组成

主要由浅层次糜棱岩化蚀变英安岩和英安质糜棱岩表现出来,岩相学特征如下。

英安质糜棱岩:岩石为糜棱结构,定向流动构造。碎斑以斜长石居多,成破碎状,具绢云母化、帘石化等蚀变,边缘有碎粒化重结晶现象,有时构成核幔构造,常发育"δ"残斑构造。钾长石残斑呈破碎状。石英残斑偶见,呈破碎状并受到基质熔蚀。暗色矿物残斑破碎不堪,且全部被绿帘石、绿泥石和碳酸盐矿物等取代。碎基由斜长石、石英、绿帘石、绿泥石、绢云母及碳酸盐矿物组成。它们多呈细碎粒化颗粒或小叶片状、鳞片状,构成不同成分或不同颜色的细条纹状—条带状,绕残斑平行流动定向分布,构成平行流动构造。其中石英细碎粒化且具动态重结晶现象。碎基与残斑发育成S-C构造。平行线理、残斑与基质组成S-C组构及"σ"残斑等剪切构造发育,显示了右行剪切变形。

糜棱岩化蚀变英安岩:碎斑状结构,基质具显微粒状结构,具不明显的定向构造。由于受构造应力影响,岩石中斑晶破碎变形最为明显,有定向排列现象。其中斜长石常常因晶内裂隙纵横切割而破碎,形态不完整,并具较强绢云母化、帘石化等蚀变。偶见钾长石斑晶,呈不规则碎裂状。暗色矿物斑晶已全部被绿泥石、碳酸盐矿物所取代,从其外形轮廓判断,多为角闪石,亦有少量黑云母,具暗化边结构,呈破碎状。基质由石英、钾长石、斜长石等矿物组成,略具定向分布。

糜棱岩化英安岩:糜棱岩化结构、残留斑状结构,平行条带状—透镜状构造。由于受较强的韧性剪切应力破坏,岩石中各种矿物均遭受破坏。斜长石、钾长石斑晶均已破碎,并具细粒化和动态重结晶现象,部分斜长石具环带构造并保留斑状外形,绢云母化、碳酸盐化常见。暗色矿物斑晶十分破碎,已全部被次闪石、绿泥石、绿帘石取代,推测为角闪石。原岩基质为玻璃质,具流动构造,玻璃质大多呈不透明状。破碎残斑常与糜棱岩化破碎基质构成条带状、薄透镜状构造,条带平行相间排列,条带长2~3.5mm,宽0.3~0.9mm不等。

2. 主要变形

该带由于受第三纪、第四纪地层的覆盖,自然露头很少,宏观变形资料收集不够。但显微域中所收集的变形资料均反映了右旋剪切走滑的特征(图5-9、图5-10)。

3. 变形时代分析

变形体为晚三叠世巴塘群火山岩、碎屑岩。因此,我们认为,剪切带的主体变形时代可能是在印支运动晚期—燕山运动早期。

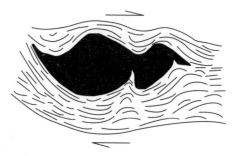

图5-10 糜棱岩中的"σ"碎斑
(据单偏光,8×3.5倍)

第四节 断裂构造

测区断裂构造十分发育(图5-11),按其性质大部分为挤压逆冲、挤压走滑,张性断裂、张扭性断裂很少,反映测区主应力以挤压为主的特点。按其各断裂的走向可分为东西向断裂、北西-南东

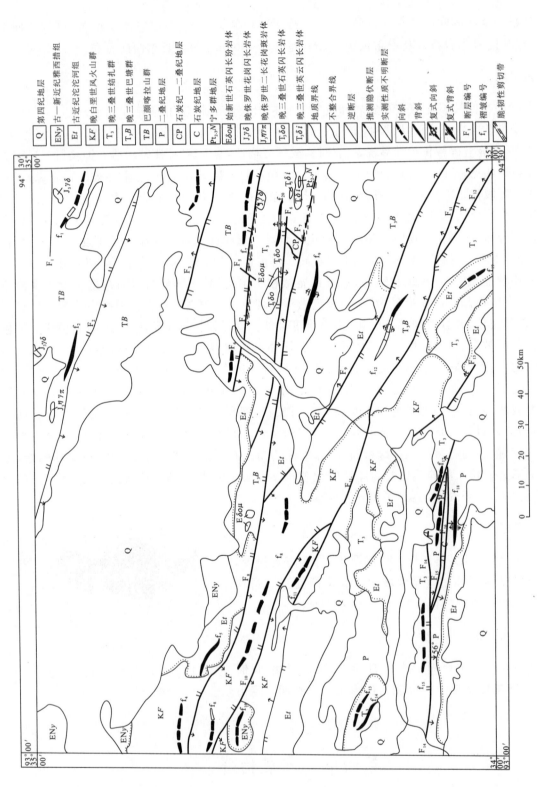

图 5-11 测区构造纲要图

向断裂、北东-南西向断裂等。其中以北西-南东向断裂最为发育。从断裂形成的先后序次上看,测区近东西向断裂是最古老的断裂,其次是北西-南东向断裂,北东-南西向及近南东向断裂可能是测区最新的断裂。

一、近东西向断裂

图区该组断裂不甚发育,由于受到北西-南东向、北东-南西向、近南北向断裂的切割、改造,走向上连续性很差。其最大特征是,该组断裂只见于晚三叠世以前的地层;从断裂的切割关系看,该组断裂是测区断裂中形成时代较早的一组。

以下择其主要几条予以描述。

1. 夏日阿佐是北-尕日哇达陇断裂（F_{15}）

该断裂西起夏日阿佐足北,西段被古近纪沱沱河组掩盖,去向不明,东端在尕日哇达陇东部被北西-南东向断裂所截,区内展布总长约62km,是图区规模最大的近东西向断裂。

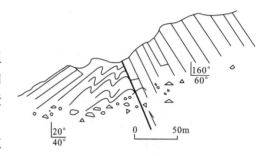

图5-12 冬日日纠地区近东西向断裂剖面素描图

该断裂两段切割、分割了晚二叠世那益雄组和晚三叠世波里拉组之间的角度不整合面,使两组在冬日日纠地区呈断层接触(图5-12),断裂向东延伸,在冬日扎母纳纠地区分为两支,两支间控制了扎日根组,并使两侧的那益雄组、扎布拉日组与扎日根呈断层接触。该断层走向近东西向,倾向向南,倾角在$50°$～$60°$之间。沿断层分布有断层角砾岩,靠近断层的砂岩发育牵连褶皱。断层南盘见有始新世闪长玢岩体分布,说明该断裂在新生代有再次复活的特征。

2. 口加卡-它护木角断裂（F_1）

该断裂分布于测区的果泥北部,是一条近东西向展布的断裂,西起口加卡,最西端被北西-南东向断裂截切,向东在它护木角地区被第四纪冲洪积物覆盖,区内展布总长为18km。

该断裂切割地层为巴颜喀拉山群,不具分界意义,断层走向近东西向,性质不明,主要证据:沿断层走向岩石强烈变形,并伴有褐铁矿化蚀变,两侧岩石产状相顶;地貌上切割,错断山脊,形成垭口状负地形,在航、卫片上线状展布明显。

二、北西-南东向断裂

测区北西-南东向断裂十分发育,其中90%以上的断裂均属挤压性逆断层,说明测区以北东-南西向挤压作用为主应力方向。各构造单元的边界均由该方向的断裂构成。该组断裂中80%以上断裂在新构造运动中再复活,地震带的分布与该组断裂关系密切。

1. 勒玛曲-俄日邦陇断裂（F_4）

该断裂呈北西-南东向展布,西北端被第四系地层掩盖,东南端在俄日邦陇地区东延入相邻图幅,图内展布长度约60km。深部物探资料研究表明,在风火山北部七十八道班—勒池曲一线,两侧地球物理场明显不同,证实为一北西-南东向岩石圈断裂通过。东段表征清楚,该断裂分割巴颜喀拉山群和巴塘群。图区内该断裂控制风火山群的北延。航、卫片影像反映清楚,线状负地形明显。

实地调查显示,该断裂断面总体向南倾斜,倾角在$45°$～$25°$之间,局部被北东向断裂截切和改造。该断裂分割巴颜喀拉边缘前陆盆地和西金乌兰湖-金沙江构造混杂岩带,也是区域上的西金乌兰湖-金沙江结合带的北界断裂。在图区的东部若侯涌地段断层两侧岩石破碎,破劈理、断层角砾岩十分发育,破碎带宽约50m,近断层处巴塘群砂岩发育强烈的揉皱,说明该断裂具脆韧性剪切的特征。

该断裂大致形成于华力西期,印支期、燕山期再次活动,控制风火山群的北延,喜马拉雅晚期复活,断层三角面清楚(图5-13),其运动方式以挤压为主兼右旋走滑。

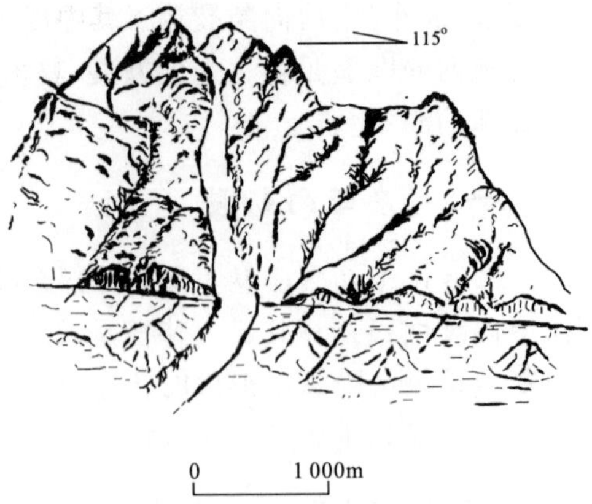

2. 冬布里山北-阿西涌断裂(F_8)

图5-13 俄日邦陇断裂素描图

该断裂呈北西-南东向分别经过测区的冬布里山北及阿西涌,西端分别延入相邻幅图,区内断续展布总长可达130km。

该断裂切割晚白垩世风火山群地层,据沱沱河幅资料,西端在尖石山南部切割通天河蛇绿混杂岩CP碎屑岩组并控制碎屑岩组南界,地貌形成凹形带状负地形,形成宽约5km的断层破碎带,带内卷入片理化岩屑长石石英砂石、石英脉等,局部被后期新生代地层不整合覆盖。东端在巴桑阴仇诺瓦囊依一带切割晚三叠世巴塘群地层。该断层倾向忽南忽北,说明该断层的倾角较陡,一般为60°~70°,个别为50°,沿断层走向脆性形变较强,断层角砾岩较普遍。

3. 冬布里曲-牙包查依涌断裂(F_{11})

该断裂分布于测区的冬布里曲、日阿吾德贤、牙包查依涌一线,两端延入邻幅,总长达140km。该断裂分割通天河蛇绿构造混杂岩带与羌塘陆块,是一条韧性剪切断裂,沿断裂发育糜棱岩。该断裂的运动方式为挤压兼右旋走滑的特征。

该断裂总体产状向南倾斜,但局部可见向北倾斜的产状,说明该断裂的倾角较陡。

沿断层分布有新生代始新世中酸性侵入岩,说明该断裂在新构造运动过程中有复活,断层性质为挤压逆冲—右行走滑。

三、北东-南西向断裂及近南北向断裂

该断裂规模较小,区域上不能延展,从断层的相互切割关系,我们认为,该断层是测区的最新断裂,该断裂普遍切割北西向断裂。

1. 尕木加陇断裂(F_5)

该断裂呈北东向展布,主要切割地层为巴颜喀山群及巴塘群。主要表征北西向断裂走滑剪切,使早期断裂在走向上不连续,形成明显的错位,错距达400~500m,断层性质为左旋走滑(图5-14)。

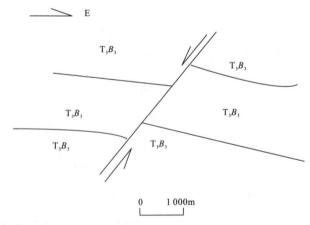

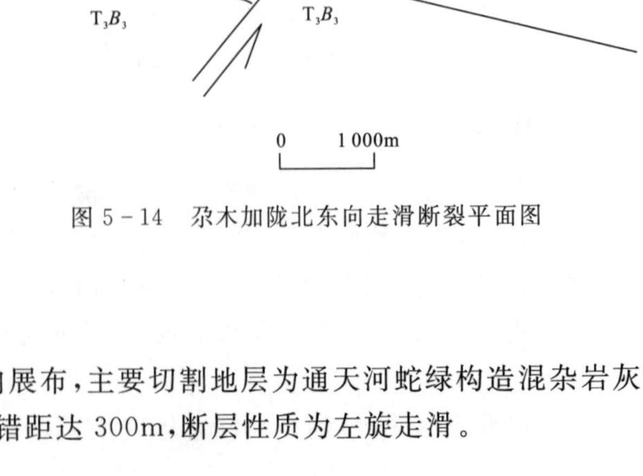

图5-14 尕木加陇北东向走滑断裂平面图

2. 查若公卡断裂(F_7)

该断裂分布于测区的查若公卡地区,呈北东向展布,主要切割地层为通天河蛇绿构造混杂岩灰岩组、晚三叠世巴塘群,同时剪切北西向的断层。错距达300m,断层性质为左旋走滑。

四、测区其他断裂

测区其他断裂见表 5-2。

表 5-2 测区其他断裂基本特征

样品编号	断层名称	长度（km）	产状 倾向	产状 倾角	特征	性质
F_2	白日扎加断裂	80	10°	50°	切割三叠纪巴颜喀拉山群并分割该群下部砂岩组与中部板岩组，地貌上有线性分布的垭口、马鞍形负地形，沿断层岩石十分破碎，形成宽约55m的断层破碎带，带内石英斑岩脉侵入，分布杂乱。沉积岩中石英颗粒有重结晶现象。岩层产状紊乱。航、卫片上线形影像清晰	逆断层
F_3	更扎断裂	22	北倾	60°	切割巴颜喀拉山群且分割中部板岩组与上部砂岩夹板岩组，岩石破碎，岩石碎块上见有断层擦痕，山脊被错断，对头沟发育，河流直角拐弯。航卫片上线形影像明显	逆断层
F_6	额朋扎那依断裂	60	25°	58°	切割晚三叠世巴塘群且分割中组与上组，断层两侧岩石破碎，产状零乱且相顶，断层角砾岩发育，断层残山、对头沟、线形负地形地貌明显。航、卫片上线形影像清楚	逆断层
F_9	牙曲-百佐几通断裂	70	北倾		切割晚三叠世巴塘群，地貌上线性负地形明显、山脊错断、错位，火山岩中见有断层擦痕，断层两侧岩性突变，北盘山体高大，南盘相对低矮	逆断层
F_{10}	冬布里山断裂	58	210°	56°	切割晚白垩世风火山群各组，切割最新地层为古—新近纪雅西错组，断层两侧地层产状相顶，岩性突变，发育宽约10m的断层破碎带，断层擦痕明显。航、卫片上线形构造清楚	逆断层
F_{12}	劫佛那顿断裂	20	38°	60°	切割、分割中二叠世九十道班组与晚三叠世扎群。岩石破碎、产状紊乱，断层擦痕明显。断层两侧地貌差异大，北侧为高山，南侧为凹地。航、卫片上线形构造明显	逆断层
F_{13}	奥格拉德断裂	60	20°	50°	切割、分割晚三叠世波里拉组与古近纪沱沱河组，断层两侧岩层产状相顶，岩性突变，岩石破碎，断层角砾岩发育。地貌上山脊错断，形成一系列线形展布的垭口。航卫片上线形影像明显	逆断层
F_{14}	琼扎断裂	25	15°	56°	切割、分割晚二叠世那益雄组、拉卜查日组及晚三叠世波里拉组。岩石破碎，蚀变强烈，两侧岩性、岩相明显不同、产状相顶	逆断层
F_{16}	冬日日纠南缘断裂	30	南倾		切割、分割早二叠世扎日根组与晚二叠世那益雄组。沿走向线形负地形、断层残山十分发育，断层泉呈线状展布、对头沟发育，断层两侧岩性差异明显，产状紊乱，断层角砾岩发育，断层破碎带宽30m	逆断层

第五节 褶 皱

测区除第四纪地层未发生褶皱变形外，其他各时代地层有不同程度的褶皱变形特征，以下就按不同时代地层的褶皱进行描述。

一、羌塘陆块各地层单元褶皱

1. 二叠纪地层中的褶皱

该地层分布于羌塘陆块之上,由早二叠世扎日根组、中二叠世九十道班组、晚二叠世那益雄组、拉卜查日组构成,在地质历史时期各组均有褶皱变形发生,但扎日根组因主体由灰岩组成,性质较脆,褶皱发育到一定程度被后生断裂破坏,先期褶皱一般都没有保留下来。九十道班组褶皱构造不发育,以脆性断裂为主,那益雄组褶皱构造相对较发育,保存比较完整,拉卜查日组褶皱构造不很发育,断裂分割明显,所见褶皱两翼近于对称,为翼间角在 $45°\sim65°$ 的倾伏褶皱,如采白加琼背斜。

(1)冬日日纠南复式背斜(f_{18})

该复式背斜卷入的地层为晚二叠世那益雄碎屑岩,复始背斜两翼产状北翼为 $10°\angle60°$、南翼为 $170°\angle20°$,背斜核部是一个宽缓向斜,两翼产状分别为:$170°\angle18°$(北翼)、$355°\angle50°$(南翼)。各轴面近于平行,轴面整体向南倾斜,倾角为 $45°\sim50°$,转折端圆滑,翼间角一般为 $60°\sim108°$,枢纽的倾伏角为 $10°$ 左右,向西倾伏,属歪斜水平褶皱(图5-15)。除此,该地层中十分发育小型牵引褶皱。

(2)尕日哇达陇向斜(f_{16})

该向斜位于尕日哇达陇西测,轴线向北西-南东向展布,核部位是高大的山脊,山顶平缓,卷入地层为晚二叠世那益雄组碎屑岩,两翼产状分别为 $210°\angle40°$(北翼)、$20°\angle62°$(南翼),转折端圆滑,翼间角约 $78°$,轴面产状南倾,倾角约 $50°$,倾伏角 $0°\sim5°$。属斜歪水平褶皱。

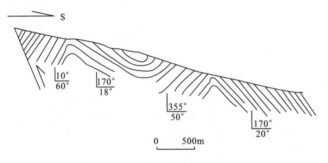

图5-15 那益雄组复式背斜

2. 结扎群褶皱

甲丕拉组褶皱构造不发育,而波里拉组褶皱十分发育,保存也比较完整,褶皱形态以单向斜或单背斜出现,且以向斜构造为主,背斜少见。巴贡组未见在测区分布。以下就以尕日哇拉则向斜及琼扎向斜为例说明。

(1)尕日哇拉则向斜(f_{17})

该向斜位于尕日哇拉则,轴线向北西-南东向展布,向西被第四纪掩盖,向东翘起。卷入地层为晚三叠世波里拉组灰岩,向斜两翼产状分别为:$40°\angle40°$(南翼)、$225°\angle42°$(北翼)。轴面直立或近于直立,翼间角约为 $102°$,转折端圆滑,倾伏角在 $5°$ 左右,向西倾伏,核部为高大的山脊,脊顶平缓。两翼岩性对称。为直立水平褶皱。

(2)琼扎向斜(f_{15})

该向斜位于琼扎地区,轴线呈近西向展布,东端向北扭,展布总长达 6km。卷入地层为晚三叠世波里拉组灰岩,核部位于山脊之上且岩石十分破碎,两翼产状分别为:$180°\angle58°$ 或 $150°\angle50°$(北翼)、$360°\angle55°$ 或 $320°\angle45°$(南翼)。轴面近于直立,翼间角为 $75°\sim55°$,倾伏角为 $0°\sim5°$,转折端圆滑。两翼岩性对称,为水平直立褶皱。

二、通天河蛇绿构造混杂岩带中的褶皱

巴塘群褶皱

该群褶皱十分发育,有复式背斜(如肖勒涌),复式向斜(如加州勒依贡尕、宰孜松多曲上游等)。

(1)肖勒涌复式背斜(f_9)

根据 1728、1729 地质点的记录,该褶皱为一复式背斜,其卷入地层为晚三叠世巴塘群中岩组 b 段($T_3B_2^b$)碎屑岩,两翼产状分别为 240°∠60°(南翼)、30°∠45°(北翼)。中部向斜产状分别为 50°∠70°(南翼)、220°∠55°(北翼)。各轴面产状向南倾斜,倾角为 50°～70°,翼间夹角为 50°～80°。两翼岩性对称,两翼岩层厚度基本一致,褶皱各转折端圆滑,轴线向东西两侧延伸,倾伏角在 10°左右,属中常斜歪水平褶皱。

(2)加州勒依贡尕复式向斜(f_{12})

根据 2009、2010 地质点的记录,该褶皱为一复式向斜(图 5-16)。卷入地层为晚三叠世巴塘群中岩组 a 段($T_3B_2^a$)碳酸盐岩,两翼产状分别为 42°∠45°(南翼)、205°∠48°(北翼),中部背斜产状分别为 225°∠50°(南翼)、40°∠45°。轴面产状近于直立,各单背、向斜的翼间夹角在 85°左右。两翼岩性对称,厚度大致相同,轴线相互平行,向 300°～120°方向延伸较远,倾伏角在 10°左右,转折端圆滑,核部发育破劈理,属中常水平直立褶皱。地貌上南北两端向斜形成高山而中部背斜为凹地。

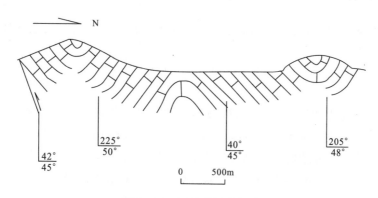

图 5-16 巴塘群复式向斜

三、巴颜喀拉边缘前陆盆地褶皱

该构造带的分布地层均为三叠纪巴颜喀拉山群,该群褶皱十分发育。表现为中常—开阔型褶皱,褶皱轴线呈北西-南东向,褶皱样式以复式背斜或复始向斜形式出现。褶皱两翼不同程度地遭受到断层破坏,现择其代表性的褶皱描述之。

1. 扎日阿瓦日旧向斜(f_1)

该向斜分布于测区的扎日阿瓦日旧山脊之上,卷入地层为巴颜喀拉山群砂岩夹板岩组(TB_3)。褶皱轴线向北西-南东(110°～290°)方向延伸,轴线近于水平,北翼产状分别为 205°∠40°、210°∠48°,南翼产状分别为 25°∠42°、15°∠58°,轴面产状近于直立,褶皱翼间角在 90°左右,转折端圆滑,属开阔型水平直立褶皱(图 5-17)。

2. 卡肖复式向斜(f_3)

该向斜位于测区的卡肖地区,据 0825～0826 路线调查,该向斜为一复式向斜。卷入地层为巴颜喀拉山群砂岩夹板岩组(T_3B_3),复式向斜两端为向斜构造,中部为背斜构造。根据各翼产状分析,各轴面近于直立,各轴线相互平行,向北西-南东方向延伸,向西约 10km 处该复式向斜消失,向东转换为背、向褶皱。据两翼产状推算,该复式向斜中各单背、向斜的翼间角在 60°左右,其形态属中常—开阔型,转折端圆滑(图 5-18),是该复式向斜的一部分。

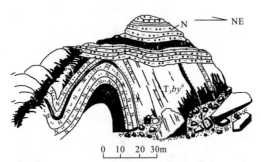

图 5-17 巴颜喀拉山群褶皱素描图

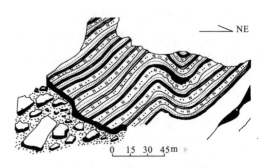

图 5-18 巴颜喀拉山群褶皱素描图

四、风火山群褶皱

该群褶皱构造较发育,总的特点是:以宽缓短轴型褶皱和缓波型褶皱为主。现择其主要者描述如下。

1. 托托敦宰向斜(f_4)

分布于测区的北部托托敦宰北部地区,褶皱卷入地层核部为晚白垩世桑恰山组,两翼为洛力卡组,南北两翼被断层切割,褶皱轴线近东西向展布,总长达 5km,南翼北倾,产状为 350°∠48°,北翼南倾,产状为 200°∠30°。核部地貌上为高峻的山脊,脊顶平缓。据 1∶20 万错仁德加幅资料反映,该向斜转折端圆滑,翼间角开阔,皱面近于直立,属开阔型直立水平褶皱。

2. 巴音藏托玛向斜(f_8)

该向斜西起托托贡尕,向东南方向沿至巴音藏托玛,长约 26km,延展总方向为北西向,两翼被北西向断裂切割,西端沿入沱沱河幅,东端至巴音藏托玛结束。宽约 5.5km,最宽处可达 10km,卷入地层为晚白垩世风火山群,核部出露地层为风火山群中部岩组洛里卡组,两翼为错居日组。该向斜轴线呈"S"型扭曲,其中北翼产状分别为 210°∠30°、192°∠50°和 210°∠45°,南翼产状分别为 23°∠40°、25°∠53°和 25°∠50°。褶皱核部坐落在海拔 5 000m 以上的巴音藏托玛山脊上。褶皱轴面近于直立,转折端开阔圆滑,翼间角为 70°～110°,属开阔型直立水平褶皱。

五、古—新近纪地层褶皱

该类褶皱的最大特点是褶皱两翼地层产状平缓,一般倾角不超过 30°,翼间角大于 120°,大多数褶皱属平缓开阔型直立水平褶皱,一般以单一的向斜、背斜出现,有时可见向背斜组合褶皱。

1. 冬布里向斜(f_{10})

该向斜位于测区西部的冬布里北部,轴线向东西向展布,两端向南扭曲。卷入地层核部为古—

新近纪雅西措组泥岩、细砂岩,两翼为古近纪沱沱河组粗碎屑岩,其中北翼及东北翼被断层切割,地貌上核部为负地形凹地,两翼为5 000m以上的高山。该向斜长约10km,宽约6km。向斜轴面近于直立,轴线向西倾伏,东端翘起,倾伏角为5°~15°,轴部转折端宽缓。北翼产状为200°∠32°,南翼产状为350°∠30°,翼间角约118°,属开阔型直立水平褶皱。

2. 巴颜冬日啊玛背斜(f_5)

该背斜分布于测区的巴颜冬日啊玛地区,轴线向北西-南东向展布,西端翘起,东端延至巴音陇琼吉保曲上游后被第四纪掩盖不知去向,长约12km,沿背斜轴走向地貌上形成负地形凹地,西翼为山顶平缓的高山,卷入地层为古近纪沱沱河组粗碎屑岩,两翼岩性对称,其中北翼产状为10°∠30°,南翼产状为200°∠15°。轴面向北倾斜,产状约20°∠25°。转折端平缓开阔,翼间角为135°,属平缓开阔型直立水平褶皱。

六、测区其他褶皱

测区其他褶皱见表5-3。

表5-3 测区其他褶皱特征

褶皱名称编号	两翼产状	皱面产状	转折端形态	长度(km)	卷入地层及褶皱特征
白日榨加向斜(f_2)	北翼产状为190°∠40°、南翼产状为15°∠42°	近于直立	圆滑	9	晚三叠世巴颜喀拉山群砂岩组,地貌上向斜核部为平缓的山顶,有二长花岗斑岩体侵入
勒池勒玛曲下游北向斜(f_6)	北翼产状为158°∠30°、南翼产状为5°∠50°	南倾	圆滑	9	晚三叠世巴塘群砂岩夹板岩,核部地貌为近东西向延展的带状山脊,脊顶平缓,枢纽水平,轴线近东西向展布
宰钦扎纳叶向斜(f_{20})	北翼产状为190°∠40°、南翼产状为5°∠35°	近于直立	圆滑	6	为晚三叠世巴塘群碎屑岩夹火山岩,地貌上向斜核部沿山脊分布,枢纽水平
巴音真扎贡汝向斜(f_{11})	北翼产状为265°∠40°、南翼产状为20°∠45°	近于直立	圆滑	10	为晚白垩世风火山群桑恰山组碎屑岩,轴线向北西-南东向展布
扎苏南向斜(f_{13})	北翼产状为195°∠60°、南翼产状为40°∠38°	北倾	圆滑		为晚三叠世波里拉组灰岩,核部劈理发育
扎苏尼通北背斜(f_{14})	北翼产状为196°∠43°、南翼产状为45°∠36°	西南倾	圆滑	3	为晚三叠世波里拉组灰岩,核部强烈侵蚀,形成负地形凹地,枢纽呈"S"型弯曲,西端翘起
冬日扎母纠向斜(f_{16})	北翼产状为185°∠32°、南翼产状为10°∠35°	近于直立	尖棱		为晚二叠世那益雄组碎屑岩,枢纽水平
日玛通向斜(f_{19})	北翼产状为235°∠60°、南翼产状为42°∠48°	近于直立	平缓圆滑	4	为古近纪沱沱河组粗碎屑岩,枢纽产状为110°∠12°,向斜形态为宽缓南东倾伏褶皱
曾果复式向斜(f_7)	北翼产状为180°∠50°、南翼产状被断层切割	近于直立	尖棱紧闭	10	为晚三叠世巴塘群碎屑岩,南翼岩石十分破碎,各轴线相互平行,近北西-南东向展布,南翼发育牵引褶皱

第六节　新构造运动

测区新构造运动强烈,以大面积整体间歇性抬升背景下垂直差异性升降运动为最普遍的表现形式,致使古断裂再次复活,新生断裂宽缓褶皱的形成、岩浆侵入、火山爆发、地震发生、河流下切、山体夷平等现象十分显著。同时新构造运动是铸成现代盆山地貌的主要原因。

对于新构造运动的时限,目前国内外尚无一个统一的划分标准,鉴于测区古—新近纪各组连续沉积,以及晚白垩世风火山群呈角度不整合覆盖其上的特征,将古近纪以来的地壳运动作为新构造运动。

(一)断裂复活

测区80%的先成断裂在古近纪以来均有复活,且具对古地貌进行再造的特征,这一点我们通过航卫片的解译及野外实地观察得到了证实。以下对测区复活断裂中择其主要断裂加以描述。

1. 勒玛曲-俄日邦陇复活断裂(F_4)

该断裂是巴颜喀拉边缘前陆盆地与通天河蛇绿构造混杂岩带的分界断裂,呈北西-南东向展布,在勒玛曲下游处被第四纪冲混积物掩盖,东端在俄日邦陇外延出图。区内展布长约41km,在勒玛曲—俄日邦陇一线该断裂表征清楚,主要表现为:沿断裂岩石破碎、产状紊乱,断层破碎带宽度达2km,局部地段可达4～5km;断面南倾,局部可见韧性变形特征。在俄日邦陇西北部该断裂截切了晚侏罗世花岗闪长岩体。

该断裂的直观标志虽多被掩盖,但从两侧的构造地貌、沉积型相、地球物理场特征等差异分析,均可证实它的存在。

断裂两侧的地貌格局截然不同:北侧为巴颜喀拉山群地层分布区,比高较小;而南侧则是晚三叠世巴塘群出露区,比高相对较大。

断裂两侧的沉积相迥然有别:北侧巴颜喀拉山群由陆缘碎屑复理石层系组成;而南侧晚三叠世巴塘群则是含火山岩的碎屑复理石层系。

断裂两侧的地球物理场明显不同:据《青海中南及西南地区航空磁力测量成果报告》,北侧为巴颜喀拉平静磁场区,航磁平面图上等值线稀疏单调,以负值为主,正直伴生,幅值一般为20γ;南侧为块状、带状组成相间排列的磁场区,航磁平面图上等值线在平稳背景上呈现片状、圆块状、短轴状,组成断断续续的带状异常,以正值为主,正负相伴,幅值一般为$50\sim100\gamma$。

从图5-2分析,测区断裂两侧的地壳结构虽然差异性不大,但据《青海省区域地质志》记述,区域上断裂两侧的地壳厚度有显著变化:在北侧巴颜喀拉—可可西里地区地壳厚度为52～60km;以南则地壳厚度为65～70km,最厚达73km。

该断裂是测区规模宏大的复活断裂之一,该断裂倾向总体向210°～230°方向倾斜,局部出现向正南方向倾斜,在倾角在45°～75°之间。在航卫片上该断裂的线性影像十分清楚。野外观察表明,该断裂切过山麓,留下明显的断裂三角面,断裂普遍可见断层泉,沿断裂方向分布有带状、串珠状的第四纪沉积物。据地震资料记录,有6次地震发生于该断裂中,其中最小震级为1.4级,最大为6.5级,以4～5级为多。深部地球物理调查表明,该断裂两侧的地球物理场明显不同,证实为一岩石圈断裂,约形成于华力西期,喜马拉雅晚期再次复活。新生代早期的运动方式以引张为主兼左旋走滑,控制勒玛曲走滑拉分盆地的形成,上新世以来转化为以挤压为主兼右旋走滑特征。

2. 托托敦宰-阿西涌复活断裂（F_8）

该断裂总体为北西-南东向展布，西北、东南两端分别外延伸入邻幅，测区内总出露长度为 120km。断面倾向多变，忽南忽北，总体以北东倾斜为主，倾角为 35°～65°。断层破碎带较宽，在尖石山南部，该断层破碎带可达 4.5km，沿断层走向分布有线形断层泉。地貌上该断裂走向上多形成负地形凹地，其与两侧山峰的平均高差一般都在 100m 左右。在负地形凹地中主要接受第四纪沉积物质。该断裂多处切割现代水系，从而引起水系直角拐弯，在苟鲁山克措一带风火山群直接逆冲覆盖于五道梁组之上。在航卫片上该断裂线形特征清楚。在诺瓦囊依沿该断裂带发育上新世的灰绿色—灰紫色橄榄玄武岩。在八十四道班北该断裂控制单面山的形成，以上特征表明该断裂仍在活动。

3. 冬布里曲-牙包查依涌复活断裂（F_{11}）

该断裂是分割羌塘陆块与通天河蛇绿构造混杂岩带的大断裂，断裂总长达 140km，向两端外延出图，该断裂呈北西-南东向展布。断面总体向南倾斜，局部向北倾斜，断面倾角在 45°～65°之间，沿断裂形成 200～500m 不等的灰绿色、红色挤压破碎带，带内除见有断层角砾岩、碎裂岩外，据沱沱河幅资料反映，在扎拉复格涌西部还分布有韧性剪切作用形成的各类糜棱岩。断裂两侧地貌反差明显，北侧山势挺拔、陡峻，而南侧为新生代盆地，地势相对平缓，丘陵发育。沿该断裂发育始新世的闪长玢岩-石英闪长玢岩-石英二长玢岩组合，沿该断裂分布串珠状湖泊及第四纪沉积盆地。航卫片上该断裂影像清楚，线性明显。据现代地震检测，该断裂西侧的康特金地区 1952 年 5 月 3 日发生了 5 级地震，在该断裂的东南部牙包查依涌地区 1971—1972 年连续发生地震，最大震级为 4.5 级。该断裂先期可能以挤压特征为主，在新构造运动中其运动方式转变为挤压走滑型。

（二）夷平面

夷平面是地壳间歇式垂直运动的直接标志。从测区的地貌形态可以看出，本区具有明显的 3 层结构特点：即存在地貌侵蚀旋回终极地形一、二级夷平面和一个盆地面。

一级夷平面：又称山顶面，是一个整体划一的山峰岭线，比少数高峰（岛山）低（如巴音赛若高峰）而又比垭口高的平坦面，海拔高程一般为 5 400～5 300m。其中以扎拉马、鸟窝扎加、巴音藏托玛等地比较清楚，多呈截顶平台状，往往成为第四纪冰川和冰帽发育的地形依托，覆盖有寒冻风化岩屑（块），在其边缘冰斗、刃脊、角峰及被现今河流改造的冰槽谷等冰蚀地貌发育。切割的最新地层为晚白垩世沉积体，在山间盆地中堆积的古近纪河湖相磨拉石建造、含膏盐层建造是其相关沉积。结合区域资料分析，山顶面形成于 20Ma 以前的渐新世晚期，中新世中晚期以来抬升受切。根据渐新世—中新世沉积记录，反映夷平面形成于干旱的亚热带气候，发育起来的夷平面当然属山麓剥蚀平原性质的夷平面。该夷平面是高原始新世末第一次隆升至 2 000m 后，经渐新世构造稳定期发生山麓平原化形成的，推测形成时高原在 500m 以下，而现在却被抬升至 5 400～5 300m，可见新构造运动以来高原的隆升幅度相当大。

二级夷平面：又称主夷平面，海拔高程一般为 5 000～4 900m，分布较广，保存面积较大，构成区内山体主体。以幺思尖、玻合日梗、达春日雅巴、旁仓贡玛、白日榨加等地保存良好。切割最新地层为雅西措组，组成地貌为高海拔剥蚀台地，低缓平顶山及丘陵。剥蚀区夷平面的塑造与沉积区的上新世曲果组及晚更新世河-湖相（据钻孔资料）的加积是同时进行（因此早更新世河湖相沉积为其相关沉积），同时我们在沱沱河幅多尔玛地区山顶处采集的电子自旋共振（ESR）样，测试年龄值为 34.32Ma，反映该夷平面于渐新世抬升。推测此时高原的海拔高程约在 1 000m 以下，而现在却被抬升至 5 000～4 900m，可见新构造运动以来高原的隆升幅度相当大。

盆地面:为区内最低的夷平面,也是区内星罗棋布的湖面以及一些宽缓的谷地面,湖泊的海拔高度为 4 500～4 700m。至于该盆地面是否是侵蚀旋回的终极地形,目前尚有争议。

(三)岩浆活动

新生代火山活动及岩浆侵入活动是新构造运动的直接标志,在区内的改冒窝玛地区,我们发现,古—新近纪雅西措组中有零星的橄榄玄武岩呈稳定的夹层产出,显示陆内汇聚作用之下,沿局部扩张带(应力释放带)喷发形成的陆相火山岩,与新生代走滑拉分盆地的形成具有同步性。

岩浆侵入活动分布于测区的诺瓦囊依、阿日木阿日等地,系浅成—超浅成石英闪长玢岩,侵入于晚三叠世巴塘群之中,岩石具"I-S"型双重成因特点,依沱沱河幅资料 K-Ar 法年龄测试,获得 37.74 ± 0.52Ma、37.86Ma、38.44 ± 0.58Ma、35.64Ma、41.19 ± 0.48Ma 等年龄资料。这些侵入岩体在时间上比火山—含盐红层沉积的走滑拉分盆地形成稍晚,是新构造运动中陆内汇聚作用加强、引起壳幔之间相互作用的产物。

(四)褶皱作用

区内的古近纪、新近纪地层的褶皱构造主要记录的是新构造运动的特点。区内上新世以前的古、新近纪地层普遍因新构造作用而发生褶皱和断裂。褶皱的延伸性比前古近纪地层的褶皱差,但其行迹十分明显,并具有一定的区域性。在新构造运动中基本上存在着两种形成方式:一是借助断陷式断坳盆地中基地起伏造成的原始沉积的"背、面"形态,在新构造运动时期的区域性挤压下进一步弯滑变形,成为现今所见的构造盆地和穹隆构造;二是断层活动造成,或为断层牵分褶皱,或为两相邻断裂活动造成之间的断块受挤压而成。所形成的褶皱多为短轴状,但两翼产状较陡,轴迹环形弯曲。褶皱形态比较单一,或背斜、或向斜,很少见到复式背斜、复式向斜分布。如冬布里向斜、巴颜冬日啊玛背斜等。

(五)河流阶地、叠置型冲-洪积扇

阶地主要发育在测区通天河、牙曲、莫曲、勒池曲等河流的两岸,其中通天河普遍发育两级阶地,牙曲、莫曲以一级阶地发育为特征,中、下游偶见两级阶地存在。莫曲下游与通天河相接部位,我们发现有三级阶地存在,其中Ⅲ级阶级由晚更新世冲-洪积沙砾石层组成,Ⅱ、Ⅲ级阶地由全新世冲洪积物组成,其中Ⅰ级阶地高出河流水平面 2.4m,Ⅱ级阶地阶坡高度为 2.8m,Ⅲ级阶坡高为 11.1m,说明自新构造运动以来测区有 3 次较大规模的地壳上升运动,从阶坡高度看,第一次抬升作用幅度很大,以后的抬升作用逐渐回落。

测区通天河两岸支流下游多处出现扇中有扇的新志冲洪积扇叠置现象,从而说明晚更新世以来抬升作用仍很明显。

(六)地震

地震是现代地壳活动的直接证据和主要表现形式之一。测区为玉树-风火山地震带通过地区,自有地震记录以来,测区至少有 6 次 4 级以上地震,震源基本上都集中于勒池曲-俄日邦陇断裂、托托敦宰-阿西涌断裂、冬布里曲-牙包查依涌 3 条复活断裂带上。

据区域资料,在该地震带上,地震活动十分强烈,是青海省中强地震的主要发育场所之一。据不完全统计,共发生震级大于 4.75 级的地震 26 次,其中 6～6.5 级强震 8 次,1986 年、1988 年唐古拉地区分别发生 6.7 级、7.0 级大地震,正处于该地震带西端乌兰乌拉湖附近。此外,据地震部门预报,在测区达春日雅巴一带尚有Ⅲ度地震危险区存在。

(七)河流袭夺

在莫曲河东侧见有一明显的河流袭夺现象,袭夺弯在奥格折希陇涌一带。由于沿采白加琼活动断裂的复活,促使该河流向源头侵蚀加剧,最终使奥格折希陇涌在采白加琼南部产生河流断流现象,而在奥格折希陇涌一带该河流产生急转弯,并沿断裂流入莫曲。河流袭夺弯处残留有古—新近纪的沉积体。

第七节 构造变形序列

测区的构造变形序列是在充分收集不同时代地质体中包含的不同期次、不同形式和不同变形习性的构造形迹相互叠加、干涉、改造或置换的复杂关系的解析后,进而考虑到不同构造环境下所产生的岩浆作用、变质作用以及区域构造运动对测区的影响而建立起来的,其构造变形序列概括于表5-4中。

表5-4 测区的主要变形序列

序列	时代	体制	变形特征	演化阶段	地壳运动	变质作用	岩浆活动
D_9	Q	斜冲—走滑	右形走滑断裂再生,先期断裂再次复活	高原隆升阶段	喜马拉雅运动	未变质	无
D_8	N	挤压	古近纪地层形成宽缓褶皱				
D_7	E	斜冲—走滑	北西-南东向断裂复活,走滑拉分盆地形成,风火山群发生褶皱变形				$E_2\delta o\mu$
D_6	J_3-K_2	挤压	断裂复活、再生,并伴有褶皱变形	陆内汇聚阶段	燕山运动	未变质-极低级变质	$J_3\eta\gamma\pi$ $J_3\gamma\delta$
D_5	T_3	挤压	晚三叠世沉积盆地闭合,广泛的北西-南东向或北西西-南东东向的褶皱、断裂形成		印支运动	低级变质	$T_3\gamma\delta$ $T_3\delta i$ $T_3\delta o$ $T_3\beta\mu$
D_4	T_1-T_2	挤压	二叠纪地层褶皱形变、逆冲断裂形成,北部残留洋演化为前陆盆地				
D_3	C_2-P_3	挤压	乌丽-开心岭岛弧发育成熟,蛇绿岩形成并伴有褶皱变形	洋陆转换阶段	华力西运动		
D_2	C_1-D_3	伸展	区内出现扎日根浅海碳酸岩盐,区域上移山湖地区出现辉绿玢岩岩墙侵入				
D_1	Pt_2-Pt_3	挤压	宁多群区域片理、片麻理	基底形成阶段	晋宁运动	中高级变质	

第八节 构造阶段及其演化

综合测区内沉积建造、变质作用、岩浆活动及测区地质构造基本特征,结合区域地质构造特点,将构造阶段及演化过程概括如下(图5-19)。

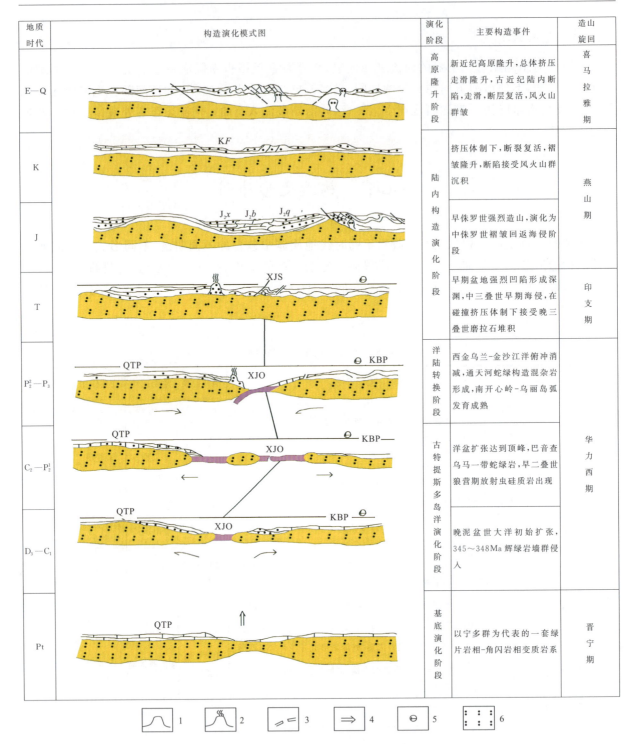

图 5-19 测区构造演化模式略图

1.岩浆侵入；2.火山弧；3.洋壳及俯冲方向；4.构造应力方向；5.洋(海)面；6.陆壳基底
QTP.羌塘陆块；XJO.西金乌兰湖—金沙江；XJS.西金乌兰—金沙江缝合带；KBP.可可西里—巴颜喀拉盆地；
KF.白垩纪风火山群；J_2x.夏里组；J_2b.布曲组；J_2q.雀莫错组

一、元古宙造山前基底形成阶段

作为造山前基底物质记录的宁多群主要分布于阿西涌、若侯涌一带，岩石组成为石英岩、黑云石英片岩、片麻岩等基底岩系。通过岩石学、微量元素地球化学等方法恢复原岩，为一套石英砂岩为主夹泥质岩的稳定性碎屑岩建造。岩石化学及微量元素特征研究表明，大多分布于大陆岛弧物源区，暗示地层物源应来自陆壳。测年资料显示，下交点年龄为441±189Ma，代表宁多群在奥陶纪末经历了强构造热事件影响，推测可能和古西金乌兰—金沙江洋的打开有关。通过区域对比，结合测区样品锆石 U-Pb 表面年龄中 835±48Ma、843±42Ma 和 915±3Ma 数据，岩石片理的形成应在晋宁期，在区域动力热变质作用下，原岩经历了高绿片岩相变质，固结成岩，成为古老结晶基底的一部分。这种代表基底残留岩块零星分布的宁多群是羌塘陆块边缘裂解的一部分，在区域上沿羌塘中部茶代—戈木日—阿木岗日一线呈近东西向展布，西宽东窄，总体为一套绿片岩相-角闪岩相变质岩系，发育韧性剪切带。

二、海西期—印支期主造山演化阶段

（一）泥盆纪—中二叠世古特提斯多岛洋扩张阶段

由于后期构造的改造作用和中新生代地层的大面积覆盖，测区及邻区早古生代地质体未出露，因此，地质事件无法推定。自泥盆纪，通天河构造混杂带以南地区表现为相对稳定的浅相稳定陆源碎屑岩与碳酸盐岩建造，尽管区内并无该时期的沉积，但在藏东、川西和滇西等广大地区基本上是连在一起的台型沉积，在以开阔陆棚浅相浅海沉积为主体的地质背景上，晚泥盆世时在两地块之间开始裂解拉张。在霞若—拖顶、伏龙桥以西、德钦县城至石棉矿之间等地，形成了含晚泥盆世牙形石或放射虫的灰岩及浊积岩，在蛇绿混杂岩中的辉长岩和斜长岩单元中，部分锆石也记录了375～352Ma的年龄值，暗示蛇绿岩浆活动可能起始于晚泥盆世。分布于测区西部泥盆纪的移山湖辉绿岩墙群（348.51±0.62Ma 和 345.69±0.91Ma，Ar-Ar 法）侵位，标志着古特提斯洋已进入初始离散期，并最终导致了阿西涌、若侯涌一带结晶基底以扩张、走滑等离散方式从母体羌塘陆块中裂离出来，在随后的扩张作用下，这些裂解块体散布在古特提斯扩张洋盆中，构成了古特提斯多岛洋的构造古地理格局。

石炭纪—中二叠世古特提斯多岛洋扩张洋盆发展到高峰，洋盆中开始出现洋壳物质，区内巴音查乌马、康特金—岗齐曲一带，区域上蛇形沟、移山湖、西金乌兰湖以及测区东部治多—玉树等地发育的洋脊型或洋岛型蛇绿岩则是该时期西金乌兰洋扩张期直接的物质表现。区内蛇绿岩组分发育较为完整，由超基性辉橄岩、斜辉辉橄岩、橄榄二辉辉石岩、辉长岩、辉绿岩、基性熔岩及其伴生的早石炭世杜内期与早二叠世狼营期（边千韬、郑祥身等，1996）深海放射虫硅质岩组成，配套较完整，形成时代为石炭纪—早二叠世。基性熔岩的地球化学特征显示相对富钛、富钾，并接近强烈亏损 N 型 MORB 玄武岩，稀土总量低，具平坦型特征，反映西金乌兰洋裂解程度比较大，同时微量元素表明扩张速度为1～2cm/a。

早二叠世诺日巴尕日保组较典型的岛弧火山岩沉积建造序列，证明了西金乌兰洋于早二叠世晚期存在向南（羌塘陆块）俯冲消减的可能性。这种俯冲消减作用可能与西金乌兰洋在晚泥盆世—早二叠世同步扩张效应紧密相连。在晚二叠世，地球动力学环境发生转化，古特提斯洋由顶峰时期的以扩张作用为主导逐渐转变为挤压碰撞，在羌塘陆块的主动性大陆边缘形成早、中二叠世开心岭-乌丽岛弧带。

（二）晚二叠世—早三叠世洋陆转化阶段

中二叠世晚期西金乌兰洋盆开始闭合，主洋盆 B 型洋壳向南俯冲，形成了至今保存在巴音查乌马、康特金一带的通天河蛇绿混杂岩（受上覆晚三叠世地层覆盖，仅出现在巴音查乌马、康特金两地）。晚二叠世那益雄组滨浅海相含煤碎屑岩系的出现，标志着开心岭-乌丽岛弧已经成熟。测区内阿西涌—若侯涌一带石英闪长岩-英云闪长岩组合（那吉卡色超单元）代表同碰撞期略滞后产物，

可能与壳-幔之间的韧性滑脱有关。区域上中二叠世还东河闪长岩(257±3.6Ma,U-Pb法)侵入,就是该事件岩浆侵入活动的直接表现。晚二叠世—早三叠世是区内重要的构造转折时期,即由洋-陆俯冲转化为陆-陆俯冲,可可西里西金乌兰一带汉台山群(晚二叠世—早三叠世石英砂岩和底砾岩)磨拉石建造的形成及不整合于中二叠世地层之上,标志着此时西金乌兰洋已消减完毕。与此同时,在昆南带上晚二叠世格曲组与下伏树维门科组之间呈角度不整合,同样为碰撞造山作用的结果。

三、陆内构造演化阶段

(一)三叠纪盆山转换阶段

早—中三叠世构造演化证据多源于区域资料,早期由于南北两大陆块间持续的陆内汇聚作用,可可西里-巴颜喀拉活动陆缘陆壳基底挤压弯曲下陷,形成了可可西里-巴颜喀拉周缘前陆盆地,盆地北侧接受了台地边缘—浅海陆架相碎屑岩沉积。在昆南地区,该套沉积地层中发育大小不等、形态各异、无固定层位的含二叠纪生物化石的灰岩岩块,说明盆地在形成初期可可西里-巴颜喀拉基底陆壳具有向北的部分俯冲作用,使北侧逆冲推覆造山带形成滑塌岩块,在盆地北接受了沉积混杂作用形成的混杂堆积岩。而可可西里-巴颜喀拉前陆盆地南侧伴随西金乌兰洋的向南俯冲闭合,盆地强烈凹陷形成深渊。盆地南北两侧均发育了砂岩组、板岩组为代表的深—半深海海底扇浊积岩。

中—晚三叠世海侵阶段,测区在经过不长的一段相对稳定时期后,于中三叠世早期转入海侵阶段,此次海侵是大面积区域性的,北到中祁连山,南至喜马拉雅山北部,西至帕米尔,东达华南,成为广阔的浅海大陆架区,可可西里及邻区也形成了断陷海槽(边千韬、郑祥身等,1996)。

晚三叠世早期巴颜喀拉前陆盆地表现出以隆升作用为特征的较强烈构造活动,盆地内接受了以砂岩组、板岩组、顶部砂岩夹板岩组为代表的海相复理石沉积。在这一阶段东昆仑造山带处于持续隆升、剥蚀的过程,这一规模宏大的剥蚀区为巴颜喀拉前陆盆地的快速堆积提供了充足的物源。晚三叠世晚期沉积盆地的褶皱冲断回返,晚三叠世巴塘群中基性火山岩是陆内俯冲背景下形成的滞后火山弧的产物,晚期岩石中含黄铁矿假晶,说明属还原环境下的闭塞海盆。

南西倾向的断裂组说明晚二叠世—晚三叠世陆陆碰撞作用持续向南进行,碰撞之后在缝合带之南的羌塘陆块上形成晚三叠世邦可钦-砸赤扎加弧后前陆盆地——结扎群,尽管与典型的弧后前陆盆地存在差异,但在沉积组合上显示出弧后前陆盆地的一些基本特征,提示了与其相配套的构造演化有待进一步工作确认。

(二)三叠纪末—早侏罗世强烈造山阶段

三叠纪末—早侏罗世班公湖-怒江发生海底扩张,使南羌塘地块与其拼合在一起的北羌塘地块共同向北推挤,导致测区诺利克期末古特提斯海最终关闭,接着发生强烈的造山运动(印支运动),区内普遍缺失早三叠世及早侏罗世地层,说明这次运动在测区表现较强烈,区域晚三叠纪地层与中、上侏罗世地层之间的不整合代表此次运动的存在。

(三)中晚侏罗世前陆盆地演化阶段

由于侏罗纪地层在测区并未出露,该阶段的构造演化历程也主要依据邻幅(沱沱河幅)资料,中晚侏罗世雁石坪群沉积说明测区进入了前陆盆地演化阶段,构造作用继承了早中侏罗世羌塘块体岩石圈层发生挠曲变形的演化历史,由于南、北两侧不断的逆冲构造加载,使羌塘盆地容纳空间增大,堆积了巨厚的海相磨拉石建造。该盆地的形成和发展与金沙江缝合带碰撞后逆冲推覆和班公湖-怒江缝合带的碰撞和闭合有关,是盆地两侧板块边缘的大型逆冲作用的产物。该盆地展布于测区西南角玛章错钦—错阿日玛一带,沉积了源于陆相物质的滨浅海相沉积体系[雀莫错组(J_2q)、布曲组(J_2b)与夏里组(J_2x)]。早期为灰紫色粗碎屑物质的广泛分布,中期相变为海水逐渐加深的含海相双壳类生物的布曲组碳酸盐岩局限台地相沉积,向上变为含大量陆源碎屑滨海相沉积,沉积序列显示出局限的海盆环境,海水在持续挤压过程中逐渐向南西方向退去,于中侏罗世晚期测区结束了海相沉积历史。

(四)侏罗纪末—白垩纪初造山后的湖相沉积阶段

晚白垩世风火山盆地的形成,主要是受白垩纪以前老的北西西向断裂的控制,表现在整个盆地分布及其长轴方向呈北西西向以及盆地边缘某些生长断裂也呈北西西向。但盆地的总体分布并不受北西西向断裂的控制,它们横跨不同属性的地质构造单元,而总体显示出近南北向串珠状分布。盆地沉积建造体为风火山群稳定陆相湖盆沉积,是由于地壳在燕山运动出现应力松弛的情况下伸展、拉薄并沉降,造成湖盆分布。

四、新生代高原隆升阶段

45~38Ma受印度板块与欧亚板块碰撞的影响,新特提斯洋闭合,青藏高原北、东大部上升为陆,进入陆内演化阶段。与此同时或稍前风火山地区因受喜马拉雅运动影响,在继白垩纪前陆盆地的基础上于古近纪因先成断裂的复活开始发育以引张为主兼右旋走滑拉分性质的盆地,沉积了河湖相的沱沱河组(Et)、雅西措组(ENy)、五道梁组(Nw)。至渐新世,风火山的海拔高度可能在500m以下。

上新世区域上曲果组山麓类磨拉石的出现标志着中新世晚期盆地曾一度受斜向挤压而萎缩。风火山被抬升到近1 000m的高度,统一的湖盆逐渐分解为3个次级盆地,北西西向或近东西的盆山格局雏形出现,上新世以来,山体强烈抬升与盆地快速沉降相耦合,盆山格局进一步发展壮大。

早更新世—中更新世初,发生于本区的构造运动使该区强烈隆升,将风火山抬升到雪线以上,沿山麓发育冰碛堆积。由构造差异隆升造成的盆山格局最终定型。

晚更新世,沱沱河上游地区仍为内陆水系,但随着通天河溯源侵蚀及强烈下切,最终沿通天河山顶裂谷切穿山体,袭夺沱沱河,使原来由东向西流向的通天河(东西段)—沱沱河改道东流,并入通天河主河道,从而开始了河流、湖泊(外流湖)、冰川(各拉丹东)并存的时期。同时近南北向山顶裂谷与其相同的山体构成的盆山格局得以发展。

全新世以来近南北向盆山格局逐渐发展最终定型,现今的地貌景观形成。

第六章 专项地质调查

第一节 矿产地质

一、概况

根据中国地质调查局[2000]08号文件《关于青藏高原空白区1:25万区域地质调查中开展矿产调查的意见》精神,本项目积极组织人力开展工作,在系统收集前人工作资料的基础上,进一步确定了调查区成矿有利地段,在路线调查中加强了找矿工作,在找矿方面有了一定的突破。

(一)前人工作程度

1965—1967年青海省地质局区域地质测量队开展了1:100万温泉幅(I-46)区域地质调查,结束了测区的地质"空白"历史。1975年,航空物探大队902队在本区开展了1:50万航磁测量;1989年青海省地质矿产局化探队进行的1:20万区域地球化学扫面和水系重砂测量涉及调查区东北部;1989—1992年青海省地质矿产局区调综合地质大队在测区以东及南部地区开展了1:20万区域地质调查和部分化探、重砂异常的1:5万加密检查工作;上述两次工作圈出了化探综合异常6处,重砂异常7处;2002—2003年青海省地质调查院化探分队开展了章岗日松幅1:20万水系沉积物测量,圈出13处化探综合异常;1989—1990年中国科学院和青海省政府共同组织的"可可西里综合考查队"对全测区进行了综合考察。

(二)本次工作程度

在调查过程中,以路线找矿为主,系统收集区内的矿产信息。通过本次工作,新发现磁铁矿矿点及铜矿化线索各1处。

二、矿产

综合前人的工作成果和本次工作成果,调查区共发现各种矿点、矿化点、矿化线索16处,矿产种类有磁铁矿1处、铜3处、银1处、石膏6处、盐类2处及煤矿3处。具体矿点特征略。

三、成矿地质背景分析

调查区属三江成矿带西段,地质构造复杂,成矿背景较好。从已有矿产资料看,矿化主要集中于羌塘陆块内,以外生矿产为主。各类矿产与区内的地层有着密切的关系。

(一)铜矿

铜矿化主要分布于白垩纪风火山陆相沉积盆地中,赋存于风火山群洛力卡组碎屑岩中。区内除托托墩宰铜矿点外,在尚于冬布里山一带陆续发现铜矿化,均属沉积型矿产。风火山盆地总体展布方向为北西西向;区内风火山群大致沿冬布里山—章岗日松一带呈东窄西宽的条带状分布,自下而上由以山麓-河流相沉积为主体的错居日组砾岩夹砂岩局部含白云石石膏沉积组合、以湖相沉积体系为主兼河流相的洛力卡组砂岩、泥岩夹灰岩、砾岩、沉凝灰岩沉积组合及以河流相沉积体系为主的桑恰山组含砾粗砂岩、砾岩、砂岩夹泥质粉砂岩沉积组合组成。铜矿化与洛力卡组中的灰绿色砂岩、含炭质砂岩和灰岩关系密切,灰绿色含炭质砂岩为主要的铜矿化层位。

已有地质资料反映,铜平均含量在晚三叠世结扎群碎屑岩中为 33×10^{-6},最高达 200×10^{-6},基性火山岩中为 $97.9\times10^{-6}\sim100\times10^{-6}$;巴塘群砂、板岩中为 $35\times10^{-6}\sim87\times10^{-6}$,基性火山岩中则高达 350×10^{-6};蛇绿构造混杂岩的基性岩中为 116×10^{-6},分别高出相应岩石克拉克值的 2~7 倍,甚至高达数十倍,并伴生 Pb、Sb、Mo 等元素。分析含矿砾岩中的基性岩砾石,铜含量高达 92×10^{-6}。由此反映,沉积型铜矿成矿物质主要来自于盆地周边分布的基岩中。盆地周边基岩经长时期的风化剥蚀,为盆地中的沉积物提供了丰富的碎屑物,也提供了较为丰富的铜矿物质。随着盆地的进一步发展,水体不断加深,在盆地中心形成 pH 值接近 5.3 的还原环境,为矿液的富集成矿创造了良好的沉积环境(Cu 沉淀的 pH 值为 5.3),使得酸性介质和氧化条件下形成的含变价性、亲硫性的铜离子的矿液注入盆地后在碱性介质和还原条件下被还原,并与生物作用产生的二价硫结合形成铜的硫化物随碎屑物一起沉积形成沉积型铜矿。泥晶灰岩中的铜为星点状的黄铜矿,砂岩中的铜因岩石粒度较粗而易被淋滤氧化,多以孔雀石、铜蓝的形式出现。虽然在局部地段由于受岩浆热液活动的影响,含矿地层中的矿物质进一步富集形成品位较高的铜矿体,但总体上由于盆地较浅的水体波动性较大,导致矿液的不均匀扩散,所以形成的矿体多呈透镜状、似层状产出,且品位极不均匀,加之后期断裂构造破坏,矿点多而分散,在区域上连续性较差。形成较大型沉积型铜矿的可能性较小。

另外,在古近纪沱沱河组碎屑岩中也发现两处沉积型铜矿(达哈曲铜矿点)。铜矿化赋存于沱沱河组角砾岩、粉砂—中细粒岩屑(石英)砂岩中,金属矿物为孔雀石、蓝铜矿、黝铜矿等,这些金属矿物沿岩石裂隙不均匀地散布其中,呈星点状、条带状。矿化范围宽几十至数百米,长数百米至数千米,含铜为 1.0%~3.2%,为在该地层中寻找同类矿产指明了方向。

(二)磁铁矿

区内仅见 1 处磁铁矿。矿化产于晚三叠世巴塘群基性火山熔岩中,见 2 条矿脉,似层状产出,地表长 95~155m,宽 1~6.8m。稠密浸染状、致密块状构造。矿石矿物为磁铁矿,少量黄铁矿;脉石矿物为角闪石、石英、斜长石。TFe 平均为 $16.1\times10^{-2}\sim41.15\times10^{-2}$。围岩蚀变为矽卡岩化、绿帘石化、阳起石化。该矿点北见晚三叠世灰色中细粒石英闪长岩体侵入。其成因可能为热液型。

(三)煤矿

区内见有 3 处煤矿(化)点,赋存于二叠纪和三叠纪含煤碎屑岩中,明显受地层控制。二叠纪地层中的煤质较好,规模略大。该两套地层中虽有部分煤层被民采,但煤层较薄,且受后期断裂构造的破坏和第四纪覆盖,地层分布局限,找矿前景不大。

(四)石膏

区内见有 6 处石膏矿产。石膏矿赋存于晚三叠世波里拉组下部碳酸盐岩和古—新近纪雅西措组泥岩中。晚三叠世波里拉组中的石膏为滨海泻湖或陆棚盆地内化学沉积的产物,规模较大,质量好,可供利用。而雅西措组泥岩中的石膏为陆相沉积盆地内化学沉积的产物,虽具一定的规模,但矿石杂质较多,质地较差。

(五)石盐

区内见有2处石盐类矿产,均呈层状分布于雅西措组粉砂岩、泥岩中,矿石品位较高,具一定的工业利用价值,系盐湖经萎缩蒸发形成的产物。由此反映,始新世以来的陆相红盆是寻找岩盐类沉积矿产的最有利地段。

四、找矿远景区的划分

根据已有矿(化)点和不同矿产信息的空间分布特征,结合成矿地质条件等,在调查区内初步圈定出冬布里一带铜、铅找矿远景区和扎苏—砸赤扎加煤、石膏及多金属找矿远景区。

(一)冬布里一带铜、铅找矿远景区

位于冬布里一带风火山白垩纪沉积盆地中,东西长约47.5km,东段宽约10km,西段宽约22.5km,总面积约700km^2。主要出露晚白垩世风火山群红色碎屑岩,次为古—新近纪沱沱河组、雅西措组及第四纪冲洪积。区外沿该带已知矿产主要有风火山北铜矿、二道沟铜矿、达底尕首铜矿、姜浪金铜矿、扎西尕日锌、铁矿等沉积型矿(化)点和藏玛西孔铜铅银矿等热液型多金属矿点。区内已知信息有托托敦宰铜矿点及冬布里一带含铜矿化线索,并有较好的铜、铅化探异常和重砂异常套合。铜矿化赋存于风火山群洛力卡组的灰绿色—灰白色岩屑石英砂岩、灰岩中,并与砂岩中炭化植物屑含量呈正相关关系。洛力卡组展布地带是寻找铜、铅等矿种的有利地区。

(二)扎苏—砸赤扎加煤、石膏及多金属找矿远景区

位于图幅南部扎苏—章岗日松、琼扎—砸赤扎加一带,范围较大,东西长55km,东段宽5km,西段宽10km,总面积达2 500km^2。区内出露地层复杂,除三叠纪巴塘群、巴颜喀拉山群及侏罗纪外,从石炭纪—第三纪均有出露,并有较大面积的中基性火山岩和闪长玢岩、辉绿玢岩分布,断裂构造十分发育。区外向西沿该带目前已发现的矿(化)点有开心岭铁矿、沱沱河铁矿、拉日夏力底改铁矿、宗陇巴锌矿点、多才玛铅矿点、杂孔建南赤铁矿、扎日根铁矿化点、开心岭煤矿、乌丽煤矿等。区内有达哈曲铜矿点及扎苏尼通铜矿化线索,吾格拉味曲银矿化线索,扎苏、达哈及冬日扎姆纳纠3处煤矿(化)点,采白加钦涌北、澳格优拉拉向、边根成阿曲、俄果压玛加夏及砸赤扎加等6处石膏矿点,巴音敦日阿及巴音茶尔根2处石盐矿点。通过1:20万化探扫面,在区内圈定出9处以Cu、Ag、Pb、Zn、As、Hg、Ba、Mo等元素为主的化探综合异常,各异常元素组合复杂;重砂工作因涉及面很小,仅在索纳墩宰一带圈出重晶石重砂异常。

第二节 国土资源状况简介

测区位于青藏高原腹地,高寒缺氧、气候恶劣、通行困难、植被稀少,大部分地区仅有少量牧民放牧,缺乏人类赖以生存和繁衍的最低物质基础和生活条件。区内矿产资源有限。发育比较典型的高海拔地形地貌,生长着独特的高寒植物群落,栖息着许多珍贵的国家一、二级保护动物群体,长江上游的通天河从西向东先呈东西向、后呈北东向从调查区穿过。这些资源的存在为该地区增添了无限的生机。

1. 交通概况

青藏公路和青藏铁路从测区北西角外穿过。测区仅有1条简易公路在东南角,其余广大地区

为山间便道,因有通天河阻隔,交通更为不便。测区东部、通天河以南植被较为发育,沼泽地相对较多,有少量牧民放牧,车辆通行条件较差。通过本分队3年的艰苦工作和探索,在区内确定出东西向共3条夏季可通行汽车的路线:沱沱河北岸—达哈煤矿—通天河(直曲),冬季过通天河—索加乡,长约180km;沱沱河南岸—通天河(直曲),冬季过通天河—索加乡,长170km;风火山北坡向东经勒池勒玛曲—通天河—曲麻河乡,长约220km。沿这些路线可欣赏到许多珍贵的野生动物群落和壮丽的高原自然景观,给人以赏心悦目的感觉。

2. 矿产资源

普查区内矿产资源有限,矿种较少,以煤、石膏、岩盐矿产为主,铜矿化少量,且矿化集中于测区南西部。测区北西角有砂金分布,来源不明。其他矿产资源详见前述矿产部分。

3. 动物资源

郑作新、张荣祖(1959)在《中国动物地理分区》一书中将青海省划分为蒙新和青藏2个区,又细分为3个亚区,即西部荒漠亚区、羌塘高原亚区和青海藏南亚区,测区处于羌塘高原亚区。动物类型以高寒草甸与高寒草原动物群和高寒荒漠与荒漠草原动物群为主,分布具有一定的规律性,即海拔3 000m以上以高原特有种为主,以下则以一些广布种为主要成分。特有种的迁徙范围较小,随季节变化作一定范围的迁徙。而广布种则有较大的迁徙范围,可达省际域、国际域乃至洲际域范围,如鸟类及个别昆虫类等。该地区共有哺乳动物16种,鸟类7种,其中藏羚羊、藏原羚、藏野驴、棕熊、盘羊、岩羊、藏狐、猞猁、高原兔以及斑头雁、赤麻鸭、金雕等特有种类最为普遍,并被列入国家一、二级野生珍稀保护动物范畴。在东部章岗日松一带植被发育,气候相对湿润,除可见到上述动物外,还有少量的丹顶鹤、灰鹤、獾和草豹活动,河流中栖息着较为丰富的长江水系鱼类。生活在河流、湖泊内的鱼和微小生物群体为斑头雁、赤麻鸭、鸣禽、游禽等鸟类动物提供了丰富的食物资源,是这些鸟类生活的天堂。在湖岸台地和河岸宽缓地带高寒草、高寒草甸较为发育,为藏羚羊、藏原羚、藏野驴主要的生活栖息地。同时由于兔鼠和旱獭等动物的存在,从而也吸引了棕熊、藏狐、猞猁、獾、草豹和金雕等肉食类动物的栖息。

20世纪60年代以来,由于气候干燥、自然草场退化及大量的盗猎等,野生动物日趋减少。自可可西里地区被国家确定为自然保护区后,在国家的大力支持和管理局人员的精心管理以及当地牧民的保护下,一度濒临灭绝的珍稀动物又得到了繁衍,数量逐渐增多,群体日益扩大,局部又可看到往日动物成群的景象。

4. 地形地貌

测区地势西高东低,山脉及河流走向以北西及东西向为主,北为开阔的勒玛曲盆地、中有冬布里—章岗日松高山,西南为冬日日纠山脉。区内平均海拔多在4 600~5 000m,最高峰位于测区中西部巴音赛若,海拔为5 661m,在东部章岗日松—扎河一带,海拔多在5 000m以上,山峰苍劲挺拔,基岩裸露,沟谷深切,极难翻越(图6-1)。

5. 湖泊及水资源

众所周知,陆地水中所溶解的物质及其含量受多种因素的控制:气候、降雨量、水的流动性以及水流经地区的岩石成分和生物类型。由于测区地处高原腹地,气候干旱,降水量较少,岩石类型及生物类型相对简单,河流中相对富含Na^+和SO_4^{2-}(表6-1)。

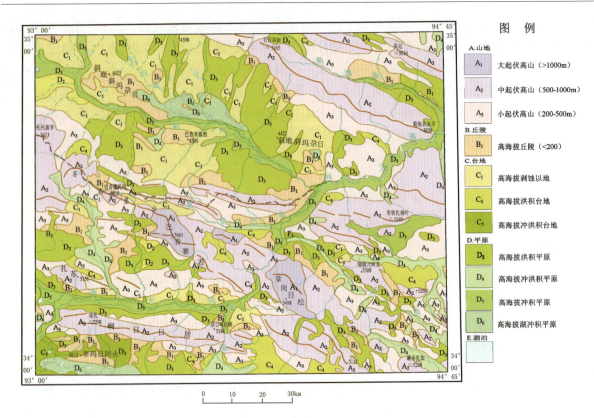

图 6-1 测区地貌图

表 6-1 测区水样一览表

样品编号	化学分析								特殊分析		pH 值	总硬度 $(mg \cdot L^{-1})$	采样位置
	阳离子 $\rho(mg \cdot L^{-1})$				阴离子 $\rho(mg \cdot L^{-1})$				$\rho(mg \cdot L^{-1})$				
	K^+	Na^+	Ca^{2+}	Mg^{2+}	Cl^-	SO_4^{2-}	HCO_3^-	CO_3^{2-}	矿化度	游离 CO_2			
VQSy030-1	39.80	610.0	27.04	146.3	829.7	285.4	570.6	34.78	2 530	0.00	8.54	5 259	扎苏,内陆局限湖
VQSy1117	4.00	54.00	113.1	68.61	66.30	404.0	169.9	5.86	877	0.00	8.42	149.1	勒玛曲上游,无名湖

调查区水系密集分布,测区北西小湖泊星罗棋布,为区内的一大自然景观。大型水系为通天河,其主要支流有冬布里曲、达哈曲、勒池曲、勒玛曲、巴木曲、莫曲、牙曲、口前曲等,均属长江水系。其中勒玛曲流径长约百余千米,与勒池曲、牙曲同为北西-南东流向,其余则为近南北向。

湖泊在测区北西多见,约有数十个,多为无名小湖;测区南西角亦有数十个小湖呈链状紧密分布。大部分为咸水湖,部分为半咸水湖,难以饮用。

6. 可利用的草场资源

通过本次工作,发现该地区草场严重退化,沙化地带日益扩大,鼠害日趋猖獗,生态环境进一步恶化,不仅对当地牧民的生存带来严重的影响,而且直接威胁着长江中下游生态资源的保护和合理利用。目前可维持牧民生存的草场面积还不到调查区的1/3,主要分布在测区东南部的反帝大队一带,面积十分局限,且由于牲畜存栏数目的日益增加,加上鼠害和过度集中放牧,该地区的草场资源显得岌岌可危。荒漠化面积较大,约占测区总面积的40%以上,主要分布在测区北西部,草甸不发育,地表土壤松散,生态地质环境十分脆弱,不适于牧业活动,应该划归为禁牧区加以保护。沙化地带主要分布在河谷两岸、湖岸和山前冲洪积扇地带,约占20%,植被极少生长,沙化极为严重。

风成沙零星分布,为活动性沙丘、沙链,移动速度快,危害性极大,治沙工作十分艰难。

7. 饮用水资源

调查区内各类水体的质量差异较大,可供饮用的较少,且有明显的分区性。通天河以北虽然湖泊发育,水资源较为丰富,但湖泊全为咸—半咸水湖;河流中大部分水系的水也难以饮用,只有在冰川附近和前白垩纪地层分布区形成的冰川融水、外流地表水及零星分布的泉水可供人类饮用。通过本次工作,发现通天河北岸扎苏两侧的地表水可饮用,通天河以南红层分布较少,草场发育,水资源丰富,除莫曲外大部分地表水水质较好,均可饮用。

第三节 生态及灾害地质

调查区位于青藏高原腹部,自然生态状况已十分脆弱。自第四纪以来持续隆升,形成了高海拔、高寒缺氧的特殊地质地貌。由于受全球气温日趋变暖的影响,调查区干旱气候日益严重,湖泊及冰川急剧退缩,荒漠化面积日益加大,使这里的生态环境持续恶化。近年来人为的盗猎、过度放牧和沙金采集对这里的自然生态环境也造成了极大的创伤,草甸被毁、河道堵塞、垃圾污染,特别是沿通天河河谷地带,大面积草场退化,沙丘、沙链广布,原有的动物群落被迫迁徙,严重破坏了这里的生态平衡。

2000年国家成立可可西里自然保护区之后,这种情况虽有所改观,盗猎活动有所减少,采金现象也有所遏制,但由于鼠类等啮齿动物的大面积繁衍和牲畜存栏数目的不断增加及干旱气候的影响,该地区生态环境恶化的现象并没有得到有效的控制,所以研究该地区的生态地质环境工作显得十分重要。

一、自然地理

区内河流属长江源头水系,以外流河为主,著名的通天河横贯测区南部,其支流冬布里曲、桑佰白陇曲、莫曲、夏俄巴曲等构成"枝状"遍布测区。河水源于高山冰雪融化与季节性降水,夏、秋两季河水暴涨暴落,大雨、雪后洪水泛滥。小型(半)咸水湖泊星罗棋布,沿湖沼泽、湖塘及湖积物极为发育,通行不便。

调查区属典型的高原干旱性大陆型气候,气候寒冷、干旱,典型的大陆性气候造成河流供水不足,多数湖泊处于退缩、干涸状态。年最高气温20℃,最低气温−30℃,昼夜温差大;每年10月—翌年5月多西风,6~9月多偏北风。气候变化无常,四季不明,冰冻期长,冻土遍布。

二、生态地质环境特征

参照张宗佑等著《中国北方晚更新世以来地质环境演化与未来生存环境变化趋势预测》及奚国金、张家桢主编《西部生态》中的划分方案,调查区属干旱寒温带冻土生态地质环境类型。

生态地质环境涵盖内容较广,以下就构成生态地质环境的气候、地貌、土壤、植被及地表水予以简要叙述。

(一)地貌

调查区位于唐古拉山北坡,盆、山相间,地貌类型复杂,具高原特色的各种地貌现象并存。调查区内的主要地貌类型有冰川地貌、高原喀斯特地貌、流水地貌、风成地貌、湖泊沼泽地貌等。

1. 冰川地貌

区内现代冰川分布较少,仅在调查区中部巴音赛若一带小面积分布,面积仅约25km^2。因受气候影响,冰川退缩严重,残留冰川面积日趋缩小。但冰川地貌比较发育,主要分布在章岗日松等海拔在4 800m以上的高山区,冰斗、冰斗坎、鳍脊、角峰、U型谷、冰蚀洼地、冰川前碛堤、冰川侧碛垄等保存较为完好。

2. 喀斯特地貌

主要发育在反帝大队等石炭纪、二叠纪、三叠纪碳酸盐岩地层分布地段,形成形态各异的喀斯特地貌,常见的有溶洞、溶蚀陡坎、孤峰、溶蚀洼地等。该地貌发育区一般地形比高较大,山坡陡立,仅有飞禽和少量的岩羊等动物活动。

3. 流水地貌

调查区处于长江源区,通天河横贯全区,水系发育,流水地质作用强烈,河流阶地、河漫滩、心滩均不同程度的发育;河流两岸冲洪积扇广布,水土流失严重。

4. 风成地貌

调查区风蚀地质作用强烈,风蚀地貌主要发育在勒池曲一带,主要发育新月形沙丘、沙堆和长达数千米的沙链。

5. 湖泊、沼泽地貌

湖泊主要分布在测区北西部及西南角,密集分布,多为无名小湖,面积多在$1km^2$以下。沼泽主要发育在测区东南部、通天河两岸及以南地区。

(二)植被

调查区高原面平均海拔为4 600～5 000m,气候严寒、干旱、多风、昼夜温差大、辐射强烈,土壤贫瘠等严酷的生态环境对植物的生存和生长都极为不利,仅有能适应这种恶劣环境的少量植物在此地生存。区内草地面积占土地面积的40%,牧草覆盖率仅占30%左右。植被类型主要有高寒荒漠草原、高寒荒漠草甸、高寒湿地草原(草甸)等,共划分出种子植物199种,7个亚种,40个变种,分属30个科的93个属,并显示出明显的垂直分带特征(图6-2)。

海拔5 000m以上为基岩裸露区,碎石流发育,因常年气温远低于0°C,基本上不生长植物,为植物绝迹带,偶有少量苔藓生长于碎石表面。4 500～5 000m为高原荒漠草等植物生长区,种类贫乏,植被类型极为简单,主要为蒿科、禾草类,植被覆盖率仅为5%～20%,沙化、石漠化广泛发育,为区内主要的严重沙化地带。高寒荒漠草甸分布在海拔4 700m左右的山麓及冲沟地带,多呈小片状分布,面上连续性较差,且发育冻涨草沼。主要植物为高山蒿草、矮蒿草、线叶蒿草、微孔草、风毛菊、高山早熟禾等。高寒湿地草原(草甸)分布在4 500m以下的山坡、山麓及河谷地带,水源丰富,气候比较湿润,植物生长茂盛,呈大片连接,发育冻涨草沼,为良好的牧场区,主要植物有高山蒿草、矮蒿草、线叶蒿草、微孔草、风毛菊、高山早熟禾、水草和蒲公英等草本植物。

(三)土壤

测区气候干旱、寒冷,成土、成壤作用较弱,甚至很弱。在青海省土壤划分类型分布图上,测区处于"青南高原西北部高山草原土区"。主要土壤类型有高山寒漠土、高山荒漠沙土、高山草甸土、风成沙土、冲积土(图6-3)等。高山荒漠土主要分布在测区中西部5 000m以下的中高山、丘陵一带,成壤作用较差,以砂砾质、含砾砂质为主,成土母质以残积、残坡积为主,冰积、冰水堆积、风积并存。高山荒漠沙土主要分布在中西部河谷两岸的山麓地带,成壤作用差,由沙质土和砂砾石构成,

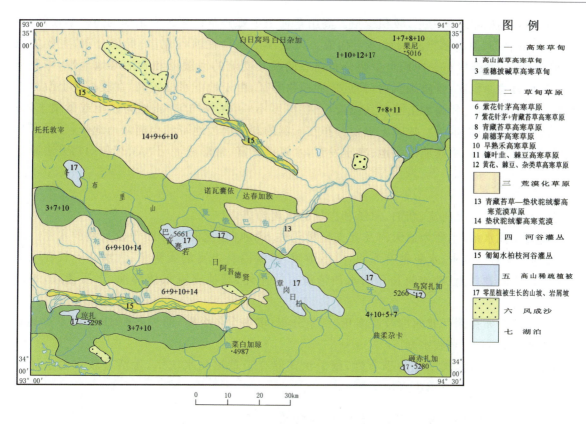

图 6-2　测区植被类型图

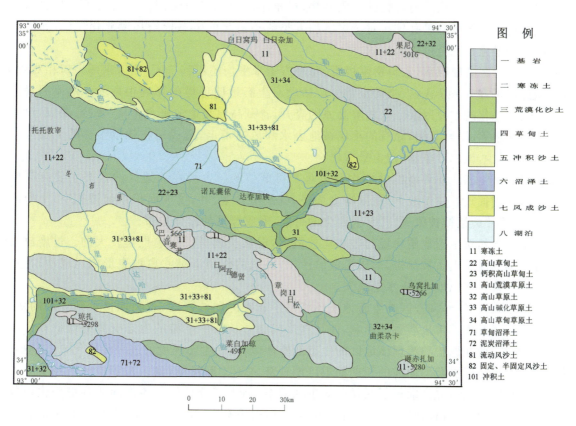

图 6-3　测区土壤类型图

成土母质以冲洪积和风积为主,坡积少量。高山草甸土主要分布在测区中东部的高寒草甸区,厚度在10~60cm之间,由腐殖土和灰棕漠土构成。风成沙土发育在河谷北岸,局部分布,主要为风成沙土,常呈沙丘、沙链展布。冲积土主要分布在直曲及其支流的河漫滩和湖泊滩地地带,母质土为新近出露水面的冲积物、砂质湖积物,具近代冲积物特征,由于地下水位较高,在暖季受上游冰雪融化和降水的影响,河流和湖水上涨将其淹没;土层厚度不一,颗粒均匀,质地为砂土或砂壤土,有机质含量低,几乎无植被生长。盐碱土主要分布在干涸的湖泊周边地带和山前滩地地带,常发育盐结壳,寸草不生。湖岸及沼泽地带湿地、冻土发育,水资源丰富,常形成泥沼,人、车和动物无法通行。

(四)地表水

测区地表水主要由河流、湖泊、沼泽和少量的冰川构成。

河流属长江水系,主要为通天河及其支流勒玛曲、勒池曲、莫曲及牙曲等较大型的水系。通天河又称治曲,为常年流水,水质稍有浑浊,口感微咸,河流内有丰富的大鲤鱼、大嘴鱼等长江水系鱼种。诸支流中除勒玛曲、勒池曲和牙曲水质清澈可饮用外,其他支流水体浑浊,水质涩咸,难以饮用。

湖泊主要分布在测区北西部及西南角,密集分布,多为无名小湖,面积多在1km^{2}以下。其中大部分为咸水湖,部分为半咸水湖。

沼泽地区的水资源具明显的季节性,雨季水体储存于草沼集水坑中,生活着较多的水体下生物,在冬季和干旱季节,草沼集水坑干涸。

三、生态环境恶化的主要原因及防治对策

造成该地区生态地质环境恶化的因素甚多,最根本的原因是自然因素,如:持续干旱、鼠害等,其次为人类过度放牧及乱采乱挖。对于鼠害和人类活动引起的生态地质环境恶化现象,如果能采取有效的防治措施是完全可以遏止的。

测区处于青藏高原腹部,人口密度极低,每平方千米平均还不到1人,测区东部人口相对较多,但也不超过每平方千米2人,人类的正常生产活动对生态地质环境的影响很微弱。地质因素为该地区生态地质恶化的首要因素。伴随着高原的隆升,青藏高原腹地愈来愈干旱、寒冷、缺氧,温室效应使冰川消融退缩、湖面萎缩,原有的土壤被地表水和风蚀带走,造成植物赖以生存的土壤大量流失,植被日趋稀少,风成沙蔓延,沙尘暴肆虐。

鼠害对测区生态地质环境的破坏作用也是不可低估的。生活在该地区的鼠类主要有高原兔鼠、鼢鼠等,它们掘穴居住于地下,鼢鼠啃食草根,兔鼠啃食茎、叶,使大面积草甸被掏空,土质固结状态被破坏,成片的植被被毁灭,几乎无再生的可能,形成严重的沙化地带。

人类活动虽然对生态地质环境的破坏比较微弱,但从长远考虑影响也是较大的。过度放牧使本来十分脆弱的高原土质被踩松,形成松散的沙土,在风的作用下被吹离地表形成风成沙;在地表流水的冲刷下被带离原地,造成水土流失。

鉴于以上因素影响,调查区的生态地质环境到了非常脆弱的程度,若长期得不到合理的防治,不仅给当地牧民的生存带来严重的影响,而且直接威胁着长江中下游的生态资源的保护和合理利用。所以如何有效地保护和治理该地区的生态地质环境,遏制生态环境的进一步恶化,促进地方经济的可持续发展是摆在我们面前的长期而艰巨的任务之一。近几年,测区东部地区已经实施了网围放牧、退牧还草工程,并已取得了明显的效果和效益,但大部分地区的生态地质环境恶化现象仍未得到控制,要完全改善该地区大面积的生态环境,因财力有限,短期内很难实现,只有采取有效的预防措施,方能控制生态环境的进一步恶化,改善局部生态环境,巩固现有的生态资源,以点带面,逐步扩大治理范围,基本恢复高原原有的环境面貌,进而使高原独特的生物群落得到应有的发展,

生态状况得到有效平衡。有消息称，自2004年始，政府将采取生态大移民，数万名牧民将逐渐在城镇定居，数年后，三江源核心区将再成"无人区"。如果这条消息属实，则可看出政府对生态环境治理的决心，对于三江源地区，无疑是一项绝好的举措。基于此，以下几点须着力施行。

（1）加强对牧民的环保知识教育，增强牧民的环境保护意识，合理地、科学地进行放牧，必要时进行适当的生态移民，防止过度放牧，减少人类活动对生态环境的破坏作用。

（2）加强灭鼠工作，降低鼠害对植被的破坏作用，维护现有植被的自然生长。

（3）严禁一切打猎活动和采金活动。

（4）修建公路，禁止车辆乱行。

第四节　旅游地质

本区自然环境独特，旅游资源丰富，开发条件优越，可开发出诸多独特的高原旅游项目。

在雄伟神奇的青藏高原，旅游者可涉足生命禁区——可可西里，可攀登巍峨险峻的雪域群山，漂流举世瞩目的三江源头，探寻藏传佛教的古老神秘。游人在这里可尽情领略高原奇特景观，挑战人类体能极限。

民族风情类：在这世界屋脊之上，离天最近的地方，生活着这样一个民族，他们勤劳、朴实、乐天知命，虔信佛教，热情好客，能歌善舞，有着独特的生活习俗。藏族人民酷爱歌舞，不论男女老少，聚集于宽阔的草地和家院里，都能放歌起舞，歌声嘹亮，舞姿翩翩，尽情欢舞，抒发他们对劳动、生活及大自然的热爱之情。藏族舞蹈以民俗风情为内容的节目相当丰富，最为常见的有"卓"、"伊"、"则柔"、"热巴"等。"卓"又分为以歌颂山川河流、家业兴旺为内容的"孟卓"和以颂扬宗教寺庙、活佛为内容的"秋卓"两种形式。由于"卓"舞有较丰富的内容和多变的舞姿，在社会上享有盛名。"伊"是流行极广的一种藏族民间舞蹈，动作起伏大，节奏对比性强，是歌舞结合的一种形式。"则柔"汉语意为"玩耍"，是另一种以舞伴歌的表演艺术形式，多在婚嫁、迎宾、祝寿、添丁等欢庆宴席中出现。"热巴"汉语为"流浪艺人"之意，是由民间训练有素的艺人组成班子，到各地流动表演的一种舞蹈。这种舞蹈技巧娴熟、表演诙谐。

玉树——天然美丽富饶的草原。每年7、8月，玉树草原牧草茂盛，一片碧绿，到处盛开着一束束、一簇簇姹紫嫣红、灿若云霞的各种野花。草原上一年一度的大型歌舞表演、赛马会拉开了康巴艺术节帷幕。届时，会场周围几千米内搭满了各式各样、五彩缤纷的帐篷，远远望去，犹如一座独具风情的帐篷城。玉树歌舞在青海民族歌舞中独树一帜，别具风采，具有极高的艺术欣赏价值。

科学考察类：由于深居高原腹地，涉及该区的科学考察极少，独特的高原自然景观、奇特的地形地貌、稀罕的高寒植物群落和珍贵的高原野生动物群体，为外人所鲜知。

源头探险类：长江源头位于青藏高原腹地，这里地势高亢，空气稀薄，气候恶劣，交通险阻，人迹罕至。长江的正源沱沱河、南源当曲、北源楚玛尔河都发源于此。这三大源流汇合在一起以后，人们称之为通天河。沿沱沱河逆流而上，可到长江正源发源地——格拉丹东南侧的姜根迪如冰川。格拉丹冬，藏语意为"高高尖尖的山峰"，海拔6 621m。这里的自然景观十分奇特壮观，冬季这里是冰雪世界，山上山下银装素裹；夏季，烈日炎炎，冰消雪融，雪线下百花盛开，姹紫嫣红，有的雪白，千姿百态，艳丽多彩。由于日照长和紫外线特别强的缘故，花草色泽鲜艳夺目。草原上不仅有成群的牛羊，而且有马熊、野驴、猞猁、藏羚羊、雪鸡等珍贵野生动物。姜根迪如冰川冰崖料峭、银光熠熠，像一片美丽的冰塔林，有高高耸立的冰柱，有的上尖下粗的冰笋，有的像直刺蓝天的宝剑，有的像千姿百态的佛塔，还有彩虹般的冰桥、神秘莫测的冰洞、众多的冰斗、冰舌、冰沟等，绮丽壮美，仿佛置身于大自然裸露的怀抱中,尽情领略大自然粗犷、古朴、原始的美。长江源头被国家列为自然保护区。

岗察寺位于玉树藏族自治州治多县城以西15km处,依山势而建,规模宏大,环境宜人。寺内有造型各异的佛像、佛画、经堂、佛殿,典雅庄重。释迦牟尼佛像高达25m,是世界上最大的殿内佛像,已申报吉尼斯世界纪录。

藏羚羊、藏野驴和野牦牛都"享受"国家一类保护动物的优厚待遇,是无人区动物王国里名声显赫的"三大家族"。

藏羚羊在藏语中叫作"坠"。从体格上讲,藏羚羊算是"三大家族"中的"小弟弟"。在无人区众多的湖泊河床之边、水草茂盛之地、地势起伏较为舒缓之处均是藏羚羊理想的家园。公藏羚羊有一个美丽的标志,头上长有60~70cm长的犄角,呈倒"八"字形,黑中透亮,修长如微微倾斜的笋尖,双有弧度对称均匀,从侧面看去,重合如同一角。相传,有人初涉无人区,远远侧望藏羚羊,两角正好叠合,不知此兽何名,"独角兽"的讹名便盛传开去。角的下半部前缘有几十个竹节般的横棱,天然雕琢,秀美乖巧,是不少艺苑中人收藏的装饰佳品;它的药用价值也非常高,是治疗甲状腺肿大、胃炎、久泻的难得良药,也是催产的特效药。藏羚羊的交配有固定的季节和场所。每逢春天,又一个交配季节来临时,公羊们便带领母羊长途跋涉,到北部水草茂密之地(可可西里卓雍湖一带)做爱配种。少则数十里(1里=500米),多则几百里,途经十多天甚至一个月。羚羊队伍十分庞大,多的一群可达几十万只,远远望去犹如巨龙游动。迁徙大军均由身强力壮的公羊担当护卫,前有公羊引路,后有公羊断后,两翼有公羊巡视,以保"老幼妇乳"的安全。如遇狼群袭击,羊阵会顿时大乱,待劫难过后,其余羊们扔下一些同族的尸体,又自行汇集在公羊的麾下,在公羊编织的并不十分安全的安全圈内继续北移,去完成他们神圣的传宗接代的事业。到达交配场地后,公羊们又要经历相互的血腥角逐,以取得与母羊神圣的交配权,以优化羊种。公羊们用尖利如刀的犄角当武器,与对方展开残酷的争夺战,草原上悲叫哀鸣此起彼伏,公羊死伤无数,场面惨不忍睹。交配权确立之后,数十万只羚羊几乎同时交配,一个新的羚羊部落便在这个过程中悄然孕育。完成传宗接代使命的公羊们带着它们的疲惫、期望和搏斗的伤痕,告别它们的妻子,匆匆返回原先的草场,把母羊留在这里,以使它们不受打扰地安心保孕养胎。到了生育季节,无数的母羊们在相差无几的时间段里,纷纷产崽,数不胜数的羚羊胎盘遍布方圆几十里的草场,构成罕见的奇观。到了秋天,母羚羊们领着羊羔成群结队地迁往它们原先生活的草场,去与它们久别的丈夫团聚。先前南返的公羚羊们会在这个时候,派出哨兵守望着遥遥的归途,打探它们妻儿回返的消息,一旦发现妻儿归来的踪影,便用它们特殊的语言向大伙报告这一激动不已的好消息。紧接着,公羊们奔涌而来,排成长队,以高声欢叫迎接它们"荣归故里"。至此一年一度的繁殖任务宣告结束,父母子女其乐融融地相聚数月,它们又周而复始地进入下一个古老永恒的迁徙繁衍期。

藏野驴在藏语中称作"蒋",它们按照自己的习性和规律生活在动物王国里,享受大自然赐予的牧草。以群而居,或四五头一伙,或成百上千只一群,群与群之间各自为阵,互不干涉,和平相处。它们总是集体行动。每群野驴都有一个"领导","领导"属于"男性公民",其产生自然是凭一身武力战败"政敌"的结果,胜者为王,享有绝对权威,臣民们不敢冒犯王者的威严,对其俯首听命。往哪处跑,到何处去,都由"领导"决定,它的四蹄迈向哪里,驴群就一个接一个排列有序地紧跟其后,绝不会另寻道路。野驴四腿发达,擅长奔跑,一般时速可达50多千米,最高时速可达70km,这是它们逃脱其他猛兽袭击的一大本领。如遇一个大的驴群在草原上疾跑,蹄声如万喜齐鸣,尘土飞扬,遮天蔽日,那阵势令众兽望风而逃。野驴全身是宝,其肉鲜嫩味美,其油脂、喉头、生殖器、睾丸、血等都能入药,可滋阴壮阳、强身健体和医治多种疾病。

野牦牛常居于雪山附近,耐寒性极强,是三大动物家族中体格最大的一种,长得与家牦牛没什么两样,但个头魁梧壮实得多,是家牦牛的两三倍。成年野牦牛重达千斤以上,毛色多为黑褐色或淡墨色。它生性桀骜不驯，是当之无愧的大力士，少有对手能敌。它两只粗大的犄角是势不可挡的锐利武器，若受敌情威胁，健壮公牛便把牛犊护围在中间，将头朝外低下，怒目圆瞪，摆开拼杀架势，用犄角攻击敌人。它不知道什么叫后退，即使身负重伤，也不溃逃，一副越战越勇、决战到底的凛然气概。每年的七八月份是野牦牛的发情期，交配依然遵循动物世界的游戏规则，公牛之间的角逐常常血肉飞溅。公野牦牛是草原上的情种，它们偶尔也窜到有人的区域，混进牧民的家牦牛群中，把母牦牛骗出来，因而常有家母牦牛被公野牦牛诱拐私奔，充当公野牦牛娇小的情人。而这对于公家牦牛来说无疑是夺"妻"之恨。野牦牛的皮极厚，最厚处可达两寸（1寸＝0.033米），韧性极强，一般的手枪步枪子弹打在它的皮上，根本穿不透，顶多咬一个小眼了事。老百姓把偶尔获得的野牦牛皮切割下来，晾干后当菜板使用，在上面砍骨剁肉一辈子也用不坏。野牦牛的舌头密密匝匝的长有一层肉齿，可以轻松以地憇食很硬的植物。女牧民爱把它的舌头割下晒干，当梳使用，从一头青丝可以梳到满头银发而肉梳既不变形也不断齿。野牦牛肉是上等佳肴，肉质鲜美，营养价值甚高；皮除了当菜板，还可一层层剥下制作各种革制品；牛毛能拧成结实的绳索和编织帐篷；牛尾巴可制成别具一格的尘掸；牛角可入药，有治疗腹肿瘤、健胃的功效。

第七章 结 论

1∶25万曲柔尕卡幅区域地质调查项目,是在各方领导的支持下,按照项目任务书、设计书及中国地质调查局有关指南的要求开展工作的。项目组在测区气候恶劣、高寒缺氧、交通不便及地质人员缺乏的情况下,经过3年的艰苦努力,克服重重困难,按计划完成了野外调查任务,并在地层、构造、岩石、矿产及新生代地质研究方面取得了以下新的进展和成果。

一、主要结论及进展

(一)地层

(1)依据测区地层发育特点,不同类型的沉积地层采用了不同的填图方法。按照多重地层划分对比方法,对测区内出露的沉积地层在岩石地层、年代地层、生物地层等方面进行了较详细的调查研究。厘定出前第四纪填图单元群级为8个、组级填图单位为20个,其中包括新厘定的5个(群)组级岩石地层单位。

(2)首次发现并解体出代表羌塘地块古老结晶基底的元古代宁多群变质岩系,岩性以斜长片麻岩、黑云石英片岩、石英片岩为主,原岩恢复为以石英砂岩为主夹泥砂质岩建造,岩层受后期岩浆侵入作用而发生热液交代接触变质。经过对碎屑锆石测年分析,确定其成岩时代与变质历程,丰富了测区的构造演化史。

(3)新建通天河蛇绿构造混杂岩之碳酸盐岩组,岩组以构造块体形式产出于阿西涌一带,代表局限海盆的碳酸盐岩沉积。

(4)对测区晚古生代地层体进行了系统的调研,获取了大量的古生物化石,并确定了晚古生代开心岭群九十道班组为生物礁沉积,该礁体呈链状由北西的玛章错钦一带向南东的诺日巴纳保—牙包查依涌延伸出图,反映出浅海陆棚环境,代表羌塘陆块上晚古生代相对稳定的沉积环境。

(5)对分布于测区南部的晚古生代二叠纪拉卜查日组进行了详细的生物地层研究,依据化石分子及组合特征,新建立了 $Spinomarginifera-Oldhamina$ 腕足类组合。

(6)对测区原1∶20万划分的中三叠统地层体进行了详细的调查,获取大量的古生物化石资料,揭示地层最高层位形成于诺利克期,地层时代为晚三叠世(T_3^2),重新厘定了该地质体的时代归属及地层划分方案。

(7)对测区内结扎群通过区域岩石、古生物调查,明确划分为甲丕拉组、波里拉组及巴贡组3个正式组级岩石地层单位,波里拉组腕足类化石的主要分子与西邻的沱沱河幅建立的 $Koninckina-Yidunella-Zeilleria\ lingulata$ 组合完全一致。并于测区甲丕拉组玄武岩中获取了Rb-Sr等时线同位素年龄为231±28Ma,首次在中基性熔岩中获取了单颗粒锆石U-Pb年龄值,总体在207~237Ma之间,与Rb-Sr等时线同位素年龄相吻合,属晚三叠世。

(8)对巴颜喀拉山群进行了详细调查,划分出3个岩性组,收集了各岩性组的沉积学、岩相学资料。认为中组板岩组代表一种远洋的复理石沉积类型,具包卷层理,发育鲍马层序的bcd、cd段。巴颜喀拉山群中各组发育的紧闭同斜褶皱整体向南西倾斜,揭示盆地于印支运动总体具有向南逆

(二) 构造

(1) 依据测区出露地质实体,在年代学资料的基础上对测区大地构造单元进行了重新厘定,在划分出巴颜喀拉边缘前陆盆地、通天河蛇绿构造混杂岩带及羌塘陆块3个一级构造单元的基础上,依据洋壳组分将通天河蛇绿构造混杂岩带进一步细分为巴音叉琼蛇绿混杂岩亚带、巴塘滞后火山弧2个次一级构造单元,并将出露于测区内北羌塘陆块上晚古生代沉积划分为乌丽-开心岭岛弧带与邦可钦-砸赤扎加弧后前陆盆地2个次一级构造单元,所有地质构造单元上叠风火山中新生代复合盆地、新生代走滑拉分盆地。

(2) 厘定测区内若侯涌—阿西涌一带为脆韧性剪切变形带,该带往西延伸受新生代地层体覆盖,受变形地层为通天河蛇绿构造混杂岩碎屑岩组,主剪切面南倾,具逆冲特点。对该脆韧性剪切变形带进行构造形迹分析,确定出两期变形历史。

(3) 首次对晚古生代地层中火山岩夹层进行系统的岩石地球化学及同位素年代学研究,查明了二叠纪诺日巴尕日保组、那益雄组钙碱性系列火山岩构造环境为岛弧环境,确定晚古生代开心岭-乌丽岛弧带的存在。

(三) 岩浆岩

(1) 通过同位素年龄测定,确定了测区印支期、燕山期和喜马拉雅期3个岩浆旋回,查清了各期侵入岩的分布规律,对测区侵入体进行了单元、超单元归并,圈定出不同大小的侵入体16个,建立了6个单元与1个中基性独立侵入体,6个单元归并为3个超单元。

(2) 首次对区内火山岩进行了喷发带的划分,确定了通天河-沱沱河晚古生代及早中生代火山断裂喷发带,乌丽-达哈曲晚古生代-中生代晚三叠世火山断裂喷发带,扎苏-囊极-郭仓枪玛晚三叠世火山断裂裂隙式喷发带,牙曲-达春加族早中生代晚三叠世火山断裂喷发带,夏俄巴的改冒窝玛古—新近纪裂隙式火山喷发带,白日榨加裂隙式火山喷发(局部)。

(3) 对测区火山岩岩性、岩相以及火山机构进行了详细的分析,首次厘定出测区扎苏尼通与日阿吾德贤两个古火山机构,所属地层为结扎群甲丕拉组,其上为结扎群波里拉碳酸盐岩所覆盖。

(4) 对测区脉岩进行了系统调查,首次在区内寨吾加琅上游巴颜喀拉山群的灰绿色闪长玢岩中获取了 230.8 ± 4.8 Ma 的 K-Ar 法年龄值,为围岩地层时代的确定提供了依据。

(四) 矿产

(1) 综合前人工作成果和本次工作成果,测区共发现各种矿点、矿化点、矿化线索16处,矿产种类有磁铁矿1处、铜3处、银1处、石膏6处、盐类2处及煤矿3处。

(2) 金属矿产以铁、铜为主,次为铅、锌、银、金等,其中除铜为沉积型外,其余均为热液型矿产;非金属矿产主要为煤和石膏,次为石盐和石灰岩。根据已有矿(化)点和不同矿产信息的空间分布特征,结合成矿地质条件等,在测区内初步圈定出冬布里铜、铅、锌、金、银多金属找矿远景区和扎日根—乌丽煤、铁、石膏两个找矿远景区。

(五) 新生代地质环境

(1) 于莫曲新发现了三级河流阶地(17.46ka~25.91kaBP),古植物与古气候演化经历了早期以蒿属、藜科、禾本科等草本植物花粉占优势的针叶林草原植被景观,气候温凉较干;中期以针叶植物花粉云杉、松属木本植物花粉占优势的针叶林植被景观,气候温凉较湿;晚期以针叶植物花粉云杉、松属、冷杉属和柏科为主木本植物花粉占优势的针阔混交林植被类型,气候温和较湿的演变特征。

(2)结合沉积学、年代学与新构造运动的调查,分析了长江水系在测区的形成与演化,阐明了沱沱河流向的改变很大程度上受控于北东-南西向新构造运动。长江水系在测区东部的口前曲—额朋扎拉色一带,走向为南西-北东向,切割中更新世冲洪积物、全新世冲积物,沉积物年代为138.5ka→110.5ka→75kaBP(ESR);在测区中部的日阿尺曲—莫曲一带,水系流向为近东西向,切割最新地质体为全新世冲洪积物,该阶段河流在莫曲一带转而向北东方向,沉积物年代为 43.4ka→61.3kaBP(ESR);向西于沱沱河幅的日阿尺曲—沱沱河—错阿日玛北一带水系走向为南东向,切割的地质体主要晚更新世冲洪积物,沉积物年代为 17.46ka→25.91kaBP。可以看出,由东向西,沉积时代愈晚,说明水系追根溯源的特征。而晚更新世测区及邻区存在统一湖盆沉积体系的特征,以及通天河切穿晚更新世晚期—早全新世沉积物等事实,说明长江水系在测区的形成与外泄地质时期应从晚更新世晚期—全新世开始。

(4)测区新构造运动研究表明,活动断裂发育,其变形以走向滑移断裂为主,同时新构造运动在测区形成三级夷平面和多级阶地,并伴随地震的发生。

(5)初步查明了测区珍稀野生动物分布概况及旅游资源状况,收集了土壤、植被等资料,编制了测区新生代地质地貌及土壤、植被分布等资源图。

二、存在的问题

受自然条件的限制,加上项目周期较短,分析结果严重滞后,以至于一些地质问题没有很好地解决,主要体现在以下几个方面:

(1)已有资料对区内占主体的三叠纪地层体巴塘群、巴颜喀拉山群及结扎群之间的空间演化规律及其相互关系的研究明显不足。

(2)对元古代宁多群变质结晶基底岩系的调查及资料收集尚感不足,加之在测区内出露零星,导致对前寒武纪构造变形特点的分析及序列建立不够完善。

主要参考文献

边千韬,沙金庚,郑祥身.西金乌兰晚二叠世—早三叠世石英砂岩及其大地构造意义[J].地质科学,1993,28(4):327-335.
边千韬,郑祥身.西金乌兰和岗齐曲蛇绿岩的发现[J].地质科学,1991(3):304.
常承法,潘裕生,郑锡澜,等.青藏高原地质构造[M].北京:科学出版社,1982.
崔军文,朱红,武长得,等.青藏高原岩石圈变形及其动力学[M].北京:地质出版社,1992.
邓晋福,赵海铃,莫宣学,等.中国大陆根-柱构造——大陆动力学的钥匙[M].北京:地质出版社,1996.
邓万明.青藏高原北部新生代板内火山岩[M].北京:地质出版社,1999.
地质矿产部直属单位管理局.变质岩类区1∶5万区域地质填图方法指南[M].武汉:中国地质大学出版社,1991.
地质矿产部直属单位管理局.沉积岩类区1∶5万区域地质填图方法指南[M].武汉:中国地质大学出版社,1991.
地质矿产部直属单位管理局.花岗岩类区1∶5万区域地质填图方法指南[M].武汉:中国地质大学出版社,1991.
郭新峰,张元丑,程庆云,等.青藏高原亚东—格尔木地学断面岩石圈电性研究[J].地球科学——中国地质大学学报,1990(2):191-202.
姜春发,等.昆仑开合构造[M].北京:地质出版社,1992.
黄汲清,陈炳蔚.中国及邻区特提斯海的演化[M].北京:地质出版社,1987.
任纪舜,等.中国大地构造及其演化[M].北京:科学出版社,1980.
李柄元,顾国安,李树德.可可西里地区综合科学考察丛书——《青海可可西里地区自然环境》[M].北京:科学出版社,1996.
李春昱,郭令智,朱夏,等.板块构造基本问题[M].北京:地震出版社,1986.
李吉均,等.青藏高原隆起的时代、幅度和形式探讨[J].中国科学(B辑),1979(6):608-616.
李吉均,方小敏,马海洲,等.晚新生代黄河上游地貌演化与青藏高原隆起[J].中国科学(D辑),1996,26(1-6):36-323.
卢得源,陈纪平.青藏高原北部沱沱河—格尔木一带地壳深部结构[J].地质论评,1987,33(2):122-128.
卢德源,黄立言,陈纪平,等.青藏高原北部沱沱河—格尔木地区地壳和上地幔的结构模型和速度分布特征[C]//西藏地球物理文集.北京:地质出版社,1990:51-62.
刘宝珺.沉积岩石学[M].北京:地质出版社,1980.
刘和甫.前陆盆地类型及褶皱—冲断层样式[J].地学前缘,1995,2(3):59-67.
刘和甫.盆地—山岭耦合体系与地球动力学机制[J].地球科学——中国地质大学学报,2001,26(6):581-597.
刘增乾,徐宪,潘桂棠,等.青藏高原大地构造与形成演化[M].北京:地质出版社,1990.
宁书年,等.遥感图像处理与应用[M].北京:地震出版社,1995.
潘桂棠,等.青藏高原新生代构造演化[M].北京:地质出版社,1990.
潘桂棠,陈智梁,李兴振,等.东特提斯地质构造形成演化[M].北京:地质出版社,1997.
潘裕生.青海省通天河发现蛇绿岩套[J].地震地质 1984(2):44.
青海地质矿产局.青海省区域地质志[M].北京:地质出版社,1991.
青海地质矿产局.青海岩石地层[M].武汉:中国地质大学出版社,1997.
邱家骧,林景星.岩石化学[M].北京:地质出版社,1989.
沙金庚.可可西里地区综合科学考察丛书——《青海可可西里地区古生物》[M].北京:科学出版社,1995.
沙金庚.青海可可西里地区的古生物[M].北京:科学出版社,1995.
施雅风,等.中国全新世大暖期鼎盛阶段的气候与环境[J].中国科学(B辑),1993(8):865-873.
孙鸿烈,郑度.青藏高原研究丛书——《青藏高原形成演化与发展》[M].广州:广东科技出版社,1998.

王成善,伊海生,等.西藏羌塘盆地地质演化与油气远景评价[M].北京:地质出版社,2001.
王云山,陈基娘.青海省及毗邻地区变质地带与变质作用[M].北京:地质出版社,1987.
吴建功,高锐,余钦范,等.青藏高原亚东—格尔木地学断面综合地球物理调查研究[J].地球物理学报,1991,34(5):552-562.
武素功,杜泽泉,温景春.青藏高原腹地——可可西里综合科学考察[M].北京:科学技术出版社,1996.
许志琴,等.中国松潘—甘孜造山带的造山过程[M].北京:地质出版社,1992.
肖庆辉,等.花岗岩研究思维与方法[M].北京:地质出版社,2002.
邹定邦,等.南巴颜喀拉三叠系浊积岩[C]//青藏高原地质文集(15).北京:地质出版社,1984.
张以茀,郑健康.青海可可西里及邻区地质概论[M].北京:地震出版社,1994.
张以茀,郑祥身.可可西里地区综合科学考察丛书——《青海可可西里地区地质演化》[M].北京:科学出版社,1996.
张以茀,等.青海可可西里地区地质演化[M].北京:科学出版社,1996.
张以茀,等.可可西里—巴颜喀拉及邻区特提斯海的特征[J].西藏地质,1991(2):62-72.
张以茀,等.可可西里—巴颜喀拉三叠纪沉积盆地的形成和演化[M].西宁:青海人民出版社,1997.
郑祥身.可可西里地区综合科学考察丛书—青海可可西里地区地质演化[M].北京:科学出版社,1996.
中国地质调查局.青藏高原地质调查野外工作手册(中国地质调查局地质调查专报 G1)[M].武汉:中国地质大学出版社,2001.
中华人民共和国地质矿产部.DZ/T 0001—91.1:5万区域地质调查总则[S].北京:中国标准出版社,1992.
中华人民共和国地质矿产部.GB T 17412.3—1998 中华人民共和国国家标准—岩石分类和命名方案:变质岩岩石分类和命名方案[S].北京:中国标准出版社,1998.
中华人民共和国地质矿产部.GB T 17412.2—1998 中华人民共和国国家标准—岩石分类和命名方案:沉积岩岩石分类和命名方案[S].北京:中国标准出版社,1998.
中华人民共和国地质矿产部.GB T 17412.1—1998 中华人民共和国国家标准—岩石分类和命名方案:火成岩岩石分类和命名方案[S].北京:中国标准出版社,1998.
中-英青藏高原综合地质考察队.青藏高原地质演化[M].北京:科学出版社,1990.

图版说明及图版

图版 Ⅰ

1. 巴颜喀拉山群砂岩包卷层理(白日窝玛)
2. 巴颜喀拉山群砂岩中平行层理构造(白日窝玛)
3. 巴颜喀拉山群上组砂岩沉积层序(勒玛曲)
4. 侵入巴颜喀拉山群中斑岩体(白日窝玛)
5. 巴贡组砂岩层面波痕构造
6. 巴贡组沉积序列(多尔玛东)

图版 Ⅱ

1. 巴塘群中组灰岩地貌(群曲公过北)
2. 巴塘群下组灰岩夹凝灰岩沉积序列(群曲公过)
3. 那益雄组砂岩变形特征(VQP_{12})
4. 那益雄组中发育的砂岩褶皱(VQP_{12})
5. 那益雄组岩层产状地貌(琼扎南)
6. 风火山群错居日组底部砾岩(VQP_{11})

图版 Ⅲ

1. 宁多群黑云石英片岩的变形特征(阿西涌)
2. 石英闪长岩中黑云石英片岩中捕房体(阿西涌一带)
3. 断层及断层面特征(1027点)
4、6. 晚三叠世甲丕拉组火山岩地貌(扎苏南)
5. 雅西措组泥灰岩特征(莫曲)

图版 Ⅳ

1. 草场退化(莫曲)
2. 正在进行的沙漠化(通天河北岸)
3、4. 鼠害的破坏作用造成草场荒漠化(夏俄巴、琼扎北)
5、6、7. 通天河河流阶地地貌(Ⅲ—Ⅰ级阶地)

图版 Ⅴ

1. 风积物影像特征(勒玛曲)
2. 扎日根夏力塘冲洪积扇(1∶10万沱沱河幅)
3. 三叠纪地层影像特征(琼扎)

4. 南北向断裂影像（章岗日松）

5. 三叠纪地层影像（宰钦扎纳叶）

图版 VI

1. 白日榨加断裂影像特征
2. 冰斗地貌影像特征（章岗日松）
3. 岩屑质荒漠影像（章岗日松）
4. 扎日根组（$CP\hat{z}$)、那益雄组（Pn)与沱沱河组（Et)不同影像及其相互接触关系特征
5. 中高盖度高寒草原地貌影像（反帝大队）
6. 雅西措组（ENy)与错居日组地层角度不整合影像特征（章岗日松）

图版 VII

1. 背槽阿克萨贝 *Acosarina dorsisulcata* Cooper et Grant 腹，×1.5；采集号：VQHs0930-2。时代：P_3

2. ? 瘤突二叠纹窗贝? *Permophricodothris bullata* (Cooper et Grant) 腹，×1.5；采集号：VTHs1508-1。时代：P_2

3—6. 贵州阿拉克斯贝 *Araxathyris quizhouensis* Liao 背、腹、侧、前，×1.5；采集号：VQHs1545-1。时代：P_3

7. 线纹近瑞克贝（比较种）*Perigeyerella* cf. *costellata* Wang 腹，×1.5；采集号：VQHs0348-1。时代：P_3

8. 瓦岗全形贝 *Enteletes waageni* Gemmellaro 腹×1.5；采集号：VQHs657-1。时代：P_3

9. 安顺半腕孔贝 *Semibrachythyrina anshunensis* Liao 腹× 1.5；采集号：VQHs657-1。时代：P_3

10—13. 标准阿拉克斯贝 *Araxathyris araxensis* Grunt 腹、背、侧、前，×1.5；（大部分壳层脱落）野外编号：VQHs657-1。时代：P_3

14—17. 贵州刺围脊贝 *Spinomarginifera kueichowensis* Huang，腹、后、侧、前，×1.5；野外编号：VQHs657-1。时代：P_3

图18—19. ? 犹萨克准直形贝 *Orthothetina eusarkos*（Abich）腹、背，x1；野外编号：VQHs930-2。时代：P_3

20. 印度鱼鳞贝 *Squamularia indiea*（Waagen），腹，×1.5；野外编号：VQHs657-1。时代：P_3

21—24. 贵州米克贝（比较种）*Meekella* cf. *kueichowensis* Huang，侧、前、背、腹，×1.5；野外编号：VQHs657-1。时代：P_3

25. 巨大鱼鳞贝（比较种）*Squamularia* cf. *grandis* Chao 腹，×1.5；野外编号：VQHs1545-1。时代：P_3

图版 VIII

1. 乾县海登贝 *Haydenella chianensis*（Chao）腹，×1.5；野外编号：VQHs0657-1。时代：P_3

2—4. 江西海登贝 *Haydenella kiansiensis*（Kayser）腹、侧、后，×1.5；野外编号：VQHs1545-1。时代：P_3

5、6. 假新滩刺围脊贝 *Spinomarginifera pseudosintanensis*（Huang）腹、侧，×3（不完整壳体）；野外编号：VQHs03501。时代：P_3

7—10. 喜马拉雅库米克贝（比较种）*Comuquia* cf. *himalayaensis* Jin et Sun 背（外模）×3；腹、侧、后，×3，野外编号：VQHs1557-1。时代：P_3

11. 亚扭月贝型黄氏新戟贝 *Neochonetes*(*Huangichonetes*) *substrophomenoides*(Huang) 腹，×3；野外编号：VQHs1545-1。时代：P_3

12—15. ? 柱状光滑长身贝 *Liosotella cylindrical* (Ustriski) 背、后、腹、侧，×1.5；野外编号：VTHs0374。时代：P_2

16. 德斯哥丁刺围脊贝 *Spinomarginifera desgodinsi* (Loczg) 腹，×3；野外编号：VQHs1545-1。时代：P_3

17、18. ? 齿状似乌鲁希腾贝 *Urushtenoidea crenulata* (Ting) 侧、腹，×2；野外编号：VTHs977-1。时代：P_2

19、20. 方形特提斯戟贝 *Tethyochonetes quadrata* (Zhan) 背，×5，腹，×5；野外编号：VQHs0930-2。时代：P_3

21、22. 似戟贝型华夏贝 *Cathaysia chonetoides* (Chao) 后、腹，×5；野外编号：VQHs0930-2。时代：P_3

23. ? 短刺微戟贝 *Chonetinella cursothornia* Xu et Grant 腹，×5；野外编号：VQHs0930-2。时代：P_3

图版 IX

1—3. 贵州刺围脊贝 *Spinomarginifera kueichowensis* (Huang) 腹、后、背，×1.5；野外编号：VQHs0938-1。时代：P_3

4—6. 四川刺围脊贝 *Spinomarginifera sichuanensis* Shen 腹、侧、后，×1.5；野外编号：VQHs0348-1。时代：P_3

7—9. ? 杨子瘤褶贝（比较种）? *Tyloplicta* cf. *yangtzeensis* (Chao) 后、腹、侧，×1；野外编号：VQHs0657-1。时代：P_3

10. 安顺欧姆贝 *Oldhamina anshunensis* Huang 腹（内模），×1；野外编号：VQHs027-5。时代：P_3

11、12 巨大欧姆贝 *Oldhamina grandis* Huang 腹、侧，×1；（不完整内模）野外编号：VQHs027-5。时代：P_3

图版 I

图版 II

图版 III

图版 Ⅳ

III级阶地

II级阶地

通天河流阶地地貌 I 级阶地

图版 V

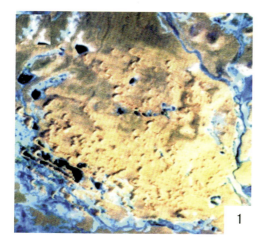

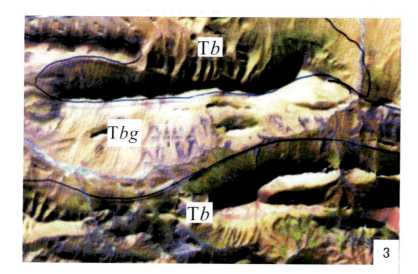

图版 VI

1

3

2

4

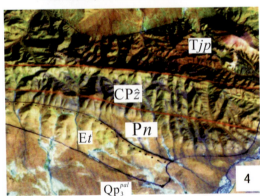

5

6

图版 Ⅶ

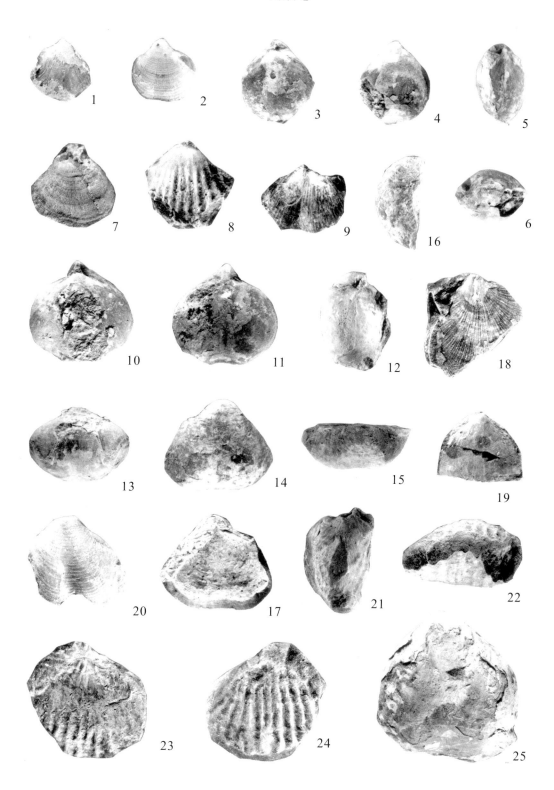

图版 VIII

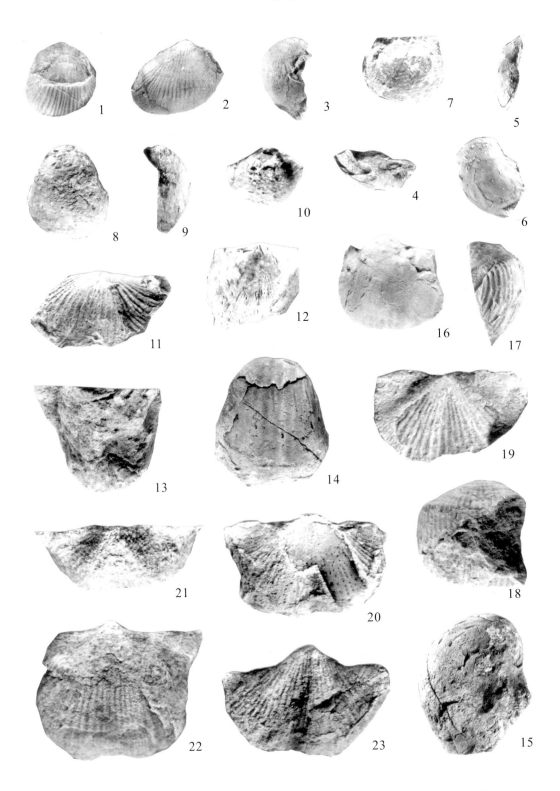

图版 IX